物联网在中国

无线传感器网络

史艳翠 杨巨成 主编
于洋 王聪 于秀丽 副主编

清华大学出版社
北京

内 容 简 介

无线传感器网络技术是信息感知和采集领域的一场革命,给人类的生产和生活带来了深远影响。目前,无线传感器网络已成为国际竞争的焦点,引起了学术界和工业界的广泛关注。本书按照无线传感器网络的搭建过程进行介绍,将理论与实际、技术与应用相结合,力求培养具有创新和实践能力的人才,提高学习者分析和解决问题的能力。

本书共分为7章。第1章介绍无线传感器网络的基本概念、特点、关键性能指标、传感器、应用和发展历史,第2章介绍无线传感器网络开发环境,第3章介绍无线传感器网络中的无线通信技术,第4章介绍无线传感器网络的拓扑控制与覆盖技术,第5章介绍无线传感器网络通信与组网技术,第6章介绍无线传感器网络的支撑技术,第7章介绍无线传感器网络的接入技术。

本书适合通信、电子、自动化、物联网等相关专业本科生和研究生学习,也可供物联网相关从业人员自学使用。

本书封面贴有清华大学出版社防伪标签,无标签者不得销售。
版权所有,侵权必究。举报: 010-62782989, beiqinquan@tup.tsinghua.edu.cn。

图书在版编目(CIP)数据

无线传感器网络/史艳翠,杨巨成主编. —北京: 清华大学出版社,2021.6(2023.2重印)
(物联网在中国)
ISBN 978-7-302-56005-0

Ⅰ. ①无… Ⅱ. ①史… ②杨… Ⅲ. ①无线电通信-传感器-计算机网络 Ⅳ. ①TP212

中国版本图书馆 CIP 数据核字(2020)第 121765 号

策划编辑: 汪汉友
责任编辑: 汪汉友
封面设计: 常雪影
责任校对: 梁 毅
责任印制: 丛怀宇

出版发行: 清华大学出版社
  网 址: http://www.tup.com.cn, http://www.wqbook.com
  地 址: 北京清华大学学研大厦 A 座 邮 编: 100084
  社 总 机: 010-83470000 邮 购: 010-62786544
  投稿与读者服务: 010-62776969, c-service@tup.tsinghua.edu.cn
  质量反馈: 010-62772015, zhiliang@tup.tsinghua.edu.cn
  课件下载: http://www.tup.com.cn,010-83470236
印 装 者: 三河市龙大印装有限公司
经 销: 全国新华书店
开 本: 185mm×260mm 印 张: 18.25 字 数: 443 千字
版 次: 2021 年 6 月第 1 版 印 次: 2023 年 2 月第 2 次印刷
定 价: 59.00 元

产品编号: 080523-01

"物联网在中国"系列丛书
第二届编委会

主　任：张　琪
副主任：刘九如　卢先和　熊群力　赵　波
委　员：

马振洲	王　杰	王　彬	王　智	王　博	王　毅
王立建	王劲松	韦　莎	毛健荣	尹丽波	卢　山
叶　强	冯立华	冯景锋	朱雪田	刘　禹	刘玉明
刘业政	刘学林	刘建明	刘爱民	刘棠丽	孙　健
孙文龙	严新平	苏喜生	李芏巍	李贻良	李道亮
李微微	杨巨成	杨旭东	杨建军	杨福平	吴　巍
岑晏青	何华康	邹　力	邹平座	张　晖	张旭光
张学记	张学庆	张春晖	陈　维	林　宁	罗洪元
周　广	周　毅	郑润祥	宗　平	赵晓光	信宏业
饶志宏	骆连合	袁勤勇	贾雪琴	夏万利	晏庆华
徐勇军	高燕婕	陶小峰	陶雄强	曹剑东	董亚峰
温宗国	谢建平	靳东滨	蓝羽石	楼培德	霍珊珊
魏　凤					

前言

随着通信技术、嵌入式计算技术、传感器技术的飞速发展和日益成熟,具有感知能力、计算能力和通信能力的微型传感器开始出现。由这些微型传感器构成的无线传感器网络引起了人们的极大关注。无线传感器网络综合了传感器技术、嵌入式计算技术、分布式信息处理技术和通信技术,能够实时监测、感知、采集和处理网络分布区域内的各种环境或监测对象的数据,获得详尽、准确的信息,传送给需要的用户。无线传感器网络可以使人们在任何时间、任何环境获取大量翔实、可靠的信息,真正实现"无处不在的计算"。目前,无线传感器网络已广泛应用于国防军事、生产安全、环境监测、交通管理、医疗卫生、制造业、反恐抗灾等领域。

无线传感器网络技术是信息感知和采集领域的一场革命,给人类的生产和生活带来了深远影响。美国的《技术评论》曾将无线传感器网络技术列为未来十大新兴技术之首,《商业周刊》也将该技术列入未来四大新技术之一。无线传感器网络的广泛使用是一种发展趋势,必然给人类社会带来极大的变革。

无线传感器网络的研究与应用已成为提高国际竞争力的手段,引起了学术界和工业界的广泛关注。2003 年,美国自然科学基金委员会制定了无线传感器网络研究计划,投资 3400 万美元支持相关基础理论的研究。美国国防部等军事部门也对无线传感器网络技术给予了高度重视,为了提高军队的战场情报的感知能力、信息的综合能力和信息的利用能力,还专门设立了一系列军用无线传感器网络研究项目。美国的英特尔公司、微软公司等知名企业也有这方面的研究,设立或启动了相应的行动计划。日本、英国、意大利、巴西等国家的科研人员也对无线传感器网络表现出了极大的兴趣,纷纷展开该领域的研究工作。

我国十分重视无线传感器网络的研究,《中国未来 20 年技术预见研究》提出的 157 个技术课题中有 7 项直接涉及无线传感器网络。国家自然科学基金也已经在该领域设立了多个重点项目和面上项目。

无线传感器网络作为一个全新的研究领域,在基础理论和工程技术两个层面带来大量具有挑战性的研究课题。近年来,国内外开展了大量研究,取得了很多研究成果。

学习无线传感器网络之前,只有学习和掌握了相关的专业知识,才能更好地理解无线传感器网络的构建原理、技术特点和实际应用等。本书可作为高校相关专业的高年级本科生或者研究生教材。学习本书之前,读者应具备计算机网络、传感器原理、物联网通信技术等相关知识。

本书共分7章，依据理论与实际、技术与应用相结合的编写原则，按照无线传感器网络的搭建过程进行介绍，具体如下：

第1章为无线传感器网络的概述，内容包括基本概念、无线传感器网络的特点、传感器结点概述、关键性能指标、传感器、无线传感器网络的应用和无线传感器网络发展历史。

第2章介绍无线传感器网络开发环境。通过本章的学习，读者可以根据具体应用设计合适的传感器结点，包括硬件组成和操作系统相关知识。本章具体内容包括概述、无线传感器网络平台硬件设计、无线传感器网络的操作系统和 ZigBee 硬件平台。

第3章介绍无线传感器网络中的无线通信技术，内容包括 IEEE 802.15.4 标准概述、蓝牙技术、ZigBee 技术、UWB 技术、LiFi 技术和 LPWAN 技术。

第4章介绍无线传感器网络的拓扑控制与覆盖技术。通过本章的学习，读者可以根据具体应用选择合适的拓扑结构，以及拓扑结构的实现和覆盖方法。本章具体内容包括无线传感器网络拓扑结构、拓扑控制、覆盖、无线传感器网络覆盖空洞检测和修复算法。

第5章介绍无线传感器网络通信与组网技术。通过本章的学习，读者可以根据具体应用选择合适的传输介质、无线通信技术、MAC 协议、路由协议等。本章具体内容包括无线传感器网络协议体系结构、物理层、数据链路层、网络层、传输层、应用层、MAC 协议和无线传感器网络路由协议。

第6章介绍无线传感器网络的支撑技术。无线传感器网络搭建好后，为了保证数据有效、可靠地传输，还需要各种支撑技术。通过本章的学习，读者可以根据具体应用选择合适的支撑技术。本章具体内容包括时间同步、定位技术、数据融合、容错技术、能量管理、QoS 保证和安全性。

第7章介绍无线传感器网络的接入技术，讲解如何采用无线传感器网络接入技术将无线传感器采集的数据传输到外网，为远端用户提供服务。本章具体内容包括基于无线传感器网络的多网融合体系结构、面向无线传感器网络接入、无线传感器网络接入 Internet、无线传感器网络服务提供方法和多网融合网关的硬件设计。

本书第1、2章由于洋编写，第3章由王聪和于秀丽编写，第4、5章由史艳翠和杨巨成编写，第6章由史艳翠编写，第7章由王聪编写。在编写过程中，杨巨成教授作为本书的主编，针对技术上的难点给予了方向性的指导。作为本书副主编，于秀丽老师对本书撰写工作提供了宝贵的资料和想法，使本书可以顺利地按期完成编写任务。感谢天津科技大学计算机学院本科生王春峰、陈夕旭、李志鹏、郭闻麒同学为本书的代码验证做了大量的工作，还要感谢所有参考文献中的作者，使本书的内容有据可循。

鉴于作者水平有限，书中难免有疏漏，希望广大读者批评指正。

作　者

2021年6月

目录

第1章 无线传感器网络概述 ………………………………………………………… 1

  1.1 基本概念 ………………………………………………………………… 1
     1.1.1 无线传感器网络的定义 ……………………………………………… 1
     1.1.2 远程数据传输网络 …………………………………………………… 1
     1.1.3 无线传感器网络系统结构 …………………………………………… 2
  1.2 无线传感器网络的特点 ………………………………………………… 3
  1.3 传感器结点概述 ………………………………………………………… 4
     1.3.1 传感器结点的组成 …………………………………………………… 4
     1.3.2 传感器结点的角色 …………………………………………………… 5
     1.3.3 传感器结点的唤醒方式 ……………………………………………… 5
     1.3.4 传感器结点的特点 …………………………………………………… 6
     1.3.5 传感器结点面临的威胁及对策 ……………………………………… 6
  1.4 关键性能指标 …………………………………………………………… 8
     1.4.1 网络层指标 …………………………………………………………… 8
     1.4.2 抗毁性指标 …………………………………………………………… 8
     1.4.3 监测性能指标 ………………………………………………………… 9
     1.4.4 定位技术指标 ………………………………………………………… 9
  1.5 传感器 …………………………………………………………………… 10
  1.6 无线传感器网络的应用 ………………………………………………… 11
     1.6.1 主要的应用领域 ……………………………………………………… 11
     1.6.2 典型项目案例——油田气管线智能化管理系统 …………………… 12
  1.7 无线传感器网络发展历史 ……………………………………………… 13

第2章 无线传感器网络开发环境 …………………………………………………… 14

  2.1 概述 ……………………………………………………………………… 14
  2.2 无线传感器网络平台硬件设计 ………………………………………… 15
     2.2.1 系统结构图 …………………………………………………………… 15
     2.2.2 结点设计要求与内容 ………………………………………………… 16
     2.2.3 结点的模块化设计 …………………………………………………… 16
     2.2.4 常见的无线传感器网络结点 ………………………………………… 19

2.3 无线传感器网络的操作系统 ·· 22
　　2.3.1 传感器网络对操作系统的要求 ··· 22
　　2.3.2 TinyOS ··· 23
　　2.3.3 nesC 语言 ··· 23
　　2.3.4 TinyOS 组件模型 ·· 24
　　2.3.5 TinyOS 通信模型 ·· 25
　　2.3.6 TinyOS 事件驱动机制、调度策略与能量管理机制 ····································· 26
2.4 ZigBee 硬件平台 ·· 26
　　2.4.1 CC2530 芯片的特点 ··· 26
　　2.4.2 CC2530 芯片上 8051 内核 ·· 27
　　2.4.3 CC2530 的主要外设 ··· 27
　　2.4.4 CC2530 无线收发器 ··· 27
　　2.4.5 CC2530 开发环境 IAR ··· 27

第 3 章 无线传感器网络中的无线通信技术 ··· 29

3.1 IEEE 802.15.4 标准概述 ·· 29
　　3.1.1 网络简介 ··· 29
　　3.1.2 拓扑结构 ··· 30
　　3.1.3 网络拓扑的形成过程 ··· 30
3.2 蓝牙技术 ·· 31
　　3.2.1 蓝牙技术概述 ·· 31
　　3.2.2 蓝牙协议体系 ·· 33
　　3.2.3 蓝牙数据包 ··· 36
　　3.2.4 蓝牙地址 ··· 38
　　3.2.5 蓝牙的状态 ··· 38
　　3.2.6 蓝牙的关键技术 ·· 40
3.3 ZigBee 技术 ·· 44
　　3.3.1 ZigBee 技术概述 ·· 44
　　3.3.2 ZigBee 网络的组成 ··· 46
　　3.3.3 ZigBee 协议栈的原理 ··· 48
3.4 超宽带技术 ·· 52
　　3.4.1 超宽带的定义 ·· 52
　　3.4.2 超宽带技术的实现方式 ··· 53
　　3.4.3 超宽带技术的特点 ·· 54
3.5 LiFi 技术 ·· 55
　　3.5.1 LiFi 技术产生的背景 ·· 56
　　3.5.2 LiFi 技术的原理 ··· 56
　　3.5.3 LiFi 技术的优点和缺点 ·· 57
3.6 LPWAN 技术 ··· 58

  3.6.1 LPWAN 技术的发展 ··· 58
  3.6.2 LoRa ··· 59
  3.6.3 NB-IoT ·· 64

第 4 章 无线传感器网络的拓扑控制与覆盖技术 ·· 69
 4.1 无线传感器网络拓扑结构 ··· 69
  4.1.1 拓扑结构的分类 ··· 69
  4.1.2 煤矿安全监测应用实例 ··· 70
 4.2 拓扑控制 ··· 73
  4.2.1 拓扑控制研究的主要问题 ··· 73
  4.2.2 网络拓扑结构优化的重要性 ··· 74
  4.2.3 拓扑控制的目标 ··· 74
  4.2.4 拓扑控制的算法与面临的挑战 ··· 76
  4.2.5 拓扑控制的分类 ··· 76
 4.3 覆盖 ·· 83
  4.3.1 无线传感器网络覆盖的基础研究 ··· 83
  4.3.2 无线传感器网络覆盖控制 ··· 90
  4.3.3 无线传感器网络覆盖技术在矿井中的应用 ·································· 96
 4.4 无线传感器网络的覆盖空洞检测和修复算法 ·· 98
  4.4.1 覆盖空洞的产生原因 ·· 98
  4.4.2 覆盖空洞产生的影响 ·· 99
  4.4.3 覆盖空洞的检测方法 ·· 99
  4.4.4 覆盖空洞的修复策略 ··· 100
 4.5 无线传感器网络的移动式覆盖控制 ·· 103
  4.5.1 主要衡量指标 ··· 103
  4.5.2 存在的问题及挑战 ·· 103
  4.5.3 移动式覆盖控制方法的分类 ·· 104
  4.5.4 典型的移动式覆盖技术方法 ·· 105

第 5 章 无线传感器网络通信与组网技术 ·· 108
 5.1 无线传感器网络的体系结构与协议 ·· 108
  5.1.1 无线传感器网络的体系结构 ·· 108
  5.1.2 无线传感器网络的协议栈 ·· 109
 5.2 物理层 ·· 111
  5.2.1 物理层概述 ··· 112
  5.2.2 物理层协议 ··· 113
 5.3 数据链路层 ··· 115
  5.3.1 MAC 层 ·· 115
  5.3.2 差错控制 ··· 117

5.3.3 帧结构 ·············· 118
5.4 网络层 ·············· 119
  5.4.1 网络层设计原则 ·············· 119
  5.4.2 网络层事件及消息类型 ·············· 121
  5.4.3 网络层数据收发 ·············· 121
  5.4.4 网络层路由功能 ·············· 121
5.5 传输层 ·············· 122
  5.5.1 事件到汇聚结点的传输 ·············· 123
  5.5.2 汇聚结点到传感器结点的传输 ·············· 123
5.6 应用层 ·············· 124
  5.6.1 应用层的帧类型 ·············· 124
  5.6.2 应用层协议 ·············· 124
  5.6.3 应用层功能实现 ·············· 125
5.7 MAC 协议 ·············· 127
  5.7.1 无线传感器网络的介质访问控制问题 ·············· 127
  5.7.2 无线传感器网络 MAC 协议分类 ·············· 128
  5.7.3 常见的无线传感器网络 MAC 协议 ·············· 129
  5.7.4 无线传感器网络自适应 MAC 协议在矿井中的应用 ·············· 137
5.8 无线传感器网络路由协议 ·············· 141
  5.8.1 无线传感器网络路由协议概述 ·············· 141
  5.8.2 平面结构的路由协议 ·············· 143
  5.8.3 层次结构的路由协议 ·············· 148
  5.8.4 基于查询的路由协议 ·············· 150
  5.8.5 基于地理位置的路由协议 ·············· 151
  5.8.6 基于能量感知的路由协议 ·············· 154
  5.8.7 可靠路由协议 ·············· 156
  5.8.8 无线传感器网络路由协议在智能家居中的应用 ·············· 159

第 6 章 无线传感器网络的支撑技术 ·············· 163

6.1 时间同步 ·············· 163
  6.1.1 时间同步概述 ·············· 163
  6.1.2 时间同步的分类 ·············· 166
  6.1.3 消息同步的方法 ·············· 166
  6.1.4 时间同步协议 ·············· 168
  6.1.5 时间同步算法在煤矿电网输电线路故障检测中的应用 ·············· 175
6.2 定位技术 ·············· 178
  6.2.1 定位技术概述 ·············· 178
  6.2.2 结点位置的计算方法 ·············· 180
  6.2.3 基于测距的定位算法 ·············· 182

		6.2.4 与距离无关的定位算法 ………………………………………………… 185

        6.2.5 定位算法在智能公交系统的应用与比较 ………………………… 191
  6.3 数据融合 ……………………………………………………………………… 192
        6.3.1 数据融合技术 …………………………………………………………… 193
        6.3.2 数据融合的方法 ………………………………………………………… 199
        6.3.3 基于数据融合的室内环境监控系统设计 ……………………………… 202
  6.4 容错技术 ……………………………………………………………………… 204
        6.4.1 容错技术概述 …………………………………………………………… 205
        6.4.2 故障模型 ………………………………………………………………… 206
        6.4.3 故障检测 ………………………………………………………………… 208
        6.4.4 故障修复 ………………………………………………………………… 215
  6.5 能量管理 ……………………………………………………………………… 217
        6.5.1 能量管理概述 …………………………………………………………… 217
        6.5.2 节约电能的方法 ………………………………………………………… 219
        6.5.3 动态能量管理 …………………………………………………………… 222
        6.5.4 能量管理在精准农业中的应用 ………………………………………… 225
  6.6 服务质量保证 ………………………………………………………………… 228
        6.6.1 服务质量技术概述 ……………………………………………………… 228
        6.6.2 服务质量保障技术 ……………………………………………………… 230
        6.6.3 服务质量体系结构 ……………………………………………………… 232
        6.6.4 高速铁路中无线传感器网络的服务质量 ……………………………… 234
  6.7 安全性 ………………………………………………………………………… 238
        6.7.1 安全需求 ………………………………………………………………… 238
        6.7.2 关键技术 ………………………………………………………………… 240
        6.7.3 面临的主要攻击手段与防御方案 ……………………………………… 242

第 7 章 无线传感器网络的接入技术 ……………………………………………… 247

  7.1 基于无线传感器网络的多网融合体系结构 ………………………………… 247
  7.2 面向无线传感器网络的接入 ………………………………………………… 248
        7.2.1 无线传感器网络的网关 ………………………………………………… 248
        7.2.2 面向以太网的无线传感器网络接入 …………………………………… 250
        7.2.3 面向无线局域网的无线传感器网络接入 ……………………………… 252
        7.2.4 面向移动通信网的无线传感器网络接入 ……………………………… 254
  7.3 无线传感器网络接入 Internet ……………………………………………… 256
        7.3.1 概述 ……………………………………………………………………… 256
        7.3.2 无线传感器网络接入 Internet 的方法 ………………………………… 258
        7.3.3 无线传感器网络接入 Internet 的体系结构 …………………………… 260
  7.4 无线传感器网络服务提供方法 ……………………………………………… 262
        7.4.1 服务提供体系 …………………………………………………………… 262

  7.4.2 服务提供网络中间件 ……………………………………………… 262
  7.4.3 服务提供步骤 ………………………………………………………… 263
 7.5 多网融合网关的硬件设计 …………………………………………………… 264
  7.5.1 多网融合网关的硬件总体结构设计 ……………………………… 265
  7.5.2 网关设备通信模块设计 ……………………………………………… 268

参考文献 …………………………………………………………………………… 274

第 1 章 无线传感器网络概述

1.1 基本概念

1.1.1 无线传感器网络的定义

无线传感器网络(Wireless Sensor Network,WSN)是由大量静止或移动的传感器以自组织和多跳的方式构成的无线网络,目的是协作地探测、处理和传输网络覆盖区域内感知对象的监测信息,并将其报告给用户。

无线传感器网络负责实现数据采集、处理和传输 3 种功能,而这 3 种功能对应传感器技术、计算机技术和通信技术这 3 项现代信息基础技术,分别构成了信息系统的"感官""大脑""神经"3 部分。传感器、感知对象和用户是无线传感器网络的 3 个重要组成部分。

1.1.2 远程数据传输网络

无线传感器网络采集的数据需要通过远程数据传输网络报告给用户。远程数据传输网络包括有线网络和无线网络,具体的传输方法如下。

1. 微波传输

微波传输是解决几千米甚至几十千米范围内不易布线场所的数据传输问题。采用调频或调幅的调制办法,将采集的数据搭载到高频载波上,通过高频电磁波在空中传输。

优点:综合成本低,性能更稳定,省去布线及线缆维护费用;可动态、实时地传输高清晰度的图像;组网灵活、可扩展性好、即插即用;维护费用低。

缺点:微波传输的频段在 1GHz 以上,常用的有 L 波段(1.0~2.0GHz)、S 波段(2.0~3.0GHz)、Ku 波段(10~12GHz);由于传输环境是开放的空间,如果在大城市使用,无线电波比较复杂,容易受外界电磁干扰;微波信号为直线传输,中间不能有山体或建筑物遮挡,否则需要增加中继设备;Ku 波段受天气影响较为严重,在雨雪天气时,信号会出现比较严重的雨衰现象。随着技术的进步,现在数字微波视频传输产品的抗干扰能力和可扩展性都有了较大提高。

2. 双绞线传输

双绞线传输是数据基带传输方式的一种,可解决 1km 范围内数据传输的问题,适用于电磁环境相对复杂、易于布线的场合。

优点:布线简易、成本低廉、抗共模干扰性能强。

缺点:只能解决 1km 范围内数据传输的问题;一根双绞线只能传输一路信息;双绞线质地脆弱、抗老化能力差,不适用于野外传输;高频分量衰减较大。

3. 光纤传输

常见的光纤传输设备有模拟光端机和数字光端机,是解决几十千米至几百千米范围内数据传输问题的最佳方式,把数据及控制信号转换为激光信号在光纤中传输。

优点:传输距离远、信号衰减小、抗干扰性能好,适合远距离传输。

缺点:对于几千米范围内的数据传输,这种传输方式经济性差;光熔接及维护需要专业技术人员及设备,技术要求高,不易升级和扩容。

4. 无线 SmartAir 传输

无线 SmartAir 传输是目前通信行业唯一的单天线模式吉比特每秒级无线高速传输技术。无线 SmartAir 传输采用多频带正交频分复用(Orthogonal Frequency Division Multiplexing,OFDM)空口技术、时分多址(Time Division Multiple Access,TDMA)的低延迟调度技术、低密度奇偶校验码、(Low Density Parity Check,LDPC)、自适应调制编码(Adaptive Modulation and Coding,AMC)和混合自动重传请求(Hybrid Automatic Repeat Request,HARQ)等高级无线通信技术,可以实现1Gb/s的传输速率。

1.1.3 无线传感器网络系统结构

无线传感器网络包括目标、传感器结点、汇聚结点和感知视场 4 类基本实体对象。另外,还需要定义外部网络、远程任务管理单元和用户来完成对整个系统的应用部署。无线传感器网络系统结构的一般形式如图 1-1 所示。

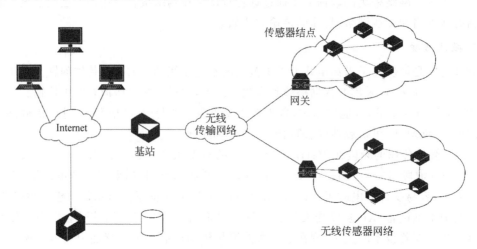

图 1-1 无线传感器网络系统结构的一般形式

大量传感器结点随机部署,通过自组织方式构成网络,协同形成对目标的感知视场。传感器结点检测的目标信号经本地简单处理后,通过邻近传感器结点多跳传输到观测结点。用户和远程任务管理单元通过卫星通信网络或 Internet 等外部网络与结点进行交互。观测结点向网络发布查询请求和控制指令,接收传感器结点返回的目标信息。

(1)目标。目标是无线传感器网络中的感知对象及其属性,有时特指某类信号源。传感器结点通过目标的声、光、电等信号获取目标的温度、光强度、噪声、压力、运动方向、速度等属性。在需提交观测结果时,当传感器结点检测到的目标信息超过设定的阈值,此结点就被称为有效结点。

(2) 传感器结点。传感器结点是具有原始数据采集、本地信息处理、无线数据传输，以及与其他结点协同工作的能力的结点，它可依据应用需求，携带定位、能源补给或移动等模块，通过飞行器撒播、火箭弹射或人工埋置等方式进行部署。

(3) 汇聚结点。汇聚结点具有双重身份：一方面，在网内作为接收者和控制者被授权监听和处理网络事件、消息和数据，向传感器网络发布查询请求或派发任务；另一方面，作为中继和网关面向网外完成传感器网络与外部网络间信令和数据的转换，是连接传感器网络与其他网络的桥梁。通常情况下，汇聚结点能力较强，资源充分或可补充。汇聚结点有被动触发和主动查询两种工作模式，前者由传感器结点发出的特定事件或消息进行被动的触发，后者则周期性地扫描网络和查询传感器结点，比较常用。

(4) 传感器结点获取特定目标的信息范围称为该结点的感知视场，网络中所有结点视场的集合称为该网络的感知视场。

无线传感器网络有星形、网状和混合型3种拓扑结构。

1.2 无线传感器网络的特点

1. 规模庞大

为了获取更加精确的信息，在监测区域内通常部署了成千上万的传感器结点。无线传感器网络的规模庞大体现在两方面：一方面，传感器可部署的地理范围广，例如在原始大森林中采用传感器网络进行防火和环境监测时，就需要部署大量的传感器结点；另一方面，传感器结点可部署的密集度高，即在较小的范围内，可密集部署大量的传感器结点。

由于无线传感器网络中传感器结点数量庞大，使得通过不同空间视角获得的信息具有更大的信噪比；通过分布式处理大量的采集信息，能够提高监测的精确度，降低对单个结点传感器的精度要求；大量冗余结点的存在，使系统具有很强的容错性能；大量传感器结点的部署能够增大监测区域，减少盲区。

2. 自组织能力强

在通常情况下，传感器网络中的传感器结点会被放置在没有基础设施的地方，传感器结点的位置不能被预先精确设定，结点之间的互邻关系也不能预先知道，例如通过飞机播撒大量传感器结点到面积广阔的原始森林或随意放置到人类不可到达的区域，就要求传感器结点具有自组织能力，即能够自动进行配置和管理，通过拓扑控制机制和网络协议自动形成转发监测数据的多跳无线网络系统。

在传感器网络使用过程中，部分传感器结点由于能量耗尽或环境因素造成失效，也有一些结点会为了弥补失效结点、增加监测精度而补充到网络中，传感器网络中的结点个数就动态地增加或减少，从而使网络的拓扑结构随之动态地变化。传感器网络的自组织性要能够适应这种网络拓扑结构的动态变化。

3. 动态变化

无线传感器网络的拓扑结构可随以下因素的变化而动态调整。

(1) 环境因素或电能耗尽而造成的传感器结点故障或失效。

(2) 环境条件变化可能造成无线通信链路带宽变小,甚至时断时续。
(3) 无线传感器网络中的传感器、感知对象和观察者都可能随时发生变化。
(4) 当有新结点的加入时,传感器网络系统能够适应这种变化,具有动态的系统重构能力。

4. 可靠性高

无线传感器网络特别适合部署在恶劣环境或人类不易到达的区域,传感器结点可能工作在露天环境中,遭受风吹、日晒、雨淋,甚至遭到人或动物的破坏。传感器结点往往采用随机部署的方式,例如通过飞机撒播或发射炮弹到指定区域进行部署。这些都要求传感器结点非常坚固、不易损坏,能够适应各种恶劣环境和条件。

由于受监测区域环境的限制以及传感器结点的数目庞大,不可能人工"照顾"每个传感器结点,使得无线传感器网络的维护十分困难。无线传感器网络通信的保密性和安全性也十分重要,要防止监测数据被盗取,避免获取伪造的监测信息,就要求无线传感器网络的软硬件必须具有鲁棒性和容错性。

5. 以数据为中心

互联网是先有计算机终端系统,然后再互连成为计算机网络,终端系统可以脱离网络独立存在。在互联网中,网络设备用网络中唯一的 IP 地址进行标识,资源定位和信息传输依赖于终端、路由器、服务器等网络设备的 IP 地址。若要访问互联网中的资源,首先要知道存放资源的服务器的 IP 地址。可以说,现有的互联网是一个以地址为中心的网络。

无线传感器网络是任务型的网络,脱离无线传感器网络来谈论传感器结点是没有任何意义的。无线传感器网络中的传感器结点采用结点编号进行标识,结点编号是否需要全网唯一取决于所用的网络通信协议。由于传感器结点是随机部署的,因此构成的传感器网络与结点编号之间的关系是完全动态的,结点编号与结点位置没有必然联系。在使用无线传感器网络查询事件时,可直接将所关注的事件通告给无线传感器网络,而不是通告给某个特定编号的传感器结点。无线传感器网络在获得指定事件的信息后直接汇报给用户。这种以数据本身作为查询或传输线索的思想更接近使用自然语言进行交流的习惯,所以无线传感器网络是一个以数据为中心的网络。

例如,在利用无线传感器网络进行目标跟踪时,被跟踪的目标可能出现在任何地方,对于用户来说,只关心目标出现的位置和时间,并不关心监测到目标的是哪个结点。事实上,在目标移动的过程中,必然是由多个不同的结点提供目标的位置消息。

1.3 传感器结点概述

传感器结点和传感器网络的重要组成部分。在无线传感器网络中,被监测物理信号的不同决定了所用传感器的类型,从而使传感器结点的功能和性能各异。

1.3.1 传感器结点的组成

传感器结点一般由传感器模块、数据处理模块、无线通信模块和电源模块 4 部分组成,如图 1-2 所示。

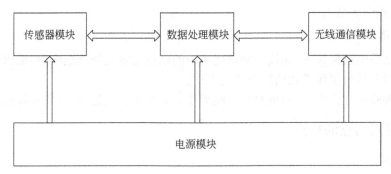

图 1-2 传感器结点的组成

(1) 传感器模块。该模块用于监测区域内信息的采集和数据转换。

(2) 数据处理模块。该模块用于控制整个传感器结点的操作,存储和处理本身采集的数据以及其他结点发来的数据。

(3) 无线通信模块。该模块用于与其他传感器结点进行无线通信,交换控制信息和收发采集数据。

(4) 电源模块。该模块用于为传感器结点提供运行所需的能量,通常采用微型电池。

1.3.2 传感器结点的角色

传感器结点在无线传感器网络中可以作为数据采集者、数据中转站或者簇头结点。

(1) 作为数据采集者,传感器结点可收集周围环境的数据并通过通信路由协议直接或间接将数据传输给远方基站或汇聚结点(Sink Node)。

(2) 作为数据中转站,传感器结点除了完成数据采集任务外,还要接收邻居结点的数据并将其转发给距离基站更近的邻居结点或者直接转发给基站或汇聚结点。

(3) 作为簇头结点,传感器结点负责收集该簇内所有结点采集的数据,经数据融合后,发送给基站或汇聚结点。

1.3.3 传感器结点的唤醒方式

在无线传感器网络中,由于传感器结点的能量有限且不易更换,因此在没有任务时会让结点处于休眠状态,以节省能量,当任务到来时,再将其及时唤醒。无线传感器网络中,常用的结点唤醒模式有以下 4 种。

1. 全唤醒模式

在全唤醒模式下,无线传感器网络中的所有结点只能同时被唤醒,然后对网络中出现的目标进行探索和跟踪。虽然这种模式下可以得到较高的跟踪精度,但是网络能量消耗巨大。

2. 随机唤醒模式

在随机唤醒模式下,无线传感器网络中的结点由给定的唤醒概率 p 随机唤醒。

3. 由预测机制选择唤醒模式

在预测机制选择唤醒模式下,无线传感器网络中的结点会根据跟踪任务的需要,有选择性地唤醒对提高跟踪精度帮助较大的结点,然后通过当前获取的信息预测目标下一时刻的状态,并唤醒相应的结点。

4. 任务循环唤醒模式

在任务循环唤醒模式下,无线传感器网络中的结点会被周期性地唤醒,采用这种工作模式的结点可以与其他工作模式的结点协同工作。

以上4种唤醒模式中,预测机制选择唤醒模式能量损耗最低、信息收益最高。

1.3.4 传感器结点的特点

1. 集成化

传感器结点的功耗低、体积小、价格便宜、集成化高。微机电系统技术的快速发展为无线传感器网络结点实现上述功能提供了相应的技术条件,在未来,类似"灰尘"的传感器结点也将被研发出来。

2. 结点布置密集

通过在监测区域内放置数量庞大的传感器结点,可以获取空间抽样信息或者多维信息并进行分布式处理,即可实现高精度的目标检测和识别。当然,也可以降低单个传感器的精度要求。在密集布设结点之后,会存在较多的冗余结点,这能够提高系统的容错性能,大大地降低对单个传感器的依赖。适当地对其中的某些结点进行休眠调整,还可以延长网络的使用寿命。

3. 协作式执行任务

协作式执行任务通常包括协作式采集、处理、存储及传输信息。通过协作的方式,传感器结点可以共同实现对对象的感知,得到完整的信息。这种方式可以有效克服处理能力和存储能力的不足,共同完成复杂任务的执行。在协作方式下,传感器结点之间的远距离通信可以通过多跳中继转发,也可以通过多结点协作发射的方式进行。

1.3.5 传感器结点面临的威胁及对策

1. 安全漏洞

(1)威胁。现有的传感器结点具有很大的安全漏洞,攻击者可通过漏洞方便地获取其中的机密信息,修改传感器结点中的程序代码。例如,使传感器结点具有多个身份ID,从而以多个身份在传感器网络中进行通信。另外,攻击还可以获取存储在传感器结点中的密钥、代码等信息,然后伪造或伪装成合法结点加入传感器网络。一旦控制了传感器网络中的一部分结点,攻击者就可以发动多种攻击,例如监听传感器网络中传输的信息,向传感器网络中发布假的路由信息或传送假的传感信息、进行拒绝服务攻击等。

(2)对策。传感器结点易被物理操纵是传感器网络不可回避的安全问题,因此必须通过其他技术方案来提高传感器网络的安全性能。例如,在通信前进行结点与结点的身份认证;设计新的密钥协商方案,使得即使有一小部分结点被操纵后,攻击者也很难根据获取的结点信息推导出其他结点的密钥等信息。另外,还可以通过认证传感器结点软件的合法性等措施来提高结点本身的安全。

2. 窃听

(1)威胁。根据无线传播和网络部署的特点,攻击者很容易通过结点间的传输获得敏感或者私有的信息。例如，在使用无线传感器网络监控室内温度和灯光的场景中，部署在室外的无线接收器可以获取室内传感器发送来的温度和灯光信息；同样，攻击者通过监听室内外结点间信息的传输也可以获知室内的信息，从而非法获取房屋主人的私密信息。

（2）对策。对传输的信息进行加密可以解决窃听问题，但是需要一个灵活、强健的密钥交换和管理方案，密钥管理方案必须容易部署而且适合传感器结点资源有限的特点。另外，密钥管理方案还必须保证当部分结点被操纵后，不会破坏整个网络的安全性。

3. 私有性问题

（1）威胁。由于传感器结点的内存资源有限，所以在传感器网络中实现大多数结点间端到端的安全连接不切实际。在传感器网络中可以实现跳与跳之间的信息的加密，这样一来，传感器结点只要与邻居结点共享密钥即可。在这种情况下，即使攻击者捕获了一个通信结点，也仅仅影响相邻结点的安全。如果攻击者通过操纵结点并发送虚假路由消息，就会影响整个网络的路由拓扑。解决这种问题的办法是采用鲁棒性好的路由协议，也可以采用多路径路由的办法，通过多个路径传输部分信息并在目的地进行重组。

传感器网络以收集信息作为主要目的，攻击者可以通过窃听、加入伪造的非法结点等方式进行获取，如果攻击者知道怎样从多路信息中获取有限信息的相关算法，则攻击者就可以通过获取的大量信息推导出有效信息。通过传感器网络直接获取传感器中私密信息的难度较大，攻击者一般是先通过远程监听无线传感器网络获得大量的信息，再根据特定算法分析出其中的私密信息。因此，攻击者并不需要物理接触传感器结点。单个攻击者还可以通过远程监听的方式同时获取多个结点的传输信息。

（2）对策。保证网络中的传感信息只有可信实体才可以访问，是保证私有性的最好方法，既可以通过数据加密和访问控制来实现，还可以通过限制网络所发送信息的粒度来保证私有性。信息越详细，越有可能泄露隐私。例如，一个簇头结点可以通过对相邻结点发来的大量信息进行汇集处理并只传送处理结果，从而实现数据匿名。

4. 拒绝服务攻击

（1）威胁。拒绝服务（Denial of Service，DoS）攻击主要用于破坏网络的可用性，减少、降低网络或系统执行某一期望功能的任何事件，例如中断、颠覆或毁坏传感器网络等。另外，拒绝服务攻击还包括硬件失败、软件缺陷、资源耗尽、环境条件等。这里主要考虑协议和设计层面的漏洞，这是因为确定一个错误或一系列错误是否是有意 DoS 攻击造成是很困难的。在大规模传感器网络中，传感器网络本身就有比较高的单个结点失效率。

DoS 攻击可以发生在物理层，例如信道阻塞。它会恶意干扰网络中协议的传送或者破坏传感器结点。攻击者还可以发起快速消耗传感器结点能量的攻击，例如向目标结点连续发送大量无用信息，目标结点就会消耗能量对这些信息进行并把这些信息传送给其他结点。如果攻击者捕获了传感器结点，就可以伪造或伪装成合法结点发起 DoS 攻击。例如，伪造的结点可以产生循环路由，从而耗尽这个循环中结点的能量。

（2）对策。防御 DoS 攻击的方法并不固定，它随着攻击者攻击方法的不同而变化。可采用跳频和扩频技术来减轻网络堵塞问题。恰当的认证协议可以防止网络被插入无用信息。这些协议必须十分有效，否则也会被用来当作 DoS 攻击的手段。例如，基于非对称密码机制的数字签名可以用来进行信息认证，但是创建和验证签名是一个计算速度慢、能量消耗大的过程,如果攻击者在网络中引入大量的这种信息,就可以有效地实施 DoS 攻击。

1.4 关键性能指标

1.4.1 网络层指标

无线传感器网络的服务质量反映了网络的运行状况。由于无线传感器网络的结点数量大、资源能量受限,所以,评估计算机互联网和通信网服务质量的一般方法并不适用于无线传感器网络。龙吟等人提出的基于测试系统技术的无线传感网络服务质量评价指标,就对服务质量指标进行了量化,具体如下。

1. 丢包率

丢包率用于衡量无线传感器网络数据传输的可靠性,与结点电量、信道质量、吞吐量及环境因素有关。

2. 通信成功率

通信成功率是网络中所有的源结点向汇聚结点发送一定数量的数据包后,汇聚结点成功收到的数据包的总和与源结点发送的数据包的总和的比值。

3. 吞吐量

吞吐量用于衡量无线传感器网络的数据传输能力,与无线传感器网络的协议以及环境因素有关。

4. 能量效率

能量效率是所有源结点到目的结点传送一个数据包的平均能耗。能量效率用于衡量无线传感器网络中各结点之间传输数据包的能耗,与无线传感器网络的协议栈及环境因素有关。

5. 路由鲁棒性

路由鲁棒性用于衡量无线传感器网络在外界环境因素的扰动下继续保持系统原有性能的能力,主要与无线传感器网络的路由协议有关。

1.4.2 抗毁性指标

网络抗毁性是指无线传感器网络中的结点因自然老化或遭受打击而失效时,网络拓扑结构的可靠性。对于以传送数据为主的无线传感器网络来说,网络中的结点相互连通并不一定意味着网络的连通性好,这是因为它还与汇聚结点的连通有关,即与是否是有效地连通有关。无线传感器网络面临的打击方式通常有随机性打击和选择性打击两种。随机性打击是网络中的结点都是以一个相同的概率遭受破坏;选择性打击是网络中部分结点被按照一定的策略,有选择地遭到破坏。王鑫等人根据网络打击方式不同,提出以下两种评价网络抗毁性的指标。

1. 容错度

在无线传感器网络满足一定抗毁度阈值的前提下,可以随机移除网络中结点数量的最大值与网路中所有结点数量之比,称为网络结点的容错度。

2. 抗攻击度

在无线传感器网络满足一定抗毁度阈值的前提下,可以按照一定的策略,有选择性地移除网络中结点数量的最大值与网络中所有结点数量之比,称为网络结点的抗攻击度。

1.4.3 监测性能指标

无线传感器网络的任务并不像传统网络一样只进行数据传输,还具有监测的功能,即网络能够在一定时间内完成特定的监测任务。无线传感器网络的监测性能直接关系到收集信息的准确性、完整性、及时性。下面,从无线传感器网络的覆盖性能和连通性能两方面总结出如下一些无线传感器网络的监测性能评价指标。

(1) 覆盖率:覆盖率是无线传感器网络中所有结点覆盖的总面积与整个被监测区域面积之比。

(2) 覆盖效率:覆盖效率的概念是由曹峰等人首次提出的,是指所有结点覆盖的总面积与所有结点覆盖的总面积之比,用来衡量结点覆盖范围的利用率。

(3) 覆盖均匀度:覆盖均匀度是指结点之间距离的标准差,它的值越小,说明网络覆盖越均匀。

(4) 覆盖重数(覆盖度):在给定的被监测区域内,若其中任何地方都被 k 个以上的活跃结点覆盖,则称对该区域实行了 k 重完全覆盖,即该监测区域内网络的覆盖度为 k。当 $k \geqslant 1$ 时,则被监测区域内不存在覆盖盲区。

(5) 连通度:在给定的被监测区域内,若删除其中的任意 k 个活跃结点才能使网络不连通,则称网络的连通度为 k,即网络为 k 重连通。

1.4.4 定位技术指标

无线传感器网络在军事侦察、地理环境监测、交通路况监测等应用场合获取的信息时都必须附带相应的位置信息,否则这些数据就是不确切的,甚至有时会失去采集的意义。由于经济因素、结点能量等条件的限制,一般只有少量结点通过装载 GPS 或通过预先部署在特定位置的方式获取自身的位置坐标,因此必须采取一定的机制或算法来实现无线传感器网络中结点的定位。为些彭宇等人提出了如下一些定位技术方面的评价指标。

(1) 定位精度:定位精度分为绝对精度和相对精度。绝对精度用于测量的坐标与真实坐标的偏差,一般用长度单位表示。

(2) 相对误差:相对误差一般用误差值与结点无线射程之比表示,相对误差越小,则定位精确度越高。

(3) 锚结点密度:锚结点的定位通常依赖人工部署或使用全球定位系统(Global Positioning System,GPS)实现。使用人工部署锚结点,不仅受部署环境的限制,还严重制约了网络和应用的可扩展性。使用 GPS 定位时,锚结点的费用会比普通结点高两个数量级,这意味着即使仅有 10% 的结点是锚结点,整个网络的价格也将大幅上升。另外,定位精度随锚结点密度增加而提高的幅度有限,定位精度到达一定程度后就不再提高。

(4) 代价:定位系统或算法的代价可从不同的方面来评价。时间代价包括一个定位系统或算法的安装、配置、定位所需时间;空间代价包括一个定位系统或算法所需的基础设施和网络结点的数量、硬件尺寸等;资金代价包括实现一个定位系统或算法的基础设施、结点设备的总费用。

(5) 结点密度:结点密度通常以网络的平均连通度来表示,许多定位算法的精度都会受到结点密度的影响。在无线传感器网络中,结点密度增大不仅意味着网络部署费用的增加,而且会因为结点间的通信冲突带来有限带宽的阻塞。

1.5 传 感 器

1. 传感器的定义及组成

在一般情况下,传感器是把特定的被测量信息(物理量、化学量、生物量)按一定规律转换成某种可用信号(电信号、光信号)的器件或装置。传感器的组成及各部分功能如下。

(1) 敏感元件:敏感元件是传感器中能感受或响应被测量信息的部分。

(2) 转换元件:转换元件是将敏感元件感受或响应的被测量信息转换成适于传输或测量的信号(电信号)的部分。

(3) 基本转换电路:基本转换电路的主要功能是对获得的微弱信号进行放大、运算调制,它在工作时必须有辅助电源。

2. 传感器的分类

(1) 传感器可按被测量信息与输出电量的转换原理分为能量转换型传感器和能量控制型传感器。

(2) 传感器的测量原理包括物理原理和化学原理。传感器可按测量原理的不同分为电参量式传感器、磁电式传感器、磁致伸缩式传感器、压电式传感器和半导体式传感器等。

(3) 传感器可按被测量信息性质的不同分为位移传感器、力传感器和温度传感器。

(4) 传感器可按输出信号的性质不同分为开关型(二值型)传感器、数字型传感器和模拟型传感器。

3. 常见传感器的类型

常见传感器的类型如下。

(1) 能量控制型传感器(无源传感器)。

(2) 能量转换型传感器(有源传感器)。

① 光敏传感器。光敏传感器是一种感应光线强弱的传感器,当感应到光强度不同时,光敏探头内的电阻值就会有变化。常见的有光电式传感器、色敏传感器、CCD(Charged Coupled Device)图像传感器和红外/热释电式光敏器件。

② 气、湿敏传感器。气、湿敏传感器是一种能将检测到的气体成分或浓度转换为电信号的传感器。常用于毛发湿度计、干湿球湿度计、中子水分仪、微波水分仪、金属氧化物半导体湿敏元件。

(3) 集成传感器与智能传感器。

1.6 无线传感器网络的应用

1.6.1 主要的应用领域

无线传感器网络无需固定设备就可以快速部署,具有易于组网、不受网线约束的特点,因此适合于难以使用传统有线通信的恶劣环境,例如煤矿、核电厂等危险的工业环境。工作人员可以通过无线传感器网络进行实时、高效地安全监测。无线传感器网络可以避免传统数据收集方式给环境带来的侵入式破坏,因此可被用于水资源和大气环境的检测。随着无线终端设备的广泛使用,无线传感器网络可利用无线通信技术进行高效地异构传感网络互连、数据处理和融合,可应用于军事、环境监测、智能家居、医疗护理、建筑物状态监控、复杂机械监控、城市交通、空间探索、大型车间和仓库管理,以及机场、大型工业园区的安全监测等领域。下面对无线传感器网络的主要应用领域进行详细说明。

1. 军事

传感器网络由随机密集分布的低成本结点组成,具有自组织性和容错能力,即使某些结点因遭到恶意攻击而损坏,也不会导致整个系统的崩溃。美国国防部远景计划研究局曾投资几千万美元,帮助大学进行智能尘埃传感器技术的研发。在军事应用中,与独立的卫星或地面雷达系统相比,无线传感器网络具有高信噪比、强抗毁性、高容错力等优点。

2. 环境监测

随着人们对环境的日益关注,环境科学涉及的范围也越来越广泛。通过传统方式采集原始数据是一件很困难的工作,无线传感器网络为野外随机数据的获取提供了方便。例如,跟踪候鸟和昆虫的迁移,研究环境变化对农作物的影响,监测海洋、大气和土壤的成分等。在洪水预警系统中,有数种传感器来监测降雨量、河水水位和土壤水分,并依此预测爆发山洪的可能性。类似地,无线传感器网络对森林火灾准确、及时地预报也有帮助。此外,无线传感器网络也可以应用在精细农业中,以监测农作物中的害虫、土壤的酸碱度和施肥状况等。

3. 智能家居

家居系统的无线监控是当今国际建筑智能化研究领域的前沿课题。无线传感器网络的出现避免了房间内布线的烦琐,充分体现了智能家居系统灵活、方便和高效的特点。利用无线传感器网络的远程监控系统可对家电进行远程遥控,可以在到家前就打开空调,一进家门就有适宜的室温。电饭锅、微波炉、电话、电视机、录像机、计算机等家电也可被遥控,按照设置完成相应的煮饭、烧菜、查收电话留言、选择录制电视和电台节目,以及下载网上资料到本地计算机等工作。另外,家居监控系统还能够对三表(水表、电表、燃气表)进行无线抄表,最重要的是它可监测来自家庭安防传感器,及时发现火警和煤气泄漏并物业等管理部门管理。

4. 医疗护理

无线传感器网络在医疗研究、护理领域也可以大展身手。美国罗彻斯特大学的科学家曾使用无线传感器创建了一个智能医疗房间,通过微尘传感器测量居住者血压、脉搏、呼吸等重要体征,了解睡觉姿势,以及每天的活动状况。英特尔公司也推出了基于无线传感器网络的家庭护理系统。该系统利用无线通信将传感器进行连网,用于高效传递必要的信息,使提供的护理服务更加及时。

5. 其他应用

在煤矿中,研究人员基于煤矿环境及无线传感器网络在井下应用的特点,开发了低成本、分布式煤矿安全监测网络系统。该系统具有自组织、多跳式通信组网功能,在布网组网中具有高度灵活性,可望突破井下无线通信距离有限这一瓶颈。此外,在核电厂、长距离输送管线和工业生产流水线等场合也需要用到类似的监测网络。相信随着无线传感器网络技术的进一步发展,其应用会越来越广泛。

1.6.2 典型项目案例——油田气管线智能化管理系统

1. 项目的主要内容

首先对某区域的输油管线及场站进行三维地质绘图,然后对管线周边的地质状况进行实时智能监测,最后开发灾害监测平台,预测可能出现的地质灾害,以便即时预警。

2. 管道地质灾害监测系统结构

管道地质灾害监测系统的结构如图1-3所示。

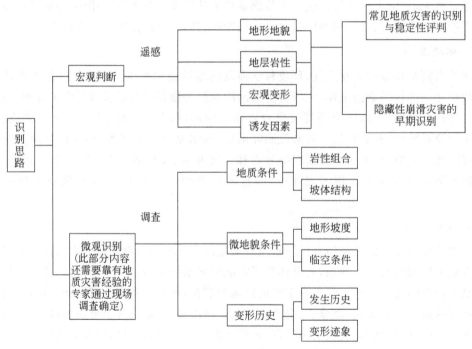

图 1-3 管道地质灾害监测系统的结构

3. 实时动态预警系统

实时动态预警包括实时监测无线传感器网络的布置、监测数据远程传输的组网和多维异构的监测数据集成。实时动态预警系统架构如图1-4所示。

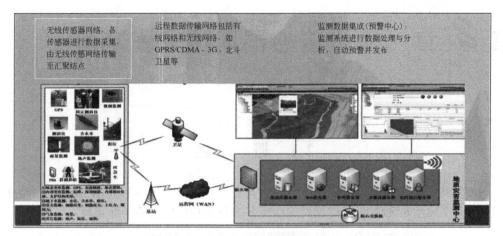

图 1-4　实时动态预警系统架构

1.7　无线传感器网络发展历史

从 1978 年卡内基梅隆大学成立传感器网络工作组至今,对传感器网络技术的研究已经超过 40 年。传感器网络的发展分为以下 3 个阶段。

1. 传感器阶段

20 世纪 60 年代,美国在越南将一种称为"热带树"的振动和声响传感器系统用于战争,以感知对方的车辆调动情况。

2. 无线传感器阶段

20 世纪八九十年代,美国军方基于无线传感器研制了分布式传感器网络系统、海军协同交战能力系统、远程战场传感器系统等。这种现代微型化的传感器具备感知能力、计算能力和通信能力。因此美国的《商业周刊》在 1999 年将无线传感器网络列为 21 世纪最具影响力的 21 项技术之一。

3. 无线传感器网络阶段

从 21 世纪开始,无线传感器网络逐渐向网络传输自组织、结点设计低功耗方向发展。无线传感器网络除了应用于反恐活动,还在其他领域更是获得了很好的表现,所以美国国家重点实验室之一的橡树岭实验室在 2002 年提出了"网络就是传感器"的观点。

无线传感器网络在国际上被认为是继互联网之外的第二大网络。在美国《技术评论》杂志在 2003 年评出的对人类未来生活产生深远影响的十大新兴技术中,传感器网络位列第一。

我国与发达国家的现代意义上的无线传感器网络研究几乎同步启动,目前的研究水平已经位居世界前列。我国于 2006 年发布的《国家中长期科学与技术发展规划纲要》为信息技术确定了 3 个前沿方向,其中智能感知和自组网技术两项就与传感器网络直接相关。当然,传感器网络的发展也符合计算机的发展与演化规律。

第 2 章 无线传感器网络开发环境

2.1 概 述

本章首先介绍常用的无线传感器网络实验平台。图 2-1 所示为无线 ZigBee 网络实验平台。图 2-2 所示是无线 ZigBee 网络实验平台中各个功能模块的详细布局。

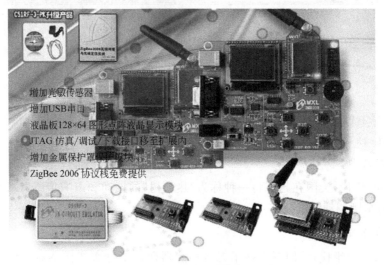

图 2-1 无线 ZigBee 网络实验平台

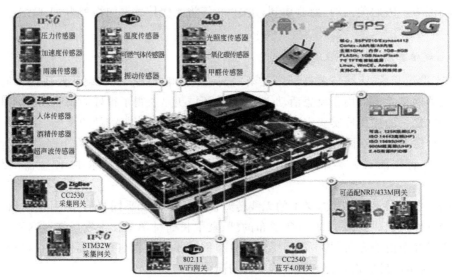

图 2-2 无线 ZigBee 网络实验平台中各个功能模块的详细布局

在进行无线传感器网络开发时,首先应进行协议处理流程设计并在模拟器中模拟,在利用真实结点进行验证后,最终部署到实际的环境中,如图 2-3 所示。目前我国已在无线传感器网络软件、硬件方面的研究取得了一定的成果并已基于国际标准和操作系统研发了自己的硬件平台和中间件软件。

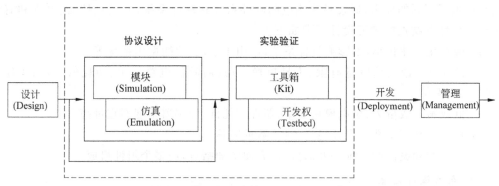

图 2-3　典型的无线传感器网络开发过程

无线 ZigBee 传感器网络系统主要由计算机、网关、路由结点和网络结点等组成。用户可以很方便地实现传感器网络的无线化、网络化、规模化的演示、观测和再次开发。

2.2　无线传感器网络平台硬件设计

2.2.1　系统结构图

根据情况的不同,实验平台可以包括计算机、网关、路由器和传感器结点,系统大小受软件观测数量、路由深度、网络最大负载量等条件限制。典型的无线传感器网络结构如图 2-4 所示。

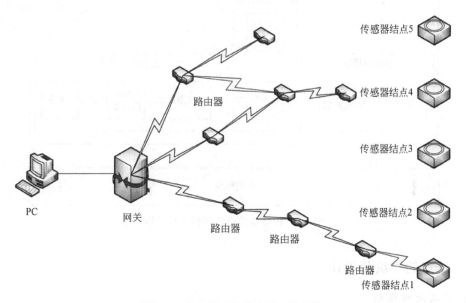

图 2-4　典型的无线传感器网络结构

2.2.2 结点设计要求与内容

1. 结点的设计要求

根据应用环境的不同,传感器网络对结点的精度、传输距离、使用频段、数据收发效率和功耗等提出了不同的要求,通过搭建相应的硬件系统和软件系统,使结点持续、可靠和有效地工作。传感器结点的主要设计要求如下。

(1) 微型化。体积小,不影响目标系统,适用于手机、智能微尘系统等。

(2) 低功耗。改进前电量有限、不易更换,改进后硬件电路简单、功耗低,适用于建筑物、机场、道路等。

(3) 低成本。数量大、供电模块简单、器件功耗低、传感器精度不宜过高。

(4) 稳定性和安全性。保证稳定工作、数据完整。

(5) 扩展性和灵活性。统一外部接口,方便增加结点,由多个组件组成。

2. 结点的设计内容

大多数传感器结点具有终端探测和路由的双重功能:进行数据的采集和处理、实现数据的融合和路由。网关结点个数有限,能量可以补给,可以通过因特网、卫星或移动通信网络等方式与外界进行通信。

传感器结点的硬件平台结构如图 2-5 所示。传感器结点一般由数据处理模块、存储模块、无线通信模块、传感器模块和电源模块 5 部分组成。数据处理模块是结点的核心模块,用于完成数据处理、数据存储、执行通信协议和结点调度管理等工作;存储模块主要存储处理器转送的数据;无线通信模块主要完成信道上发送和接收信息等工作;传感器模块主要采集监控或观测区域内的物理信息;电源模块主要为各个功能模块提供能量。

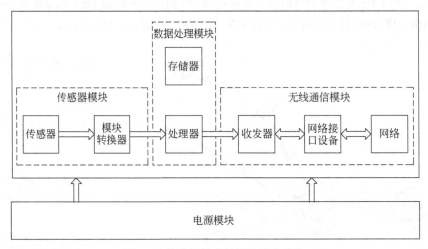

图 2-5 传感器结点的硬件平台结构

2.2.3 结点的模块化设计

1. 数据处理模块

数据处理模块是无线传感器网络结点的核心部件,微处理器选型应满足如下 4 方面要求。

(1) 体积尽量小。

(2) 集成度尽可能高,有足够的外部通用 I/O 接口和通信接口。

(3) 功耗低且支持休眠模式。

(4) 运行速度快。

从处理器的角度来看,传感器网络结点基本可以分为以下 3 类。

(1) 以采用 ARM 处理器为代表的高端处理器。它的特点是能量消耗大但处理能力强,具有电压调节或动态频率调节等节能策略功率,适合图像等高数据量业务的应用。ARM 7 芯片如图 2-6 所示。

(2) 以采用低端微控制器为代表的结点。它的特点是处理能力弱,能量消耗小。典型的代表是 Atmel(爱特梅尔)公司的 AVR 和 TI 的 MSP430。AT91 RM9200-QU 微处理器如图 2-7 所示。

图 2-6 ARM 7 芯片　　　　　图 2-7 AT91 RM9200-QU 微处理器

(3) 数字信号处理器。它的特点是实时进行数字信号的处理。

选择处理器时,应优先考虑处理能力,再考虑功率损耗、功耗衡量、休眠模式。

2. 存储模块

存储模块主要包括存储器,存储器可分为随机存储器(Random Access Memory,RAM)和只读存储器(Read Only Memory,ROM)。

RAM 可以分为静态随机存储器、动态随机存储器、同步动态随机存储器、显示数据随机存储器等。它的特点是存储速度快,断电后数据会丢失,一般用于保存即时信息,例如传感器的即时读入信息、其他结点发送的分组数据等。

ROM 可以分为内存、可擦除可编程只读存储器、电可擦除可编程只读存储器、可编程只读存储器。程序代码一般存储于只读存储器,例如电可擦除可编程只读存储器或闪存。

选择存储器时,应考虑成本和功耗。由于 RAM 成本和功耗较大,在设计传感器结点时应尽量减少 RAM 的容量。

3. 无线通信模块

无线通信模块由无线射频电路和天线组成,目前采用的传输介质主要包括无线电、红外、激光和超声波等。无线通信模块是传感器结点中最主要的耗能模块。传感器网络的常用无线通信技术如表 2-1 所示。

无线传感网络应用最多的是 ZigBee 和普通射频芯片。ZigBee 是一种近距离、低复杂度、低功耗、低数据速率、低成本的双向无线通信技术,完整的协议栈只有 32KB,可以嵌入各种微型设备,提供地理定位功能。

表 2-1　传感器网络的常用无线通信技术

无线技术	频率	距离/m	功耗	传输速率/(kb·s^{-1})
Bluetooth	2.4GHz	10	低	10 000
802.11b	2.4GHz	100	高	11 000
RFID	50kHz	<5	—	200
ZigBee	2.4GHz	10	低	250
IrDA	Infrared	1	低	16 000
UWB	3.1～10.6GHz	10	低	100 000
RF	300～1000MHz	10^n	低	10^n

注：n 表示数字 1～9。

传感器网络结点常用的无线通信芯片的主要参数如表 2-2 所示。

表 2-2　传感器网络结点常用的无线通信芯片的主要参数

芯片	频段/MHz	速率/(kb·s^{-1})	电流/mA	灵敏度/dBm	功率/dBm	调制方式
TR1000	916	115	3	−106	1.5	OOK/FSK
CC1000	300	76.8	5.3	−110	20～10	FSK
CCI020	402	153.6	19.9	−118	200～10	GFSK
CC2420	2400	250	19.7	−94	−3	OQPSK
CC2530	2400	38.4	80	−110	4	GFSK
nRF905	433	100	12.5	−100	10	GFSK
nRF2401	2400	1000	15	−85	20～0	GFSK
9Xstream	902	20	140	−110	16～20	FHSS

从性能、成本、功耗方面考虑，TR1000 功耗低，而 CC1000 灵敏度高，传输距离远。WeC、Renee、Mica 采用 TR1000，Mica2 采用 CC1000。

集成的无线通信芯片本身集成了处理器。例如 CC2430 在 CC2420 的基础上集成了 8051 内核的单片机；CC1010 在 CC1000 的基础上集成了 8051 内核的单片机；CC2530 的在 CC2520 的基础上集成了 8051 内核的单片机。

天线分为内置天线和外置天线两种。内置天线的优点是便于携带，成本低，可以免受机械或外界环境损害，缺点是性能差。外置天线的优点是具有很高的无线通信传输性能，缺点是成本高。

4. 传感器模块

在传感器网络中，可以根据实际需求选择具体的传感器结点实现数据采集功能。选择传感器时，除了要考虑基本的灵敏度、线性范围稳定性及精确度等静态特性，还要考虑综合功耗、可靠性、尺寸和成本等因素。

5. 电源模块

作为无线传感器网络的基础模块，电源模块直接关系传感器结点的寿命、成本和体积，因此在设计电源时主要考虑能量供应、能量获取、直流-直流转换这3个因素。

最常见的传感器结点供电方式是电池供电,电池的主要量度指标是能量密度,单位为焦耳每立方厘米(J/cm^3)。

电池的性能指标如下。

(1) 标称电压:单节新电池(电量充足时)的输出电压。

(2) 内阻:电池内部电路的电阻。

(3) 容量:放电电流和放电电压的乘积,单位为毫安·时($mA·h$)。

(4) 放电终止电压:放电终止电压与标称电压越接近,说明电池放电越平稳。

(5) 自放电:随着电池存储时间的增加,容量会下降。一般情况下,每5年下降80%。

(6) 使用温度:使用温度过高或过低都会导致电池失效。

采用直流-直流转换的原因是,结点需要多种电压;随时间增加,电池容量减少,电压会降低;供电功率的降低会影响晶振频率和传输功率。

直流-直流转换器有3种类型。

(1) 线性稳压器。可以产生比输入电压低的电压;线性稳压器体积小、价格低、噪声小,使用退耦电容过滤,不仅有利于平稳电压,还可以去除双电源中的瞬间短时脉冲波形的干扰。

(2) 开关稳压器。能升高电压、降低电压或翻转输入电压;开关稳压器的优点是高输入阻抗、低开关速度及低功耗的开关功率管;将输入电压变换为输出电压时,功耗更低、效率更高;功能比线性稳压器强。

(3) 充电泵。它可以升压、降压或翻转输入电压,但驱动能力有限。开关稳压器的缺点是需要较多外部设备、占用更大空间;比线性稳压器价格高、噪声大。充电泵的优点是能够升压、降压、翻转输入电压。充电泵的缺点是电流供应能力有限。

2.2.4 常见的无线传感器网络结点

常见的无线传感器网络结点如表2-3所示。

表2-3 常见的无线传感器网络结点

结点名称	处理器(公司)	无线芯片(技术)	电池类型	发布年份
WeC	AT90S8535(Atmel)	TR1000(RF)	Lithium	1998
Renee	ATmega163(Atmel)	TR1000(RF)	AA	1999
Mica	ATmega128L(Atmel)	TR1000(RF)	AA	2001
Mica2	ATmega128L(Atmel)	CC1000(RF)	AA	2002
Mica2Dot	ATmega128L(Atmel)	CC1000(RF)	Lithium	2002
Mica3	ATmega128L(Atmel)	CC1020(RF)	AA	2003
MicaZ	ATmega128L(Atmel)	CC2420(ZigBee)	AA	2003
Toles	MSP430F149(TI)	CC2420(ZigBee)	AA	2004
XYZnode	ML67Q500x(OKI)	CC2420(ZigBee)	NiMn Rechargeable	2005

续表

结点名称	处理器（公司）	无线芯片（技术）	电池类型	发布年份
Platform1	PIC16LF877（Microchip）	Bluetooth&RF	AA	2004
Platform2	TMS320C55xx（TI）	UWB	Lithium	2005
Platform3	ARM7TDMI核＋Bluetooth集成（Zeevo）		Battery	2005
Zabranet	MSP430F149（TI）	9Xstream（RF）	Batteries	2004

1. Mica系列结点

目前，Mica系列结点在学术研究中得到广泛应用。Mica系列结点是由美国加州大学伯克利分校研制的用于传感器网络研究演示平台的试验结点。在这个演示平台上，软件和硬件可并行开发。图2-8中描述了Mica系列结点演示平台螺旋式上升的发展历程。由于该平台的硬件和软件都是公开的，所以成为研究传感器网络最主要的试验平台。Mica系列结点包括 WeC、Renee、Mica、Mica2dot 和 Spec 等，其中 Mica 和 Mica2dot 结点已经由 Crossbow 公司（1995 年成立，专业从事无线传感器产业的公司）包装生产。

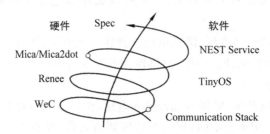

图 2-8 Mica系列结点演示平台螺旋式上升的发展历程

为了能够有效地利用传感器网络的资源，美国加州大学伯克利分校的研究人员通过比较、分析与实践，设计了面向传感器网络的TinyOS操作系统。TinyOS是一个开放源代码的嵌入式操作系统，它的基本方法是定义一系列非常简单的组件模型，因此具有高度的模块化特征，能够快速实现各种应用。每个组件都完成一个特定的任务，整个操作系统基本由一系列的组件模型组成。TinyOS 的应用程序都是基于事件驱动模式的，采用事件触发去唤醒传感器工作，当系统要完成某个任务时，就会调用事件调度器，事件调度器再有顺序地调用各种组件，从而高效、有序地完成各种功能。

Mica系列结点的技术及性能指标如表2-4所示。

表 2-4 **Mica系列结点的技术及性能指标**

结点类型	Renee	Mica	Mica2	Mica2dot	MicaZ
MCU芯片类型	ATmega163	ATmega128			
UART数量	1	2			
RF芯片类型	TR1000		CC1000		CC2420
Flash芯片类型	24LC256		AT45DB041B		

续表

结点类型	Renee	Mica	Mica2	Mica2dot	MicaZ
其他接口	DIO	DIO,IIC		DIO	DIO,IIC
电源类型	AA				Lithium
结点发布年份	1999	2001	2002	2002	2003

通信芯片的性能指标如表 2-5 所示。

表 2-5 通信芯片的性能指标

通信芯片类型	TR1000	CC1000	CC2420
载波技术	OOK/ASK	FSK	QPSK
载波频段/MHz	916	300~1000	2400
数据传输速率/(kb·s^{-1})	OOK 方式:30,ASK 方式:115	76.8	250
接收最高灵敏度/dB	-106	-110	-99
信道数量	单信道	433MHz:3 个,868MHz:3 个,915MHz:43 个	16 个
通信距离/m	100~300	500~1000	60~150

2. Telos 系列结点

Telos 系列结点是美国加州大学伯克利分校支持 NEST 项目研究所取得的成果,该平台上的软件和硬件都是公开的,是针对 Mica 系列结点功耗较大而设计的低功耗产品。Telos 具有两个模块:一是处理器和无线通信模块;二是传感器平台。两者之间通过标准接口连接。处理器和无线通信模块采用功耗低的 MSP430 处理器和 CC2420 无线收发芯片。

Telos 系列结点的硬件上的特点主要体现在以下 5 个方面。

(1) CPU 采用了 TI 公司的超低功耗微处理器芯片 MSP430。MSP430 的应用比较广泛,处理能力也完全可以胜任,最重要的是它的低功耗有利于节省能量,延长无线传感器网络结点连续工作的时间。

(2) 模块采用了 TI 公司的 CC2420 芯片,支持 IEEE 802.15.4 协议,数据收发速率可达到 250kb/s,并具有快速休眠功能,便于节省系统能量。同时,CC420 支持 ZigBee 协议,标准化的通信协议有利于实现通信扩展。

(3) SHT11 温湿度一体化器件也集成到了 Telos 中,可以作为独立的传感器结点使用。

(4) Telos 只有一个带 10 个引脚的接口,与 Mica2 相比,Telos 显得有些简陋。这样做的好处是简化了外部接口,它可以连接简单的传感器板,如果需要与 Mica2 系列部件互连,则可以通过一块适配板。

(5) 使用了 USB-COM 的桥连接,可以通过 USB 接口给系统供电,也可通过 USB 接口编程。

Telos 结点的主要硬件参数如表 2-6 所示。

表 2-6　Telos 结点的主要硬件参数

处理器	时钟频率/kHz	存储器		通信模块	
		芯片	容量/KB	芯片	频率/GHz
MSP430F1611	32	M25P80	1024	CC2420	2.4

3. BT 结点

BT 结点是一种多功能自主的无线通信和计算平台,包括一个 Atmel 公司的 ATmega128L 处理器、随机访问内存及 128KB 闪存。BT 结点采用蓝牙、CC1000 等技术,使用时需要两节 AA 电池或 3.8~5V 外部电源供电。

4. Sun SPOT 结点

Sun SPOT 是由 Sun 公司推出的无线传感器网络设备。该结点采用 32 位低功耗、高性能的 ARM 920T 微处理器及支持 ZigBee 的 CC2420 无线通信芯片,并开发出 SquawkJava 虚拟机,可以使用 Java 语言搭建无线传感网络。处理器采用低功耗 ARM920T 微处理器,具有更加丰富的资源和极低的功耗,需要使用 3.7V、750mA 的可充电锂电池,具有自保护机制。

5. Gain 系列结点

Gain 系列结点是中国科学院计算技术研究所开发的结点,是国内第一款自主开发的无线传感器网络结点,如图 2-9 所示。

图 2-9　Gain 系列结点

Gain 系列第一版结点的处理器采用中国科学院计算技术研究所自行开发的处理器,该处理器采用哈佛总线结构,兼容 AVR 指令集。

2.3　无线传感器网络的操作系统

2.3.1　传感器网络对操作系统的要求

传感器结点的特点如下。

(1) 结点密度高,数量大。

(2) 结点的计算和存储能力有限。

(3) 结点体积微小,通常携带能量十分有限的电池,结点能量有限,低功耗。

(4) 通信能力有限,传感器网络的通信带宽较窄,结点间的通信单跳距离通常只有几十到几百米,因此在有限的通信能力下如何设计网络通信机制以满足传感器网络的通信是必须考虑的问题。

（5）各传感器结点位置随机分布，具有自组织特性。

2.3.2 TinyOS

目前已有多个有代表性的开源无线传感器网络操作系统，例如美国加州大学伯克利分校开发的 TinyOS 2.1、美国科罗拉多大学开发的 Mantis OS 0.9.5、美国加州大学洛杉矶分校开发的 SOS 1.7。本书主要介绍 TinyOS 操作系统。

TinyOS 是一个开源的嵌入式操作系统，是由美国加州大学伯克利分校开发的，主要应用于无线传感器网络。它是一种基于组件的架构方式，能够快速实现各种应用。TinyOS 程序采用模块化设计，程序核心往往都很小。一般来说，核心代码和数据约为 400B，能够突破传感器存储资源少的限制，使 TinyOS 可以有效地运行在无线传感器网络结点上，并负责执行相应的管理工作。

TinyOS 在构建无线传感器网络时，会有一个基地控制台，主要用来控制各个传感器子结点，并聚集和处理它们所采集到的信息。TinyOS 通过控制台发出管理信息，然后由各个结点通过无线网络互相传递，最后达到协同一致的目的，比较方便。

TinyOS 可以支持以下平台：eyesIFXv2、Imote2、Mica2、Mica2dot、MicaZ、TelosB 和 Tinynode。

TinyOS 的主要特点如下。

（1）基于组件的体系结构。TinyOS 提供一系列可重用的组件，一个应用程序可以通过连接配置文件将各种组件连接起来，以完成它所需要的功能。

（2）事件驱动机制。TinyOS 的应用程序都是基于事件驱动模式的，采用事件触发去唤醒传感器工作。TinyOS 事件驱动机制迫使应用程序在做完通信工作后，隐式地声明工作完成；事件相当于不同组件之间传递状态信息的信号。在 TinyOS 的调度下，当事件对应的硬件中断发生时，系统能够快速地调用相关的事件处理程序。在事件处理完毕且没有其他事件的情况下，CPU 进入睡眠状态，等待下一个事件激活 CPU。

（3）采用轻量级线程技术和基于先进先出的任务队列调度方法。轻量级线程是针对结点并发操作可能比较频繁，且线程比较短的问题提出的。轻量级线程有两级调度方式：先进先出和不抢占。

（4）采用基于事件驱动模式的主动消息通信方式。

2.3.3 nesC 语言

1. nesC 语言简介

nesC 语言是对 C 语言的扩展，它基于体现 TinyOS 的结构化概念和执行模型而设计。nesC 语言在设计时强调组件化的编程思想，可以提高开发的方便性和代码的有效性，基本特点如下。

（1）结构和内容的分离，程序由组件构成。

（2）根据接口的设置说明组件功能。

（3）组件通过接口彼此静态相连。

2. nesC 语言的基本特点

（1）结构和内容的分离：程序由组件构成，组件装配在一起构成完整的程序。

（2）根据接口的设置说明组件功能：接口可以由组件提供或使用，具有双向性，描述多功能的两个组件（供给者和使用者）之间的交互渠道。

接口是一系列声明的有名函数集合，同时接口是连接不同组件的纽带。

任何一个用 nesC 语言编写的应用程序都是由一个或多个组件连接起来的，从而形成了一个完整的可执行程序。nesC 语言中有两种类型的组件，分别称为模块和配置。组件通过接口彼此静态相连，这样可以提高运行效率，使设计更健壮。每个用 nesC 语言编写的应用程序都由一个顶级配置所描述，其内容就是将该应用程序所用到的所有组件连接起来，形成一个有机整体。

（3）模块：使用 C 语言实现的组件，它实际上是组件的逻辑功能实体，完成具体的功能的实现，包括命令、事件和任务。

（4）配置：通过连接一系列其他组件来实现一个组件的规范。配置中要包含组件列表，用 connection-list 指出用来构建这一个配置的所有组件，再使用连接把规范元素（接口、命令和事件）联系在一起。

2.3.4　TinyOS 组件模型

为了有效地利用传感器网络的资源，美国加州大学伯克利分校的研究人员通过比较、分析、实践，设计了面向传感器网络的操作系统——TinyOS。TinyOS 是一个开放源代码的嵌入式操作系统，由于它定义了一系列非常简单的组件模型，因此具有高度的模块化特征，能够快速实现各种应用。TinyOS 包含了经过特殊设计的组件模型，组件化满足了传感器网络嵌入式的硬件平台与应用定制的特性，是对软硬件进行功能抽象，是一款适应模块化和易于构造组件的应用软件。TinyOS 的每个组件都完成一个特定的任务，整个操作系统基本上就是由一系列的组件模型组成，用户通过专用的组件化语言进行程序设计。TinyOS 的应用程序都是基于事件驱动模式的，可采用事件触发去唤醒传感器工作。当系统要完成某个任务时，就会调用事件调度器，事件调度器再有顺序地调用各种组件，从而高效、有序地实现各种功能。

组件化模型提高了软件重用度和兼容性，应用程序开发人员只需要关心组件的功能和自己的业务逻辑，而不必关心组件的具体实现，从而提高编程效率。组件化模型可使应用程序开发人员方便、快捷地将独立组件组合到各层配件文件中，在面向应用程序的顶层配件文件中完成应用的整体装配。

TinyOS 的组件有一组命令处理程序句柄、一组事件处理程序句柄、一个经过封装的私有数据帧、一组简单的任务它们之间相互关联。图 2-10 所示为支持多跳无线通信传感器应用程序的组件结构。

TinyOS 的组件分为硬件抽象组件、合成组件和高层次的软件组件 3 种。这 3 类组件又各自包括不同的组件和功能。硬件抽象组件包括物理硬件映射到 TinyOS 的组件模型以及 RFM 射频组件，合成组件包括模拟高级硬件行为和 Radio Byte 组件，高层次的软件组件包括完成控制、路由以及数据传输。TinyOS 组件的功能模块如图 2-11 所示。

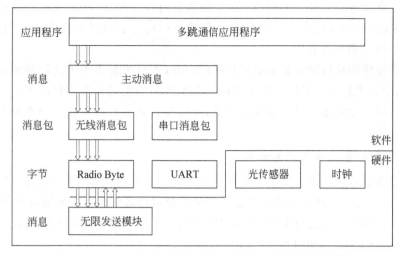

图 2-10 支持多跳无线通信的传感器应用程序的组件结构

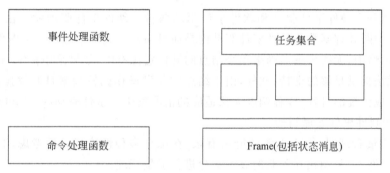

图 2-11 TinyOS 组件的功能模块

2.3.5 TinyOS 通信模型

TinyOS 中的消息通信遵循主动消息通信模型,它是一个简单的、可扩展的、面向消息的高性能通信模式,早期一般应用于并行和分布式计算机系统中。在主动消息通信方式中,每一个消息都维护一个应用层的处理器。当目标结点收到这个消息后,就会把消息中的数据作为参数,并传递给应用层的处理器进行处理。应用层的处理器一般负责完成消息数据的解包操作、计算机处理或发送响应消息等工作。

1. 主动消息的设计实现

在传感器网络中采用主动消息机制的主要目的是使无线传感器结点的计算和通信重叠。为了更适用于传感器网络的需求,要求主动消息至少提供 3 个最基本的通信机制:带确认信息的消息传递、有明确的消息地址和消息分发。如果把主动消息通信实现为一个 TinyOS 的系统组件,则可以屏蔽下层各种不同的通信硬件,为上层应用提供基本的、一致的通信原语,以方便应用程序开发人员开发。

2. 主动消息的缓存管理机制

数据通过网络到达传感器结点首先要进行缓存,然后通过主动消息分发层把缓存中的消息交给上层应用进行处理。TinyOS 不支持动态内存分配,因此实现动态申请消息缓存比较困难。TinyOS 要求每个应用程序在消息被释放后能够返回一块未用的消息缓存,用于接收下一个将要到来的消息。

各个应用程序的执行顺序是不能被打乱的,所以不会出现多个未使用的消息缓存发生冲突的情况,主动消息通信组件只需要维持一个额外的消息缓存用于接收下一个消息。但是如果一个应用程序需要同时存储多个消息,则需要在其私有数据帧上静态分配额外的空间进行保存消息。

3. 主动消息的显式确认消息机制

主动消息的显式确认消息机制属于尽力服务的消息传递机制,也就是在每次消息发送后,接收方都会发送一个同步的确认消息。主动消息层的最底层会生成确认消息包,这样会比在应用层生成确认消息包更节省开销,反馈时间更短。主动消息层只需发送一个特殊的立即数序列作为确认消息的内容。

2.3.6 TinyOS 事件驱动机制、调度策略与能量管理机制

事件驱动分为硬件事件驱动和软件事件驱动两种。硬件事件驱动就是由硬件发出中断,然后进入中断处理函数。软件事件驱动则是通过 signal 关键字触发一个事件。

在调度策略中,无线传感器网络单个结点的硬件资源有限,如果采用传统的进程调度方式,则硬件无法提供足够的支持;此外,由于结点的并发操作比较频繁且并发操作执行流程又很短,会造成传统的进程/线程调度无法适应的情况发生。事件驱动的 TinyOS 采用两级调度:任务和硬件事件处理句柄。

在进行能量管理时,由于电源的能量有限,在综合多种性能指标后考虑,TinyOS 从结点操作系统层面上,采用相互关联的 3 个部分进行能量管理。

2.4 ZigBee 硬件平台

美国的德州仪器公司的 CC2530 是真正的系统芯片(System on Chip,SoC),适用于 2.4GHz IEEE 802.15.4、ZigBee 和 RF4CE 应用。CC2530 包括性能极好的一流 RF 收发器、工业标准增强型 8051 MCU、系统中可编程的闪存和 8KB RAM,具有不同的运行模式,使它更加适应超低功耗要求的系统,再加上 CC2530 许多其他强大的功能特性,结合美国的德州仪器公司的业界领先的黄金单元 ZigBee 协议栈(Z-StackTM),提供了一个强大和完整的 ZigBee 解决方案。

2.4.1 CC2530 芯片的特点

CC2530 芯片如图 2-12 所示,内含模块大致可以分为三类:CPU 和内存相关的模块,外设、时钟和电源管理相关的模块,以及射频率相关的模块。CC2530 在单个芯片上整合了 8051 兼容微控制器、ZigBee 射频(RF)前端、内存和 Flash 存储,还包含串行接口(UART)、模数转换器(ADC)、多个定时器、AESI28 安全协议处理

图 2-12　CC2530 芯片

器、看门狗定时器、32kHz 晶振的休眠模式定时器、上电复位电路、掉电检测电路,以及 21 个可编程 I/O 接口等外设接口单元。

CC2530 的主要特点如下。

(1) 高性能、低功耗、带程序预取功能的 8051 微控制器内核。

(2) 32KB、64KB、128KB 或 256KB 的系统可编程闪存。

(3) 8KB 所有模式都带记忆功能的 RAM。

(4) 2.4GHz IEEE 802.15.4 兼容 RF 收发器,优秀的接收灵敏度和强大的抗干扰能力。

(5) 精确的数字接收信号强度(RSSI)指示/链路质量指示(LQI)支持。

(6) 最高达 4.5dBm 的可编程输出功率。

(7) 集成 AES 安全协处理器,硬件支持 CSMA/CA 功能。

(8) 具有 8 路输入和可配置分辨率的 12 位 ADC。

(9) 强大的 5 通道 DMA。

(10) IR 发生电路。

2.4.2　CC2530 芯片上 8051 内核

CC2530 芯片使用的 8051 CPU 内核是一个单周期的 8051 兼容内核。它有 SFR、DATA 和 CODE/XDATA 3 种不同的内存访问总线,以及单周期访问 SFR、DATA 和主 SRAM。

2.4.3　CC2530 的主要外设

CC2530 有 21 个数字 I/O 引脚,能被配置为通用数字 I/O 接口或作为外设 I/O 信号连接到 ADC、定时器、串行接口外设。主要的外设如下。

(1) 输入输出接口。

(2) 直接存取(DMA)控制器。

(3) 定时器。

(4) 14 位模数转换器。

(5) 串行通信接口(USART)。

2.4.4　CC2530 无线收发器

CC2530 无线收发器是一个基于 802.15.4 的无线收发器,其无线核心部分是一个 CC2420 射频收发器。

2.4.5　CC2530 开发环境 IAR

CVT-WSN-II/S 教学实验系统使用的软件比较多,包括 CC25×× 无线单片机软件集成开发环境、CC25×× 芯片 Flash 编程软件、ZigBee 协议分析软件、基于 PC 的管理分析软件等。下面介绍 3 款常用软件。

1. IAR Embedded Workbench for 8051

IAR 嵌入式集成开发环境是 IAR 系统公司设计用于处理器软件开发的集成软件包,包含软件编辑、编译、连接、调试等功能。

2. SmartRF Flash Programmer

SmartRF Flash Programmer 用于无线单片机 CC2530 的程序编写、USB 接口的 MCU 固件编程、读写 EEE 地址等。

3. ZigBee 协议监视分析软件 Packet Sniffer

Packet Sniffer 用于 IEEE 802.15.4/ZigBee 协议监视和分析功能,可以对本地的 ZigBee 网络进行协议监视和分析。

第3章 无线传感器网络中的无线通信技术

3.1 IEEE 802.15.4 标准概述

IEEE 802.15.4 标准是针对低速无线个人区域网络(Low-Rate Wireless Personal Area Network,LR-WPAN)制定的。该标准把低能量消耗、低速率传输、低成本作为重点目标,旨在为个人或者家庭范围内不同设备之间的低速互连提供统一标准。IEEE 802.15.4 标准为 LR-WPAN 网络制定了物理(Physical,PHY)层和介质访问控制(Medium Access Control,MAC)子层协议。LR-WPAN 网络的特征与传感器网络有很多相似之处,很多研究机构把 IEEE 802.15.4 标准作为传感器的通信标准。LR-WPAN 网络是一种结构简单、成本低廉的无线通信网络,它使在低电能和低吞吐量的应用环境中使用无线连接成为可能。与无线局域网(Wireless Local Area Network,WLAN)相比,LR-WPAN 网络只需很少的基础设施,甚至不需要基础设施。

IEEE 802.15.4 网络协议栈基于开放系统互连(Open System Interconnection,OSI)模型,每一层都实现一部分通信功能,并向高层提供服务。IEEE 802.15.4 标准只定义了 PHY 层和数据链路层的 MAC 子层。PHY 层由射频收发器以及底层的控制模块构成。MAC 子层为高层访问物理信道提供点对点通信的服务接口。

IEEE 802.15.4 标准定义的 LR-WPAN 网络具有如下特点。

(1) 在不同的载波频率下实现了 20kb/s、40kb/s 和 250kb/s 三种不同的传输速率。
(2) 支持星形和点对点两种网络拓扑结构。
(3) 有 16 位和 64 位两种地址格式,其中 64 位地址是全球唯一的扩展地址。
(4) 支持冲突避免的载波多路侦听技术(Carrier Sense Multiple Access with Collision Avoidance,CSMA-CA)。
(5) 支持确认(ACK)机制,保证传输可靠性。

3.1.1 网络简介

IEEE 802.15.4 网络是指在一个个人操作空间(Personal Operating Space,POS)内使用相同的无线信道并通过 IEEE 802.15.4 标准相互通信的一组设备的集合,又名 LR-WPAN 网络。这个网络中的设备可以根据通信能力分为全功能设备(Full Function Device,FFD)和精简功能设备(Reduced Function Device,RFD)。FFD 之间以及 FFD 与 RFD 之间都可以通信。RFD 之间不能直接通信,只能与 FFD 通信或者通过一个 FFD 向外转发数据。这个与 RFD 相关联的 FFD 称为该 RFD 协调器。RFD 主要用于简单的控制应用,例如灯的开关、被动式红外线传感器等,传输的数据量较少,对传输资源和通信资源占用不多,这样RFD可以采用非常廉价的实现方案。

在 IEEE 802.15.4 网络中,有一个被称为 PAN 协调器的 FFD,是 LR-WPAN 网络中的主控制器。PAN 协调器(以下简称网络协调器)除了直接参与应用以外,还要完成成员身份管理、链路状态信息管理和分组转发等任务。

无线通信信道的特征是动态变化的。结点位置或天线方向的微小改变、物体移动等周围环境的变化都有可能引起通信链路信号强度和质量的剧烈变化,因而无线通信的覆盖范围不是确定的,这就造成了 LR-WPAN 网络中设备的数量以及它们之间关系的动态变化。

3.1.2 拓扑结构

IEEE 802.15.4 网络根据应用的需要可以组织成星形,也可以组织成点对点的网络。在星形结构中,所有设备都与中心设备 PAN 网络协调器通信。在这种网络中,网络协调器一般采用持续电力系统供电,而其他设备采用电池供电。星形结构的网络适合家庭自动化、个人计算机的外设以及个人健康护理等小范围的室内应用。

与星形结构不同,点对点网络只要彼此都在对方的无线辐射范围之内,则任何两个设备之间都可以直接通信。点对点网络中也需要网络协调器,网络协调器负责实现管理链路状态信息,认证设备身份等功能。点对点网络模式可以支持 AD-Hoc 网络,允许通过多跳路由的方式在网络中传输数据。不过,一般认为自组织问题由网络层来解决,不在 IEEE 802.15.4 标准的讨论范围之内。点对点网络可以构造更复杂的网络结构,适合设备分布范围广的应用,例如在工业检测与控制、货物库存跟踪和智能农业等方面都有非常好的应用前景。

3.1.3 网络拓扑的形成过程

虽然网络拓扑结构应由网络层实现,但 IEEE 802.15.4 为形成各种网络拓扑结构提供了充分支持。下面主要讨论 IEEE 802.15.4 对形成网络拓扑结构提供的支持,详细地描述了星形结构和点对点网络的形成过程。

1. 星形结构网络的形成

星形结构网络以网络协调器为中心,所有设备只能与网络协调器进行通信,因此在星形结构网络的形成过程中,第一步就是建立网络协调器。任何一个 FFD 都有成为网络协调器的可能,一个网络如何确定自己的网络协调器由上层协议决定。下面介绍一种简单的策略,一个 FFD 在第一次被激活后,首先广播查询网络协调器的请求,如果接收到回应说明网络中已经存在网络协调器,再通过一系列认证过程,FFD 就成为这个网络中的普通设备。如果没有收到回应或者认证过程不成功,这个 FFD 就可以建立自己的网络并且成为这个网络的网络协调器。当然,这里还存在一些更深入的问题:一是网络协调器过期问题,例如原有的网络协调器损坏或者能量耗尽;二是偶然因素造成多个网络协调器竞争问题,例如物体阻挡导致一个 FFD 自己建立网络,当物体离开时,网络中将出现多个协调器。

网络协调器要为网络选择一个唯一的标识符,所有该星形结构网络中的设备都使用这个标识符来规定自己的属主关系。不同星形结构网络之间的设备通过设置专门的网关完成相互通信。选择一个标识符后,网络协调器就允许其他设备加入自己的网络,并为这些设备转发数据分组。

星形结构网络中的两个设备如果需要互相通信,都是先把各自的数据包发送给网络协调器,然后由网络协调器转发给对方。

2. 点对点网络的形成

在点对点网络中,任意两个设备只要能够彼此收到对方的无线信号,就可以进行直接通信,不需要其他设备的转发。点对点网络仍然需要一个网络协调器,不过该协调器的功能已不再是为其他设备转发数据,而是完成设备注册和访问控制等基本的网络管理功能。网络协调器的产生同样由上层协议规定,例如把某个信道上第一个开始通信的设备作为该信道上的网络协议器。簇树网络是点对点网络的一个例子,下面以簇树网络为例描述点对点网络的形成过程。

在簇树网络中,绝大多数设备是 FFD,而 RFD 总是作为簇树的叶设备连接到网络中。任意一个 FFD 都可以充当 RFD 协调器或者网络协调器,为其他设备提供同步信息。在这些协调器中,只有一个可以充当整个点对点网络的网络协调器。网络协调器可能和网络中其他设备一样,也可能拥有比其他设备更多的计算资源和能量资源。网络协调器首先将自己设为簇头,并将簇标识符设置为 0,同时为该簇选择一个未被使用的 PAN 标识符,形成网络中的第一个簇。接着,网络协调器开始广播信标帧,邻近设备收到信标帧后就可以申请加入该簇。设备可否成为簇成员由网络协调器决定,如果请求被允许,则该设备将作为簇的子设备加入网络协调器的邻居列表。新加入的设备会将簇头作为它的父设备加入自己的邻居列表中。

IEEE 802.15.4 是 ZigBee、WirelessHART、Mi-Wi 等规范的基础,描述了低速率无线个人局域网的物理层和媒体接入控制协议,属于 IEEE 802.15 工作组。在 868/915M、2.4GHz 的 ISM(Industrial Scientific Medical,工业科学医学)频段上,数据传输速率最高可达 250kb/s。由于 IEEE 802.15.4 具有低功耗、低成本的优点,因此在很多领域获得了广泛的应用。在打包提供的免费协议栈代码中,美国德州仪器公司的协议栈部分以库的形式提供,限制了其应用范围即只能应用于本公司所生产的单片机芯片上,不方便扩展、修改。而美国微芯科技公司尽管提供了源代码,但在编程风格、多任务操作系统上的运行考虑欠周。鉴于此,设计实现结构清晰、层次分明、移植方便、能运行在多任务环境符合的 IEEE 802.15.4 协议代码,可为架构上层协议及应用扩展建立良好的基础。

3.2 蓝牙技术

蓝牙是一种短程宽带无线电技术,是实现语音和数据无线传输的全球开放性标准。它使用跳频扩谱(Frequency-Hopping Spread Spectrum,FHSS)、时分多址(Time Division Multiple Access,TDMA)、码分多址(Code Division Multiple Access,CDMA)等先进技术,在小范围内建立多种通信与信息系统之间的信息传输。

3.2.1 蓝牙技术概述

1. 蓝牙技术的起源

蓝牙的名字来源于 10 世纪的丹麦国王 Harald Blatand(英文名称为 Harold

Bluetooth)。1994年,瑞典爱立信公司研发了一种新型的短距无线通信技术,致力于为POS内相互通信的无线通信设备提供通信标准。POS一般是指以用户为中心半径约为10m的空间范围,在这个范围内,用户位置可以是固定的,也可以是移动的。在筹备阶段,行业协会需要一个极具表现力的名字来命名这项高新技术。组织人员在经过一夜关于欧洲历史和未来无线技术发展的讨论后,认为用国王Blatand的名字命名再合适不过。这项即将面世的技术将被定义为允许不同工业领域(例如计算机、手机和汽车行业)之间的协调工作。

蓝牙技术由蓝牙技术联盟组织研发。该组织成立于1998年,成员包括爱立信、IBM、Intel、东芝和诺基亚等国际通信巨头。1998年3月,美国的电气和电子工程师学会(Institute of Electrical and Electronics Engineers,IEEE)为蓝牙技术制定IEEE 802.15.1标准。蓝牙技术的物理层采用跳频与扩频相结合的调制技术,频段范围是2.402~2.480GHz,通信速率一般能达到1Mb/s。蓝牙通信中的设备有两种角色——主设备和从设备。同一个蓝牙设备可以在这两种角色之间转换。一个主设备最多可以同时和7个从设备通信。在任意时刻,主设备单元可以向任何一个从设备单元发送信息,也可以用广播方式同时向多个从设备发送信息。截至2010年7月,蓝牙技术联盟共推出6个技术版本,即V1.1/1.2/2.0/2.1/3.0/4.0。按照通信距离的远近,蓝牙技术版本可分为Class A(1)和Class B(2)。在4.0版本中,蓝牙的通信距离提高到100m以上,通信速率达到24Mb/s。

2. 蓝牙技术的发展

1994年,蓝牙技术的出台立刻引起全世界的关注,美国《网络计算》杂志将其评为"十年来十大热门新技术"之一。事实上,蓝牙技术也的确广泛地应用于移动设备(手机、PDA)、个人计算机与无线外围设备(耳机、鼠标、键盘)、GPS设备、医疗设备以及游戏平台(PS3、Wii)等各个领域。

尽管如此,蓝牙技术一开始并未如人们期望的那样成为个域网的绝对标准。随着IEEE 802.11技术的兴起,蓝牙技术自21世纪以来,仅在耳机、鼠标、车载语音系统等小范围市场内取得成功。究其原因,从市场角度来看,蓝牙技术主要存在芯片价格高、模块小型化、安装成本高、天线设计和组装困难等问题。从技术角度来看,蓝牙技术的建立连接时间长、功耗高、安全性低。正当蓝牙技术快要被人遗忘的时候,移动互联网和物联网的快速发展拯救了它。智能手机正在以前所未有的速度普及,基于安卓(Android)操作系统的智能手机零售价迅速降低至600元,这意味着全世界绝大多数人可以轻松拥有智能手机。目前,蓝牙技术已经是智能手机的标准配置。手机智能化是未来的发展趋势,智能手机在运动、健身、健康和医疗等领域具有极为广阔的应用前景,作为连接智能手机和外设的标准手段,蓝牙技术的市场前景不可限量。蓝牙技术联盟目前拥有16 000家成员,应用蓝牙技术的产品日出货量达到50 000台,蓝牙技术将重获新生。

目前,智能手机外设是一个新的研究热点,例如由Nike公司研发的FuelBand腕带,由美国麻省理工学院的4名学生发明的Amiigo智能腕带等。以Amiigo智能腕带为例,它可以记录和测量日常生活中的运动量(如跑步赶上公交车、从超市拎回大包小包等日常生活中随时随地获得的运动量),以激励人们更好地运动。Amiigo测量的时间、能量、步数、体温等数据可以通过蓝牙技术传送到智能手机上。当用户打开iPhone或者Android智能手机的Amiigo应用时,便可以了解自己的身体状况、运动量等。

3. 蓝牙技术的特点

(1) 工作频段：2.4GHz 属于 ISM 频段，无须申请许可证。大多数国家使用 79 个频点，载频为 $(2402+k)$ MHz ($k=0, 1, 2, \cdots, 78$)，载频间隔 1MHz。采用 TDD 时分双工方式。

(2) 传输速率：1Mb/s。

(3) 调试方式：$BT=0.5$ 的 GFSK 调制，调制指数为 0.28～0.35。

(4) 采用跳频技术：跳频速率为 1600 跳/秒，在建链时(包括寻呼和查询)提高为 3200 跳/秒。蓝牙通过快跳频和短分组技术减少同频干扰，保证传输的可靠性。

(5) 语音调制方式：连续可变斜率增量调制，抗衰落性强，即使误码率达到 4%，话音质量也可接受。

(6) 支持电路交换和分组交换业务：蓝牙技术支持实时的同步定向连接(SCO 链路)和非实时的异步不定向连接(ACL 链路)，前者主要传送语音等实时性强的信息，后者以传送数据包为主。语音和数据可以单独或同时传输。蓝牙技术支持一个异步数据通道、3 个并发的同步话音通道或同时传送异步数据和同步话音的通道。每个话音通道支持 64kb/s 的同步话音；异步通道支持 723.2/57.6kb/s 的非对称双工通信或 433.9kb/s 的对称全双工通信。

(7) 支持点对点及点对多点的通信：蓝牙设备按特定方式可组成微微网和分布式网络两种网络，其中微微网的建立由两台设备的连接开始，最多可由 8 台设备组成。在一个微微网中，只有一台为主设备，其他均为从设备，不同的主从设备对可以采用不同的连接方式，在一次通信中，连接方式也可以任意改变。几个相互独立的微微网以特定方式连接在一起便构成了分布式网络。所有的蓝牙设备都是对等的，所以在蓝牙技术中没有基站的概念。

(8) 工作距离：蓝牙设备分为 3 个功率等级，分别是 100mW(20dBm)、2.5mW(4dBm) 和 1mW(0dBm)，相应的有效工作范围为 100m、10m 和 1m。

3.2.2 蓝牙协议体系

蓝牙协议体系结构可以分为底层协议、中间应用层协议、高端应用层协议 3 部分，如图 3-1 所示。

1. 底层协议

链路管理器(LM)、基带(BB)和射频(RF)构成了蓝牙的物理模块。射频通过 2.4GHz 的 ISM 频段实现数据流的传输，主要用于定义蓝牙收发器应满足的条件。基带负责跳频和蓝牙数据、信息帧的传输。基带就是蓝牙的物理层，负责管理物理层信道和链路中除了错误纠正、数据处理、调频选择和蓝牙安全之外的所有业务。基带在蓝牙协议中位于蓝牙无线电上，基本上起链路控制和链路管理的作用，例如承载链路连接和功率控制这类链路级路由等。基带还管理异步和同步链路、处理数据包、寻呼、查询接入和查询蓝牙设备等。基带收发器采用时分复用(TDD)方案(交替发送和接收)，因此除了不同的跳频之外(频分)，时间都被划分为时隙。在正常的连接模式下，主单元总是以偶数时隙启动，而从单元则总是从奇数时隙启动(尽管它们可以不考虑时隙的序数而持续传输)。

链路管理器负责链路的连接建立、拆除、安全和控制，为上层软件模块提供不同的访问入口，但是两个模块接口之间的消息和数据传输必须通过蓝牙主机控制器接口(HCI)的解

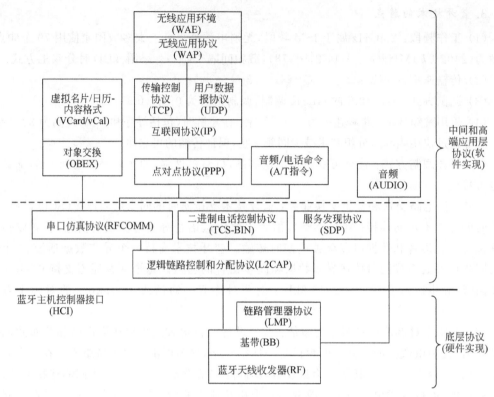

图 3-1　蓝牙协议体系结构

析。也就是说，HCI 就是蓝牙协议中软件和硬件接口的部分，它提供了一个调用下层的基带、链路管理器、状态和控制寄存器等硬件的统一命令接口，HCI 以上的协议软件实体运行在主机上，而 HCI 以下的功能由蓝牙设备完成，两者直接通过传输层进行交互。

2. 中间和高端应用层协议

设计协议和协议栈的主要原则是尽可能地利用现有的各种高层协议，保证现有协议与蓝牙技术的融合以及各种应用之间的互通；充分利用兼容蓝牙技术规范的软、硬件系统和蓝牙技术规范的开放性，便于开发新的应用。蓝牙标准包括 Core、Profiles 两部分。Core 部分是蓝牙的核心，主要定义蓝牙的技术细节；Profiles 部分定义蓝牙的各种应用中协议栈的组成以及相应协议栈的实现，这就为蓝牙的全球兼容性打下了基础。中间和高端应用层协议是蓝牙协议的关键部分，包括基带部分协议和其他低层链路功能的基带链路控制器协议；用于链路的建立、安全和控制的链路管理器协议；描述主机控制器接口（HCI）的协议；支持高层协议复用、帧的组装和拆分的逻辑链路控制和分配的协议；发现蓝牙设备提供服务的协议等。

1) 链路管理器协议

链路管理器协议（LMP）负责建立各个蓝牙设备之间的连接，通过连接的发起、交换、核实进行身份验证和加密，通过协商确定基带数据分组的大小。LMP 还控制无线设备的电源模式、工作周期，以及微微网内设备单元的连接状态。

2) 逻辑链路控制和分配协议

逻辑链路控制和分配协议（L2CAP）是基带的上层协议，可以认为它与 LMP 并行工作。

两者的区别在于,当业务数据不经过 LMP 时,L2CAP 为上层提供服务。L2CAP 向上层提供面向连接或无连接的数据服务,采用了多路技术、分割和重组技术、群提取技术。L2CAP 允许高层协议以 64KB 为单位收发数据分组。虽然基带协议提供了同步定向连接(SCO)和异步无连接(ACL)两种连接类型,但 L2CAP 只支持 ACL。

3) 服务发现协议

服务发现协议(SDP)的发现服务在蓝牙技术框架中起到至关重要的作用,它是所有用户模式的基础。使用 SDP,可以查询设备信息和服务类型,从而在蓝牙设备间建立相应的连接。

3. 应用层协议

1) 电缆替代协议

电缆替代协议(RFCOMM)是一种仿真协议,在蓝牙基带协议上仿真 RS-232 的控制和数据信号,为上层协议提供服务。

2) 电话控制协议

电话控制协议(TCS)是面向比特的协议,用于定义蓝牙设备间建立数据和话音呼叫的控制命令与处理蓝牙 TCS 设备群的移动管理进程;AT Command 控制命令集是定义在多用户模式下控制移动电话、调制解调器和用于仿真的命令集。

3) 与 Internet 相关的高层协议

与 Internet 相关的高层协议定义了与 Internet 相关的点对点协议(PPP)、用户数据报协议(UDP)、传输控制协议/互联网协议(TCP/IP)及无线应用协议(WAP)。两个蓝牙设备必须具有相同的协议才能进行通信。

4) 无线应用协议

无线应用协议(WAP)是由无线应用协议论坛制定的,它融合了各种广域无线网络技术,目的是将互联网内容传送到手机与其他无线终端上。使用 WAP 可以充分利用为无线应用环境(WAE)开发的高层应用软件。

5) 点对点协议

在蓝牙技术中,点对点协议(PPP)位于 RFCOMM 上层,用于完成点对点的连接。

6) 对象交换协议

对象交换协议(IrOBEX,简写为 OBEX)是由红外数据协会制定的会话层协议,它采用简单和自发的方式交换目标。OBEX 是一种类似于 HTTP 的协议,它假设传输层是可靠的,采用客户/服务器模式,独立于传输机制和传输应用程序接口。电子名片交换格式(vCard)、电子日历及日程交换格式(vCal)都是开放性规范,它们都没有定义传输机制,只是定义了数据传输模式。蓝牙特别兴趣小组(SIG)采用 vCard/vCal 规范,是为了进一步促进个人信息交换。

7) TCP/UDP/IP

TCP/UDP/IP 是由互联网工程任务组(The Internet Engineering Task Force,IETF)制定的广泛应用于互联网通信的协议,在蓝牙设备中使用这些协议是为了与互联网设备进行通信。

3.2.3 蓝牙数据包

1. 蓝牙链路

蓝牙基带可以处理两种类型的链路：SCO 链路和 ACL 链路。SCO 链路是微微网中单一主单元和单一从单元之间的一种点对点对称的链路。主单元采用按照规定间隔预留时隙（电路交换类型）的方式可以维护 SCO 链路，SCO 链路携带语音信息。主单元可以支持多达 3 条并发 SCO 链路，而从单元则可以支持 2 条或者 3 条 SCO 链路。SCO 数据包永不重传。SCO 数据包用于 64kb/s 语音传输。

ACL 链路是微微网内主单元和全部从单元之间的点对多点链路。在没有为 SCO 链路预留时隙的情况下，主单元可以对任意从单元在每时隙的基础上建立 ACL 链路，其中包括从单元已经使用某条 SCO 链路的情况（分组交换类型）。一个微微网只能存在一条 ACL 链路。大多数 ACL 数据包都可以应用数据包重传。

2. 蓝牙前导接入码

微微网信道内的数据都是通过数据包传输的。通常情况下，数据包的结构如图 3-2 所示。

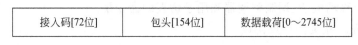

图 3-2 蓝牙数据包的结构

接入码用于时序同步、偏移补偿、寻呼和查询。接入码分为 3 类：信道接入码（Channel Access Code，CAC）、设备接入码（Device Access Code，DAC）和查询接入码（Inquiry Access Code，IAC）。CAC 标识微微网（对微微网唯一），DAC 则用于寻呼及其响应，IAC 用于查询。数据包的包头包含了数据包确认、乱序数据包重排的数据包编号、流控、从单元地址和包头错误检查等信息。数据包的数据部分可以包含语音字段、数据字段或者两者皆有。数据包可以占据一个以上的时隙（称为多时隙数据包），而且可以在下一个时隙中持续传输。数据部分还可以携带一个 16 位的 CRC 用于数据错误检测和错误纠正。SCO 数据包则不包括 CRC。

3. 蓝牙数据包

1) 蓝牙单时隙、多时隙结构

为了实现在同一信道中的主、从通信，蓝牙定义了时分双工（TDD）的工作模式。实际工作中，蓝牙跳频频率为 1600 跳/秒，这也说明了在每个跳频点上停留的时间为 625μs，这 625μs 就被定义为蓝牙的一个时隙。在实际工作中，时隙可以分为单时隙和多时隙。工作时隙的选择依据是当前的数据流量以及工作状态下的无线环境。

2) V1.2 标准蓝牙数据包的类型

V1.2 标准蓝牙有 5 种普通类型数据包、4 种 SCO 数据包和 7 种 ACL 数据包，如表 3-1 所示。

表 3-1　V1.2 标准蓝牙数据包的类型

类型	名称	说　　明
普通类型数据包	ID	携带设备接入码(DAC)或者查询接入码(IAC);占据 1 个时隙
	NULL	NULL 数据包没有数据,用于获得链路信息和流控;占据 1 个时隙,无确认
	POLL	无数据和确认;主设备用它检查从设备是否启动;占据 1 个时隙
	FHS	表明蓝牙设备地址和发送方时钟的特殊控制数据包,用于寻呼主设备响应
	DM1	支持任何链路中的控制消息,还可以携带规则用户数据;占据 1 个时隙
SCO 数据包	HV1	携带 10 信息字节,通常用做语音传输;1/3FEC 编码;占据 1 个时隙
	HV2	携带 20 信息字节,通常用做语音传输;2/3FEC 编码;占据 1 个时隙
	HV3	携带 30 信息字节,通常用做语音传输;无 FEC 编码;占据 1 个时隙
	DV	数据-语音组合数据包;语音字段没有 FEC 保护,数据字段采用 2/3FEC 编码;语音字段从不重传,数据字段可以重传
ACL 数据包	DM1	携带 18 信息字节;2/3FEC 编码;占据 1 个时隙
	DH1	携带 28 信息字节;无 FEC 编码;占据 1 个时隙
	DM3	携带 123 信息字节;2/3FEC 编码;占据 3 个时隙
	DH3	携带 185 信息字节;无 FEC 编码;占据 3 个时隙
	DM5	携带 226 信息字节;2/3FEC 编码;占据 5 个时隙
	DH5	携带 341 信息字节;无 FEC 编码;占据 5 个时隙
	AUX1	携带 30 信息字节;类似 DH1,但没有 CRC 代码;占据 1 个时隙

3) 蓝牙 EDR 数据包结构

蓝牙 EDR 是 SIG 开发的一种协议,能使蓝牙无线连接的带宽提高到 3Mb/s,V2.0＋EDR 蓝牙的主要改进在于它使数据传输速率较传统的蓝牙速率提高到原来的 3 倍。这就意味着无线单元运行的时间只有原来的三分之一,功耗也只有原来的三分之一。因此可以实现更快速的连接,并可同时支持多条蓝牙链路,以及实现新的更高带宽的应用,如音频流。

数据传输速率得以提高的部分原因在于数据包传输方式的根本改变。

蓝牙 EDR 数据包仍然采用高斯频移键控(GFSK)来调制接入码和数据包的包头,而对有效载荷采用下列两种调制方式之一：一种是强制性的,提供两倍的数据传输速率,并且可以容忍较大的噪声;另一种是选择性的,可以提供三倍的数据传输速率。

两倍数据传输速率采用 π/4 差分四相移相键控(π/4-DQPSK)。顾名思义,这种调制方法改变的是载波的相位而不是频率的相位。四相是指每个符号有 4 个可能的相位,从而允许每个符号有 2 位的数据进行编码。因为符号速率保持不变,所以数据传输速率增加了两倍。

三倍数据传输速率采用 8-DPSK。8-DPSK 类似于 π/4-DQPSK,但允许差分移动至 8 个可能相位中的任何一个。相邻相位之间较小的相差和±π 相位跳变的利用,意味着 8-DPSK 更易受到干扰,但它允许每个符号有 3 位的数据进行编码。

3.2.4 蓝牙地址

蓝牙地址由十六进制码构成。每台蓝牙设备都有唯一的一个地址,就像网络的 IP 地址一样。每一个蓝牙设备生产商都有不同的地址号段,通过读取蓝牙地址码可以查出该设备的生产商及批次。手机的蓝牙地址就像人的身份证号码,具有唯一性,可用来区分其他蓝牙设备、保存蓝牙配对配置信息。

蓝牙地址的表示格式为

××:××:××:××:××:××

其中×可以是数字,也可以是字母,与网络设备的 MAC 地址一样,是设备之间通信的唯一身份证。

蓝牙地址分为 3 部分:24 位地址低端部分(LAP)、8 位地址高端部分(UAP)和 16 位无意义地址部分(NAP)。其中,NAP 和 UAP 是生产厂商的唯一标识码,必须由蓝牙权威部门分配给不同的厂商,而 LAP 是由厂商内部自由分配。对于某一种型号的手机或者设备,所有个体的 NAP、UAP 是固定的,可变的是 LAP。LAP 共有 24 位,一般来说厂家在制造时会从 0 开始分配地址直到 224,以保证个体之间地址的区别。但是如果产品数量太多导致地址都用完了或者在写地址时出了问题,就会出现蓝牙地址重复使用的情况,但是出现的概率非常小。

3.2.5 蓝牙的状态

蓝牙控制器主要运行在待命和连接两个状态下。

1. 蓝牙待命状态

微微网内共有 7 种子状态可用于增加从设备或者实现连接,这些状态是寻呼(Page)、寻呼扫描(Page Scan)、查询(Inquiry)、查询扫描(Inquiry Scan)、主设备响应(Master Response)、从设备响应(Slave Response)和查询响应(Inquiry Response),如表 3-2 所示。

表 3-2 蓝牙待命状态的子状态

子 状 态	描 述
寻呼	该子状态被主设备用于激活和连接从设备,主设备通过在不同的跳频信道内传送从设备的识别码来发出寻呼消息
寻呼扫描	在该子状态下,从设备在一个窗口扫描存活期内以单一跳频侦听自己的设备接入码
查询	该子状态被主设备用于收集蓝牙设备地址,发现相邻蓝牙设备的身份
查询扫描	在该子状态下,蓝牙设备侦听来自其他设备的查询。此时扫描设备可以侦听一般查询接入码或者专用查询接入码
主单元响应	主设备在该状态下发送 FHS 数据包给从设备。如果主设备收到从设备的响应后即进入该子状态。从设备收到主设备发送的 FHS 数据包后,将进入连接状态
从单元响应	从设备在该子状态下响应主设备的寻呼消息。如果处于寻呼扫描子状态下的从设备和主设备寻呼消息相关即进入该状态
查询响应	对查询而言,只有从设备才可以响应而主设备则不能。从设备用 FHS 数据包响应,该数据包包含了从设备的接入码、内部时钟和某些其他从设备信息

2. 蓝牙连接状态

连接状态开始于主设备发送 POLL 数据包。通过这个数据包，主设备即可检查从设备是否已经交换到了主设备的时序和跳频信道，从设备即可以任何类型的数据包响应。

连接状态的蓝牙设备可以处于以下 4 种模式：激活（Active）、保持（Hold）、休眠（Sniff）和监听（Park）模式。蓝牙技术中一个显著的技术难点就是如何实现这些模式之间的迁移，特别是从监听到激活（或者反之）的迁移难度更大。这些模式的简要说明如表 3-3 所示。

表 3-3 连接状态的蓝牙设备的模式

模式	描 述
激活	在该模式下，主设备和从设备通过侦听、发送或者接收数据包的方式主动参与信道操作。主设备和从设备相互保持同步
保持	在该模式下，设备只有一个内部计数器在工作，不支持 ACL 数据包，可为寻呼、扫描等操作提供可用信道。保持模式一般用于连接几个微微网或能耗低的设备。进入该模式前，主结点和从结点应就从结点处于保持模式的持续时间达成一致。当时间耗尽时，从结点将被唤醒并与信道同步，等待主结点的指示
休眠	在该模式下，主设备只能有规律地在特定的时隙发送数据，从设备只在指定的时隙"嗅探"消息，可以在空时隙睡眠而节约功率。呼吸间隔可以根据应用需求做适当调整
监听	在该模式下，从设备无须使用微微网信道可以和信道保持同步，设备几乎没有任何活动，不支持数据传送，偶尔收听主设备的消息并恢复同步、检查广播消息。设备被赋予一个监听成员地址，并失去其活动成员地址

蓝牙设备的各种子状态可以相互转换，在待命状态下，如果设备有数据传输需求，可以采用两种方式进入连接状态：第一，如果主设备知道从设备的蓝牙地址，可以采用直接寻呼的方式进入连接状态；第二，如果主设备不知道从设备的蓝牙地址，可通过查询来获得从设备的蓝牙地址，再进行寻呼从而进入连接状态，也可以从连接状态进入各种低功耗模式。但是进行射频测试时，必须进入蓝牙的测试模式。

在微微网建立之前，所有设备都处于待命状态。在该状态下，未连接的设备每隔 1.28s 监听一次消息，设备一旦被唤醒，就在预先设定的 32 个跳频频率上监听信息。虽然跳频数目可因地区而异，但 32 个跳频频率为绝大多数国家所采用。

连接进程由主设备初始化。如果一个设备的地址已知，就采用页信息（Page Message）建立连接；如果地址未知，就采用紧随页信息的查询信息（Inquiry Message）建立连接。查询信息主要用来查询地址未知的设备（例如公用打印机、传真机等），它与页信息类似，需要附加一个周期来收集所有的应答。在初始页状态（Page State），主设备在 16 个跳频频率上发送一串相同的页信息给从设备，如果没有收到应答，主设备就在另外的 16 个跳频频率上发送页信息。主设备到从设备的最大延迟为两个唤醒周期（2.56s），平均延迟为半个唤醒周期（0.64s）。

在微微网中，无数据传输的设备转入节能工作模式。主设备可将从设备设置为保持模式。此时，只有内部定时器工作；从设备也可以要求转入保持模式。设备由保持模式转出后，可以立即恢复数据传输。连接几个微微网或管理低功耗器件（如温度传感器）时，常使用保持模式。监听模式和休眠模式是另外两种低功耗工作模式。在监听模式下，从设备监听网络的时间间隔增大，其间隔大小视应用情况由编程确定；在休眠模式下，从设备放弃了

MAC 地址，仅偶尔监听网络同步信息和检查广播信息。各节能模式按照电源效率由高到低的顺序排列依次为休眠、保持和监听。

3.2.6 蓝牙的关键技术

1. 无线频段的选择和抗干扰

蓝牙技术采用 2.4～2.4835GHz 的 ISM 频段，这是由于以下 3 个原因：该频段内没有其他系统信号的干扰；该频段向公众开放，无须特许；频段在全球范围内有效。世界各个国和地区的相关法规不同，一般只规定信号的传输范围和最大传输功率。对于一个在全球范围内运营的系统，只有选用的频段必须同时满足所有规定，才能使任何用户都可接入，因此必须将所需要素最小化。在满足规则的情况下，可自由接入无线频段，此时，抗干扰问题变得非常重要。因为 2.4GHz 的 ISM 频段为开放频段，使用其中的任何频段都会遇到不可预测的干扰源（例如某些家用电器、无线电话和汽车开门器等）。此外，对外部和其他蓝牙用户的干扰源也应做充分估计。

抗干扰的方法分为避免干扰和抑制干扰两种。避免干扰可通过降低各通信单元的信号发射电平来达到，抑制干扰则是通过编码或直接序列扩频来实现。然而，在不同的无线环境下，专用系统的干扰和有用信号的动态范围变化极大。在超过 50dB 信噪比和不同环境功率差异的情况下，要达到 1Mb/s 以上速率，仅靠编码和处理增益是不够的。相反，由于信号可在频率（或时间）没有干扰时（或干扰低时）发送，因此避免干扰更容易一些。若采用时间避免干扰法，当遇到时域脉冲干扰时，发送的信号将会中止。大部分无线系统的带宽是有限的，而在 2.4GHz 频段上，系统带宽为 80MHz，可找到一段无明显干扰的频谱。同时，可利用频域滤波器对无线频带其余频谱进行抑制，以达到理想效果。因此，频域避免干扰法更为可行。

2. 多路访问接入体和调制方式

选择专用系统多路访问接入体系，是因为在 ISM 频段内尚无统一的规定。频分多路访问（Frequency Division Multiple Access，FDMA）的优势在于信道的正交性仅依赖发射端晶振的准确性，结合自适应或动态信道分配结构，可免除干扰，但单一的 FDMA 无法满足 ISM 频段内的扩频需求。时分多路访问 TDMA 的信道正交化需要严格的时钟同步。在多用户专用系统连接中，保持共同的定时参考十分困难。码分多路访问 CDMA 可实现扩频，应用于非对称系统，可使专用系统达到最佳性能。

直接序列（DS）CDMA 因远近效应，需要一致的功率控制或额外的增益。与 TDMA 相同，其信道正交化也需要共同的定时参考，随着使用数目的增加，会需要更高的芯片速度、更宽的带宽（抗干扰）和更多的电路消耗。跳频（FH）CDMA 结合了专用无线系统中的各种优点，信号可扩频至很宽的范围，因而使窄带干扰的影响变得很小。跳频载波为正交的，通过滤波，邻近跳频干扰可得到有效抑制，对窄带和用户间干扰造成的通信中断，可依赖高层协议来解决。在 ISM 频段，跳频系统的信号带宽限制在 1MHz 以内。为了提高系统的鲁棒性，选择二进制调制结构。由于受带宽限制，其数据传输速率低于 1Mb/s。为了支持突发数据传输，最佳的方式是采用非相干解调检测。蓝牙技术采用高斯频移键控调制，调制系数为 0.3。逻辑"1"发送正频偏，逻辑"0"发送负频偏。解调可通过带限 FM 鉴频器完成。

3. 媒体接入控制

蓝牙系统可实现同一区域内大量的非对称通信。与其他专用系统实行一定范围内的单元共享同一信道不同,蓝牙系统设计为允许大量独立信道存在,每一个信道仅为有限的用户服务。由调制方式可以看出,在 ISM 频段,一条跳频信道所支持的比特率为 1Mb/s。理论上,79 条载波频谱支持 79Mb/s。由于跳频序列非正交化,理论容量 79Mb/s 不可能达到,但可远远超过 1Mb/s。

一条跳频蓝牙信道与一个微微网相连。微微网信道由一个主设备标识(提供跳频序列)和系统时钟(提供跳相位)定义,其他为从设备。每一个蓝牙无线系统有一个本地时钟,没有通常的定时参考。当一个微微网建立后,从设备进行时钟补偿,使之与主设备同步,微微网释放后,补偿也取消,但可存储起来以便再用。不同信道有不同的主设备,因而存在不同的跳频序列和相位。一条普通信道的设备数量为 8(1 主 7 从),可保证设备之间有效寻址和大容量通信。蓝牙系统建立在对等通信的基础上,主从任务仅在微微网生存期内有效。当微微网取消后,主从任务随即取消。每个设备皆可为主设备或从设备,可定义建立微微网的设备为主设备。除定义微微网外,主设备还控制微微网的信息流量并管理接入。接入为非自由竞争,$625\mu s$ 的驻留时间仅允许发送一个数据包。基于竞争的接入方式需要较多开销,效率较低。在蓝牙系统中,实行主设备集中控制,通信仅存在于主设备与一个或多个从设备之间。主从设备通信时,时隙交替使用。在进行主设备传输时,主设备确定一个欲通信的从设备的地址,为了防止信道中从设备发送冲突,采用轮流检测技术,即对每个从到主时隙,由主设备决定允许哪个从设备进行发送。这一判定是以前一个时隙发送的信息为基础实施的,有且仅有恰为前一个由主到从被选中的从地址可进行发送。若主设备向某个从设备发送了信息,则此从设备被检测,可发送信息。若主设备未发送信息,它将发送一个检测包来标明从设备的检测情况。主设备的信息流体系包含上行和下行链路,目前已出现考虑从设备特征的智能体系算法。主设备控制可有效阻止微微网中的设备冲突。当互相独立的微微网设备使用同一跳频时,可能会发生干扰。系统在利用 Aloha 技术后,当信息传送时不检测载波是否空载(无侦听),若信息接收不正确,将进行重发(仅有数据)。由于驻留期短,跳频系统不宜采用避免冲突的结构。对每一个跳频,会遇到不同的竞争设备,后退机制效率不高。

4. 基于包的通信

蓝牙系统采用基于包的传输:将信息流分片(组)打包,在每一时隙内只发送一个数据包。所有数据包格式均相同:开始为接入码,接下来是包头,最后是负载。

接入码具有伪随机性,在某些接入操作中,可使用直接序列编码。接入码包括微微网主设备标志,在该信道上,所有包交换都使用该主设备标志进行标识,只有接入码与接入微微网主设备的接入码相匹配,才能被接收,从而防止一个微微网的数据包被恰好加载到相同跳频载波的另一个微微网设备所接收。在接入端,接入码与一个滑动相关器内要求的编码匹配,相关器提供直接序列处理增益。包头包含:从地址连接控制信息 3 位,以区分微微网中的从设备;用于标明是否需要自动查询方式(Automatic Repeat-reQuest,ARQ)的响应/非响应 1 位;包编码类型 4 位,定义 16 种不同负载类型;头差错检测编码(Head Error Control,HEC)8 位,采用循环冗余检测编码(Cyclic Redundancy Check,CRC)检查头错误。为了限制开销,数据包头只用 18 位,包头采用 1/3 速率前向纠错编码(Forward Error

Correction,FEC)进一步保护。

蓝牙系统定义了4种控制包。

(1) ID 控制包,仅包含接入码,用于信令。

(2) 空(NULL)包,仅有接入码和包头,必须在包头传送连接信息时使用。

(3) 检测(POLL)包,与空包相似,用于主单元迫使从单元返回响应。

(4) FHS 包,即 FH 同步包,用于在设备间交换实时时钟和标志信息(包括两单元跳频同步所需的所有信息)。其余12种编码类型用于定义包的同步或异步业务。

在时隙信道中定义了异步和同步连接。目前,异步连接对有无2/3速率FEC编码方式的负载都支持,还可进行单时隙、3时隙、5时隙的数据包传输。异步连接最大用户速率为723.2kb/s,这时,反向连接速率可达到57.6kb/s。通过交换包和依赖于连接条件的FEC编码,自适应连接可用于异步传输,依赖有效的用户数据,负载长度可变。然而,最大长度受限于 RX 和 TX 之间的最少交换时间(为200ps)。对于同步传输,仅定义了单时隙数据包传输,负载长度固定,可以有1/3速率、2/3速率或无FEC同步连接支持全双工,用户速率双向均为64kb/s。

5. 采用物理连接类型建立连接

蓝牙技术支持同步业务(如话音、信息)和异步业务(如突发数据流),定义了两种物理连接类型:同步面向连接的连接 SCO 和异步无连接的连接 ACL。SCO 为主设备与从设备的点对点连接,通过在常规时间间隔内预留双工时隙建立起来。ACL 是微微网中主设备到所有从设备的点对多点连接,可使用 SCO 连接未用的所有空余时隙,由主单元安排 ACL 连接的流量。微微网的时隙结构允许有效地混合利用异步连接和同步连接。

专用系统设计中的关键问题是如何在设备间找到对方并建立连接。在蓝牙系统中,建立连接分为扫描、呼叫和查询3步。在空闲模式下,一个设备保持休眠状态,以节省能量,但是为了允许建立连接,该设备必须经常侦听是否有其他设备欲建立连接。在实际的专用系统中,没有通用的控制信道(一个设备为侦听呼叫信息而锁定),这在常规蜂窝无线系统中是很普遍的。而在蓝牙系统中,一个设备为侦听其标志而周期性被唤醒,当一个蓝牙设备被唤醒时,便开始扫描,打开与从自身标志得到的接入码相匹配的滑动相关器。蓝牙的唤醒跳频序列的数量仅为32跳,循环使用,覆盖整个80MHz带宽中的64MHz。序列是伪随机的,在每一个蓝牙设备中都是唯一的。序列从设备标志中得到,序列的相位由设备中的自行时钟决定。在空载模式下,要注意功率消耗和响应时间的折中选择:增加休眠时间可降低功耗,但会延长接入时间,由于不知道空闲单元在哪一个频率上何时被唤醒,想要连接的设备必须解决时频不定问题。无线设备大部分时间处于空闲模式,这种不确定的任务应由呼叫设备来完成。假定呼叫设备知道欲连接设备的标志,也知道唤醒序列产生用于呼叫信息的接入码,在不同频率上,每1.25ms呼叫设备重复发送接入码,对于一次响应,需发送和监听两次接入码。

将连续接入码发送到不同唤醒序列所选择的跳频上。在10ms周期内,访问16个不同跳频载波,为唤醒序列的一半。在空闲设备的休眠期内,呼叫设备在16个频率上循环发送接入码,空闲设备被唤醒后,将收到接入码,并开始建立连接。然而,因为呼叫设备不知道空闲设备的相位,32个跳频唤醒序列中的其余16个频率也可能被唤醒。若呼叫设备在相应的休眠期内收不到空闲设备的响应,它将会在其余的一半跳频序列载波上重复发送接入码。

因此,最大的接入码延迟为休眠时间的两倍。当空闲设备收到呼叫信息后,会返回一个提示呼叫设备的信息,即从空闲设备标志中得到的接入码。然后,呼叫设备发送一个 FHS 数据包给空闲设备,包含呼叫设备的全部信息(标志和时钟)。呼叫设备和空闲设备用该信息建立微微网,此时呼叫设备用其标志和时钟定义 FH 信道为主设备,而空闲设备成为从设备。

上述呼叫过程建立在呼叫设备完全不知道空闲设备时钟信息的假设上。如果两设备之间建立过联系,呼叫设备会对空闲设备时钟有一个估计。当设备连接时,将交换时钟信息,存储各自自由运行本地时钟间的补偿时间。这种补偿仅在建立连接时准确,当连接释放后,由于时钟漂移,补偿信息变得不可靠。补偿的可靠性与最后一次连接后的时间长度成反比。

建立连接时,接收标志用于决定呼叫信息和唤醒序列。若不知道该信息,欲进行连接的设备可发布一条查询消息,让接收方返回其地址和时钟信息。在查询过程中,查询者可决定哪个设备在需要的范围内,特性如何。查询信息也为接入码,但从预留标志(查询地址)处得到。空闲设备根据 32 跳的查询序列侦听查询信息,收到查询信息的设备返回 FHS 数据包。对于返回的 FHS 数据包,采用随机阻止机制,以防止多个接收端同时发送。

在呼叫和查询过程中,使用了 32 跳载波。对于纯跳频系统,最少要使用 75 跳载波。然而,在呼叫和查询过程中,仅有一个接入码用于信令。接入码用作直接序列编码,得到由直接序列编码处理增益结合 32 跳频序列的处理增益,以满足混合 DS/FH 系统规定所要求的处理增益。因此,蓝牙系统在呼叫和查询过程中是混合 DS/FH 系统,而在连接时为纯 FH 系统。

6. 纠错

蓝牙系统的纠错机制分为 FEC 和包重发。FEC 支持 1/3 速率和 2/3 速率 FEC 码。1/3 速率仅用 3 位重复编码,大部分在接收端判决,既可用于数据包头,也可用于 SCO 连接的包负载。2/3 速率码使用一种缩短的汉明码,误码捕捉用于解码,它既可用于 SCO 连接的同步包负载,也可用于 ACL 连接的异步包负载。使用 FEC 码后,编码和解码过程会变得简单、迅速,这对 RX 和 TX 间的有限处理时间非常重要。

在 ACL 连接中,可用 ARQ 结构。在这种结构中,若接收方没有响应,则发送端将重发包。每一个负载包含一个 CRC,用来检测误码。ARQ 结构分为停止等待 ARQ、向后 N 个 ARQ、重复选择 ARQ 和混合结构。为了减少复杂性,使开销和无效重发为最小,蓝牙执行了一种改进的快速 ARQ 结构:发送端在 TX 时隙重发包,在 RX 时隙提示包接收情况。若加入 2/3 速率 FEC 码,将得到 I 类混合 ARQ 结构的结果。ACK/NACK 信息加载在返回包的包头里,用于在 RX/TX 的结构交换时,判定接收包是否正确。在返回包的包头里生成 ACK/NACK 域时,接收包包头的 ACK/NACK 域可表明前面的负载是否被正确接收,由此可决定是否需要重发或发送下一个包。由于处理时间短,当包接收时,可在空闲时间进行解码,由于简化了 FEC 编码结构,所以加快了处理速度。快速 ARQ 结构与停止等待 ARQ 结构相似,但延迟最小,实际上没有由 ARQ 结构引起的附加延迟。该结构比向后 N 个 ARQ 更有效,并与重复选择 ARQ 效率相同。由于只有失效的包被重发,因此可减少开销。在快速 ARQ 结构中,仅有 1 位序列号就足够了(为了滤除在 ACK/NACK 域中的错误而正确接收两次数据包)。

7. 功率管理

在蓝牙系统的设计中,要特别注意减少耗电量。在空闲模式下,在唤醒周期的 1.28~

3.84s 区间内,设备仅扫描 10ms,有效循环低于 1%。在监听状态下,有效循环可减少更多。监听模式仅在微微网建立之后才能使用,从设备可停止工作,即以非常低的有效循环来侦听信道。从设备仅须侦听接入码和包头来重新使时钟同步来决定是否可重新进入休眠状态。因为在时间和频率上都已确定(不工作的从设备被锁定到主设备,与无线和蜂窝电话被锁定到基站类似),所以可达到非常低的有效循环。在连接中,另一个非功耗模式是休眠模式,在这种模式下,从设备不是每次都遵循主/从时隙扫描,因此扫描之间有较大的间隔。

在连接状态下,数据仅在有效时发送,这使能量消耗最小且可防止干扰。若仅有连接控制信息要传送(ACK/NACK),则将发送没有负载的空包。因为 NACK 为默认设置,NACK 的空包不一定要发送。在长静默期内,主设备每隔一定时间就会在信道上重发一个数据包,使所有从设备对其时钟重新同步,以达到对时间漂移进行补偿的目的。在连续的 TX/RX 操作中,一个设备开始扫描始于 RX 时隙的接入码,若未找到该接入码的某窗口,则该设备返回休眠状态,直到下一个 TX 时隙(对主设备)或 RX 时隙(对从设备);若接入码被接收(即接收信号与要求的接入码匹配),包头就会被解码。若有 3 位的从设备地址与接收到的不匹配,将停止进一步接收。包头用于表示包的类型和包的持续时间,由此,非接收方可决定休眠时间。

8. 微微网间通信

经过优化的蓝牙系统可以在同一区域中组成数十个微微网,而没有明显的性能下降(在同一区域的多个微微网称为分散网)。蓝牙时隙连接采用的是基于包的通信方式,可使不同的微微网互连。要连接的单元可加入不同的微微网,但因无线信号只能调制到单一跳频载波上,因此设备不能同时在两个微微网中进行通信。通过调整微微网的信道参数(即主设备标志和主设备时钟),单元可从一个微微网跳到另一个微微网,并可改变任务。例如,某一个时刻在一个微微网中作为主设备,另一个时刻在另一个微微网中作为从设备。主设备参数标示了微微网的跳频信道,因此一个设备不可能在不同的微微网中都为主设备。跳频选择机制应设计成允许微微网间可以相互通信,通过改变标志、时钟输入或选择机制,新微微网可立即选择新的跳频。为了使不同微微网之间的跳频可行,数据流体系中设有保护时间,以防止不同微微网的时隙差异。蓝牙系统中引入了保持模式后,允许一个单元临时离开一个微微网去访问另一个微微网(保持模式也可在离开一个微微网后无新的微微网访问期间作为附加的低功率模式)。

3.3 ZigBee 技术

3.3.1 ZigBee 技术概述

1. ZigBee 的起源

ZigBee 这个名称来源于蜜蜂的八字舞。ZigBee 是基于 IEEE 802.15.4 标准的低功耗局域网协议,用于实现类似蜂群通信的低功耗、低复杂度、低速率、自组织的短距离无线通信网络,为个人或者家庭范围内不同设备之间的低速互连提供统一的标准。

长期以来,工业控制和自动化领域一直存在低价格、低传输率、短距离、低功耗无线通信组网的需求。蓝牙技术的出现曾让市场雀跃不已,但是蓝牙系统具有售价居高不下、建立连接时间长、功耗大、组网规模太小的缺点,不能满足工业自动化生产的需要。此外,工业自动化生产需要的无线数据传输必须具有高可靠性,能够抵抗工业自动化生产现场的各种电磁干扰。

基于这种应用需求,IEEE 802.15.4 工作组于 2001 年成立了 TG4 工作组,制定了 IEEE 802.15.4 标准。同年,ZigBee 联盟正式成立。2004 年,ZigBee V1.0 协议正式发布,成为 ZigBee 的第一个规范。由于 ZigBee V1.0 协议的推出比较仓促,因此存在一些错误,于是该工作组于 2006 年又推出了 ZigBee 2006,它比上一个版本更为完善。于 2007 年 12 月推出的 ZigBee PRO 和 2009 年 3 月推出的 ZigBee RF4CE 具备了更强的灵活性和远程控制能力。从 2009 年开始,ZigBee 采用了 IETF 6LoWPAN(IPv6 over IEEE 802.15.4)标准。作为新一代智能能源标准,它致力于形成全球统一且易于与互联网集成的网络,实现端到端的网络通信。

2. ZigBee 技术的特点

ZigBee 技术是一种双向无线通信技术,具有低功耗、低成本、低速率、近距离、短延迟、高容量、高安全、免执照频段等特点,适用于自动控制和远程控制领域,可以嵌入各种设备。ZigBee 技术的目标是建立一个无所不在的传感器网络,同时支持地理定位等功能。

(1) 低功耗。在低耗电待机模式下,两节 5 号干电池可支持 1 个结点工作 6~24 个月甚至更长。这是 ZigBee 技术的突出优势。相比之下,蓝牙系统仅能工作几周,WiFi 仅可工作几小时。由美国的德州仪器公司和德国的 Micropelt 公司共同推出新能源的 ZigBee 结点,采用了 Micropelt 公司的热电发电机给德州仪器公司的 ZigBee 系统提供电源。

(2) 低成本。通过大幅简化协议(不到蓝牙的 1/10)降低了对通信控制器的要求,按预测分析,以 8051 的 8 位微控制器测算,ZigBee 系统中全功能的主结点需要 32KB 代码,子功能结点仅需 4KB 的代码且免协议专利费。芯片价格大约为 2 美元。

(3) 低速率。ZigBee 系统工作时的传输速率为 20~250kb/s,分别提供 250kb/s (2.4GHz)、40kb/s (915MHz)和 20kb/s (868MHz)的原始数据吞吐率,满足低速率传输数据的应用需求。

(4) 近距离。传输范围一般为 10~100m,提高发射功率后,也可增加到 1~3km(指相邻结点间的距离)。如果通过路由和结点间通信的接力,传输距离将可以更远。

(5) 短延迟。ZigBee 系统的响应速度较快,一般从睡眠转入工作状态只需 15ms,结点连接进入网络只需 30ms,进一步节省了电能。而蓝牙需要 3~10s,WiFi 需要 3s。

(6) 高容量。ZigBee 系统可采用星形、树状和网状结构,由一个主结点管理若干子结点,最多一个主结点可管理 254 个子结点。同时主结点还可由上一层网络结点管理,最多可组成 65 000 个结点的大网。

(7) 高安全。ZigBee 技术提供了三级安全模式,包括无安全设定、使用访问控制清单防止非法获取数据,以及采用高级加密标准的对称密码,以灵活确定其安全属性。

(8) 免执照频段。使用的 ISM 频段包括 915MHz(美国)、868MHz(欧洲)和 2.4GHz (全球)。这 3 个频段的物理层并不相同,各自信道带宽也不同,分别为 0.6MHz、2MHz 和 5MHz,分别有 1 个、10 个和 16 个信道。这 3 个频段的扩频和调制方式也有区别。扩频都使用直接序列扩频(DSSS),但从二进制数据位到码片(chip)的变换差别较大。调制方式都用了调相技术,但 868MHz 和 915MHz 频段采用的是 BPSK,而 2.4GHz 频段采用的是

OQPSK。

在发射功率为 0dBm 的情况下,蓝牙系统的作用范围通常为 10m,而 ZigBee 系统的作用范围在室内通常能达到 30~50m,在室外空旷地带甚至可以达 400m(TI CC2530 不加功率放大),所以 ZigBee 技术可归为低速率的短距离无线通信技术。

如今,ZigBee 网络系统已经应用于智能家居、工业自动化、农业、医疗监控等领域。随着 ZigBee 技术的不断完善,其应用范围将更加广泛。

由于 ZigBee 系统的传输速率低,因此不适合用于视频传输。此外,由于 ZigBee 采用随机媒体接入控制层且不支持时分复用的信道接入方式,因此也不能很好地支持一些实时数据传输。

3.3.2 ZigBee 网络的组成

1. ZigBee 网络的设备类型

ZigBee 标准采用一整套技术来实现可扩展的、自组织的、自恢复的无线网络,并能够管理各种数据传输模式。为了降低系统成本,ZigBee 网络依据 IEEE 802.15.4 标准定义了全功能器件(FFD)和精简功能器件(RFD)这两种类型的物理设备。表 3-4 给出了这两种物理设备的功能描述。

表 3-4 ZigBee 物理设备的功能描述

设备类型	适用的拓扑结构	功能描述
FFD	星形网络、网状网络、树状网络	FFD 是具有转发与路由能力的结点,拥有足够的存储空间来存放路由信息,其处理控制能力也相应得到增强。FFD 可作为协调器或其他设备,并与任何设备进行通信
RFD	星形网络	RFD 内存小、功耗低,在网络中作为源结点,只发送与接收信号,并不起转发器或路由器的作用。RFD 不能作为协调器,只能与全功能器件通信,消耗的资源和存储开销极少

在 ZigBee 网络中,每个结点都具备一个无线电收发器、一个很小的微控制器和一个能源。这些装置互相协调工作,以确保数据在网络内进行有效的传输。一个网络只需要一个网络协调器,其他终端设备可以是 RFD,也可以是 FFD。

依据 IEEE 802.15.4 标准,ZigBee 网络在逻辑上又将这两种物理设备定义为 ZigBee 协调器、ZigBee 路由器和 ZigBee 终端设备 3 种。

(1) ZigBee 协调器是 3 类设备中最为复杂的一种。它的存储容量最大,计算能力最强,因此必须是 FFD。一个 ZigBee 网络中只能存在一个协调器。ZigBee 协调器负责发送网络信标,建立和初始化 ZigBee 网络,确定网络工作的信道以及 16 位网络地址的分配等工作。

(2) ZigBee 路由器是一个 FFD,与 IEEE 802.15.4 定义的协调器类似。在接入网络后它就自动获得一个 16 位网络地址,不但允许在其通信范围内的其他结点加入或者退出网络,而且还具有路由和转发数据的功能。

(3) ZigBee 终端设备可以由 RFD 或者 RFD 构成。它只能与父结点进行通信,并从父结点处获得网络标识符和短地址等信息。

2. ZigBee 网络的拓扑结构

ZigBee 是介于无线标记技术和蓝牙之间的技术方案,在无线传感器网络等领域应用非常广泛,这得益于它强大的组网能力。ZigBee 可以根据实际需要形成星形、树状和网状这 3 种 ZigBee 网络结构。3 种 ZigBee 网络结构各有优势。ZigBee 网络中的设备可分为协调器结点、汇聚结点、传感器结点 3 种。

1) 星形拓扑

星形拓扑是最简单的一种拓扑结构,如图 3-3 所示。它包含一个协调器结点和一系列传感器结点,每一个汇聚结点只能和协调器结点进行通信。如果需要在两个汇聚结点之间进行通信必须通过协调器结点进行信息的转发。

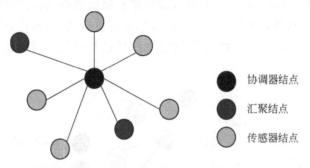

图 3-3 星形拓扑结构示意图

这种拓扑结构的缺点是结点之间的数据路由只有唯一的一条路径,协调器结点有可能成为整个网络的瓶颈。实现星形网络拓扑不需要使用 ZigBee 的网络层协议,这是因为 IEEE 802.15.4 协议的协议层就已经实现了星形拓扑形式,但是这需要开发者在应用层做更多的工作,包括自己处理信息的转发。

2) 树状拓扑

树状拓扑包括一个协调器结点以及一系列的汇聚结点和传感器结点。协调器结点连接一系列的汇聚结点和传感器结点,它的子结点的汇聚结点也可以连接一系列的汇聚结点和传感器结点。以此类推,可以重复多个层级。树状拓扑的结构如图 3-4 所示。

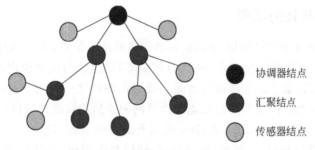

图 3-4 树状拓扑结构示意图

在树状拓扑结构中,需要注意以下 3 点。

(1) 协调器结点和汇聚结点可以包含自己的子结点。

(2) 有同一个父结点的结点称为兄弟结点。

(3) 有同一个祖父结点的结点称为堂兄弟结点。

树状拓扑结构的通信规则如下。

(1) 每一个结点都只能与它的父结点和子结点通信。

(2) 如果需要从一个结点向另一个结点发送数据,那么信息将沿着树的路径向上传递到最近的祖先结点,然后再向下传递到目标结点。

树状拓扑结构的缺点是信息只有唯一的路由通道。另外,信息的路由是由协议栈层处理的,整个路由过程对于应用层是完全透明的。

3) 网状拓扑

网状拓扑(Mesh 拓扑)包含一个协调器结点以及一系列的汇聚结点和传感器结点,与树状拓扑相同。但是,网状拓扑具有更加灵活的信息路由规则,在可能的情况下,路由结点之间可以直接通信。这种路由机制使信息的通信变得更有效率,而且意味着一旦一个路由路径出现了问题,信息可以自动沿着其他路由路径进行传输。网状拓扑的结构如图 3-5 所示。

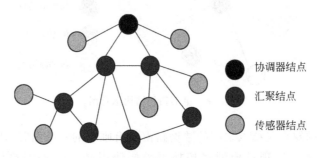

图 3-5　网状拓扑结构示意图

在网状拓扑结构的网络上,网络层通常会提供相应的路由探索功能,这一特性使网络层可以找到信息传输的最优路径。需要注意的是,以上所提到的特性都由网络层来实现,应用层不需要进行任何参与。

网状拓扑结构的网络具有强大的功能,可以组成极为复杂的网络,网络可以通过"多级跳"的方式来通信,还具备自组织、自愈功能。

3.3.3　ZigBee 协议栈的原理

作为物联网的一个典型的应用,无线传感器网络近几年受到了广泛关注。IEEE 802.15.4/ZigBee 通信协议由于其低功耗、低复杂度、自组织等特性,成为最早出现在无线传感器网络领域的无线通信协议,也是该领域最著名的无线通信协议之一。由于传感器网络和物联网具有一定的相似性,无线传感器网络也能为物联网的通信协议设计提供一些启发。

如图 3-6 所示,IEEE 802.15.4/ZigBee 采用开放系统互连(Open System Interconnect,OSI)五层模型,包括物理层、链路层、网络层、传输层和应用层。IEEE 802.15.4 标准规定了物理层和链路层的规范,物理层包括射频收发器和底层控制模块,链路层中的介质访问控制层为高层提供了访问物理信道的服务接口。ZigBee 提供了网络层、传输层和应用层规范。

1. 物理层协议规范

ZigBee 体系结构的物理层不仅规定了信号的工作频率范围、调制方式和传输速率,还

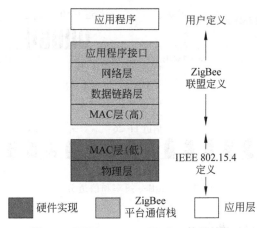

图 3-6 IEEE 802.15.4/ZigBee 体系结构

规定了物理层的功能和为上层提供的服务。在不同的国家和地区，ZigBee 技术提供的工作频率范围不同，表 3-5 列出了不同地区的 ZigBee 标准。

表 3-5 不同地区的 ZigBee 标准

地区	工作频率/MHz	信号调制方式	传输速率/(kb·s^{-1})
欧洲地区	868~868.6	BPSK	20
北美地区	902~928	BPSK	40
全球范围	2400~2483.5	OQPSK	250

2.4GHz 频段是一个全球统一、无须申请的 ISM 频段，有助于 ZigBee 设备生产成本的降低。2.4GHz 的物理层采用 16 相调制技术，能够提供 250kb/s 的传输速率，从而提高了数据吞吐量，减小了通信延迟，缩短了数据收发时间，更加省电。868MHz 是欧洲附加的 ISM 频段，915MHz 是美国附加的 ISM 频段，工作在这两个频段上的 ZigBee 设备避开了来自 2.4GHz 频段中其他无线通信设备和电器的无线电干扰。868MHz 频段上的传输速率为 20kb/s，915MHz 频段上的传输速率则为 40kb/s。

在 IEEE 802.15.4 协议中，总共分配了 27 个具有 3 种速率的信道：2.4GHz 频段有 16 个速率为 250kb/s 的信道，915MHz 频段有 10 个速率为 40kb/s 的信道，868MHz 频段有 1 个速率为 20kb/s 的信道。可以根据 ISM 频段、可用性、拥塞状况和数据速率在 27 个信道中选择 1 个工作信道。

ZigBee 使用的无线信道如表 3-6 所示，频率和信道分布如图 3-7 所示。

表 3-6 ZigBee 使用的无线信道

信道编号	中心频率/MHz	信道间隔/MHz	频率上限/MHz	频率下限/MHz
$k=0$	868.3		868.6	868.0
$k=1,2,\cdots,10$	$906+2(k-1)$	2	828.0	902.0
$k=11,12,\cdots,26$	$2045+5(k-11)$	5	2483.5	2400.0

图 3-7 ZigBee 频率和信道分布

2. 介质访问控制层协议规范

介质访问控制层控制和协调结点使用物理层的信道发送上层数据包,该层负责提供接口来访问物理层信道,定义结点使用物理层的信道资源的时间和方式,IEEE 802.15.4 类似于 IEEE 802.11,主要采用 CSMA/CA 技术。

表 3-7 展示了典型的无线传感器网络结点各个模块在不同状态下的电流强度大小,由此可知,无线传感器网络中的能量消耗有很大一部分来自结点上无线收发模块。无线收发器件工作时通常处于 3 种状态:发送、侦听和空闲状态。无线收发模块的主要能量消耗是在传送数据状态、侦听状态和接收数据状态时,这几部分所消耗的能量基本相同。在没有数据传输和接收的时候,无线传感器网络结点也需要侦听信道以判断可能到来的数据包,这种现象称为空闲侦听,也需要消耗一定的能量。注意,空闲侦听和空闲是两个不同的概念,空闲侦听是指结点处于侦听状态,但是并未侦听到任何数据;空闲状态是指结点关闭一些硬件功能,从而达到较低的能耗的目的。研究表明,空闲侦听将占据无线传感器网络结点消耗能量的主要部分,因此如何减少空闲侦听是设计无线传感器网络以及其他低功耗网络时需要首先考虑的重要问题。

表 3-7 典型的无线传感器网络结点各个模块在不同状态下的电流强度

设 备	状 态	电流强度/mA
CPU	工作(Active)	1.8
	空闲(Idle)	54.5
内置 Flash	编程(Program)	3
	擦除(Erase)	3
无线收发模块	发送数据(TX,0dBm)	17.4
	接收数据和侦听(RX)	19.7
	空闲(Idle)	21

ZigBee 通过采样侦听的方式实现低功率的侦听。采样侦听是指无线传感器网络结点的无线收发模块在没有收发数据时不需要一直处于侦听状态,可以通过采样来获取信道信息。在非采样时,无线通信模块处于空闲状态,能量消耗较少。当然,这种方法带来的问题

是发送者在发送数据时,接收者不一定处于侦听状态,从而导致不能正确地接收数据。通常采用的解决办法是延长发送者的发送时间。假设接收者的采样周期为 T,若发送者在发送数据的时候保持发送数据的时间长度不少于 T,接收者就能够采样到发送者发送的数据,从而能够触发正常接收。如图 3-8 所示为采样侦听中发送者和接收者的工作模式。当然也可以采用有调度的模式,例如发送者和接收者进行同步,发送者仅在接收者采样的时间里进行数据传输。

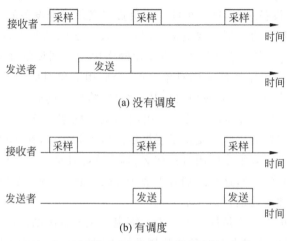

图 3-8 采样侦听中发送者和接收者的工作模式

3. 网络层协议规范

ZigBee 网络层的主要功能就是通过一些必要的函数确保介质访问控制层正常工作,并为应用层提供合适的服务接口。为了向应用层提供服务接口,网络层提供数据服务实体和管理服务实体这两个必需的功能服务实体。数据服务实体通过相应的服务接入点提供数据传输服务,而管理实体则通过管理实体服务接入点提供网络管理服务。管理实体可利用网络层数据实体完成一些网络的管理工作,对网络信息库进行维护与管理。

网络层数据实体为数据提供服务,在两个或者更多的设备之间传送数据时,应该按照应用协议数据单元所规定的格式进行传送,并且这些设备必须在同一个网络中。网络层数据实体提供的服务主要包括以下两种。

(1) 生成网络协议数据单元。网络层数据实体通过增加一个适当的协议头,从应用支持层协议数据单元中生成网络层的协议数据单元。

(2) 指定拓扑传输路由。网络层数据实体能够发送一个网络层的协议数据单元到一个合适的设备,该设备可能是最终目的通信设备,也可能是通信链路中的一个中间通信设备。

ZigBee 网络层支持星形、簇-树状和网状拓扑结构。在星形拓扑结构中,整个网络由一个称为 ZigBee 协调器的设备来控制。ZigBee 协调器负责发起和维持网络正常工作,保持与网络终端设备的通信。在网状和簇-树状拓扑结构中,ZigBee 协调器负责启动网络并选择关键的网络参数,同时也可以通过使用 ZigBee 路由器来扩展网络结构。簇-树状网络中,路由器采用分级路由策略来传送数据和控制信息。这种网络可以采用基于信标的方式进行通信。而在网状拓扑结构中,设备之间使用完全对等的通信方式,并且 ZigBee 路由器将不再发送通信信标。

4. 网络层以上部分的协议规范

网络层以上的部分主要由 ZigBee 协议具体规定,这一部分向终端用户提供了接口。与互联网类似,在互联网模型的网络层以上,需要提供不同类型的传输服务(如 TCP 和 UDP),还需要提供各种基于不同传输协议的应用(如 FTP、HTTP 等)。ZigBee 协议主要包含 3 个组件,这 3 个组件互相协作,提供了适用于自组织无线网络的网络层以上的功能。第一个组件是 ZigBee 设备对象,这个组件主要负责定义每一个设备的角色。角色分为协调器和普通终端设备两种。协调器主要负责协调各个设备之间的关系,一般由能力较强的设备担任。此外,ZigBee 工作设备对象也负责发现网络中的不同设备并区分它们的任务。第二个组件用于定义应用层服务的应用对象,每一个应用对象对应一个不同的应用层服务。第三个组件是应用支持子层,它是应用层的基本组件,将底层的服务和控制接口提供给整个应用层。通过这三个组件,ZigBee 定义了应用层的服务框架。这 3 个组件的关系为,应用对象各种服务的实现需要通过应用支持子层提供的服务和接口,在 ZigBee 设备对象的管理下来完成。每个结点可以有很多应用对象和 ZigBee 设备对象,每一个对象对应设备或者结点上的一个标号,称为终端号,这些终端号类似于 TCP 通信中的一个端口号。这样,每一个应用对象就可以相对独立地运行而互不干扰。

应用层的另一个重要功能是提供绑定表。绑定表主要解决结点或者设备功能不足的问题。例如,每个结点可能要将多个服务的数据发给不同的结点,处理不同的应用对象。但是由于存储空间的限制,结点本身很难存储足够多的信息。绑定表使结点不需要保存这些信息,而是将这些信息保存到一个功能相对强大的协调器上。因此,结点每次都可以把信息发送给协调器,然后再由这个协调器把信息发送到目的结点。此外,应用层还提供了安全功能,保护连接的建立和密钥的传输功能。

3.4 超宽带技术

超宽带(Ultra Wide Band,UWB)技术起源于 20 世纪 60 年代,1989 年被美国国防部采用,2002 年 2 月美国批准可将其用于穿透成像、通信、定位测量等民用领域。

UWB 技术是一种使用 1GHz 以上带宽的最先进的无线通信技术。虽然是无线通信,其通信速率可以达到几百兆比特每秒。与传统通信技术不同的是,UWB 是一种无载波通信技术,即它不采用载波,而是用纳秒至皮秒级的非正弦波窄脉冲传输数据,因此其所占的频谱范围很宽。UWB 适用于高速、近距离的无线个人通信。按照美国联邦通信委员会(Federal Communications Commission,FCC)的规定,3.1~10.6GHz 属于 7.5GHz 的带宽频率,属于 UWB 频率范围。

3.4.1 超宽带的定义

超宽带无线电是由美国军方于 1990 年提出一种具有很高带宽比(射频带宽与其中心频率之比)的无载波通信技术,其定义的是信号相对带宽大于 0.25 的波形,即

$$信号相对带宽 = \frac{f_H - f_L}{(f_H + f_L)/2} = \frac{f_H - f_L}{f_C} \geqslant 0.25 \qquad (3\text{-}1)$$

其中，f_H 表示信号的高端频率，f_L 表示信号的低端频率，f_C 表示信号的中心频率。

2004年4月，美国FCC给出了"超宽带"的两种定义。第一种定义对军方的定义做了两点修改，一是将信号的带宽是指定为10dB，即 f_H 和 f_L 分别表示低于信号最大发射10dB处的高端频率和低端频率，二是信号的相对带宽大于或等于0.25；第二种定义是信号的10dB带宽大于或者等于500MHz，而不管相对带宽是多少。图3-9所示为UWB信号与窄带信号功率谱密度的比较。

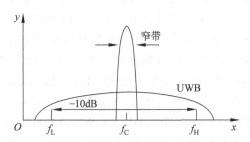

图3-9　UWB信号与窄带信号功率谱密度的比较

可见，UWB信号的带宽不同于通常所定义的3dB带宽。根据香农信道容量公式：

$$C = B \cdot \text{lb}\left(1 + \frac{P}{BN_0}\right) \tag{3-2}$$

其中，B 为信道带宽，N_0 为高斯白噪声功率谱密度，P 为信号功率。可得，增大通信信道容量有两种实现方法：一是增加信号的功率 P；二是增加信道带宽 B。UWB技术就是通过增加传输带宽来获得非常高的传输速率。

3.4.2 超宽带技术的实现方式

当前的无线通信技术所使用的通信载波是连续的电波，载波的频率和功率在一定范围内变化，从而利用载波的状态变化来传输信息。而UWB则不使用载波，它通过发送纳秒级脉冲来传输数据信号。UWB发射器直接使用脉冲小型激励天线，不需要传统收发器所需要的上变频，从而不需要功用放大器与混频器，因此UWB允许采用非常低廉的宽带发射器。同时，接收端的UWB接收机也有别于传统的接收机。它不需要中频处理，因此UWB系统结构的实现比较简单。

超宽带的主要信号形式可分为传统的基带窄脉冲形式和调制载波形式。其中，调制载波形式是在2002年FCC规定了超宽带通信的频谱范围和功率限制之后产生的，也是目前超宽带高速无线通信较多采用的技术之一，而采用基带窄脉冲的超宽带技术则多用于探测、透视、成像，以及低速、低功耗、低成本通信等领域。

1. 基带窄脉冲形式

基带窄脉冲形式是超宽带通信最早采用的信号形式，通信时利用宽度在纳秒、亚纳秒级的基带窄脉冲序列进行通信，通常通过脉冲位置调制、脉冲极性调制或脉冲幅度调制等调制方式携带信息。窄脉冲可以采用高斯波形、升余弦波形等多种不同的波形。在进行基带窄脉冲超宽带通信时，因为脉冲的宽度很窄，同时一般情况下占空比较小，所以具有比较强的多径信道分辨能力和抗多径性能。因为不需要调制载波，所以收发机结构简单，成本较低。

简单的结构、较小的占空比又使系统的功耗很低。

因为基带窄脉冲中包含较多的低频分量,所以在美国 FCC 关于超宽带通信功率谱的规定下,频谱利用率不高。虽然这可以通过脉冲波形设计加以改善,但目前此方面的研究还没有十分理想的实用成果。

2. 调制载波形式

通过调制载波,可将超宽带信号搬移到合适的频段进行传输,从而更加灵活、有效地利用频谱资源。同时,调制载波系统的信号处理方法与一般通信系统采用的方法类似,技术成熟度高,在目前的工艺条件下,比基带窄脉冲形式更容易实现高速系统。目前,IEEE 802.15.3a 工作组在高速的无线个域网物理层可选标准的指定工作中设定了两个候选方案:Intel、TI 等公司支持的多带-时频交织-频分复用方案和 Motorola、XtremeSpectrum 等公司支持的单载波直接序列-码分多址方案,这两个候选方案都采用了调制载波的信号形式。

调制载波方案分为两种:单载波 DS-CDMA-UWB 方案和多载波 MB-OFDM-UWB 方案。MB-OFDM-UWB 的基本思想是将频谱分割成几个子频带,在每个子频带上使用 OFDM 调制进行传输。每个子频带带宽大于 500MHz,因此根据美国 FCC 的标准所得到的信号属于 UWB 信号。由于信息比特被交织到所有频带上,因此能更好地利用整个频谱的频率分集。在每个频带内,发射机结构和传统 OFDM 系统十分相似。

3.4.3 超宽带技术的特点

由于 UWB 与传统通信系统的工作原理迥异,因此 UWB 具有传统通信无法比拟的技术优点。

(1) 发射功率低。UWB 无线通信系统发射的是占空比很低的窄脉冲信号,脉冲持续时间很短,脉宽通常为 0.2～1.5ns,射频带宽可达 1GHz 以上;所需平均功率很低;信号功率谱密度低;信号隐蔽在环境噪声和其他信号中,难以被检测到。

(2) 多径分辨能力强。UWB 无线通信系统发射的是持续时间极短的单周期脉冲,其时间、空间的分辨率都很强,因此系统的多径分辨率极高。由于占空比极低且多径信号在时间上是可分离的,所以接收机通过分集可以获得很强的抗衰落能力。由于脉冲多径信号在时间上不重叠,因此很容易分离出多径分量,使充分利用发射信号的能量利用更充分。

(3) 传输速率高。对于高质量的多媒体业务,高速率传输技术是必不可少的基础。从信号传播的角度考虑,超宽带无线通信由于能有效地减小多径传播的影响提高数据传输速率,传输速率可高达 100～500Mb/s。

(4) 空间容量大。空间容量定义为单位区域上传输的数据速率,单位是比特每秒每平方米(b/m^2)。该项指标的数值越高,则单位区域提供数据的比特率越大,单位面积的传输效率越高。这个指标特别适用于评价拥挤空间的无线通信系统,而 UWB 系统在这方面具有很强的潜力。根据 Intel 公司的研究报告,IEEE 802.11b 的空间容量大约为 $1kb/(s \cdot m^2)$,蓝牙的空间容量为 $30kb/(s \cdot m^2)$,IEEE 802.11a 的空间容量大约为 $83kb/(s \cdot m^2)$,而 UWB 的空间容量大约为 $1Mb/(s \cdot m^2)$。

(5) 穿透能力强。经实验证明,UWB 无线通信系统具有很强的障碍物穿透能力,可弥补常规超短信号在丛林中不能有效传播的缺陷。实验表明,适用于窄带系统的丛林通信模型同样可适用于 UWB 系统,UWB 技术还能实现隔墙成像。

(6) 便于多功能一体化。冲激无线电具有很高的定位精度,采用 UWB 无线电通信,很容易将定位和通信合一。UWB 无线电具有极强的穿透能力,可在室内和地下空间精确定位;与 GPS 的绝对地理位置不同,超短脉冲定位器可给出相对位置,定位精度达厘米级。此外,UWB 无线电定位器更便宜。

(7) 低功耗。UWB 系统使用持续时间很短的脉冲来发送数据,在高速通信时耗电量仅为几百微瓦(μW)到几十毫瓦(mW)。民用 UWB 设备功率一般约为传统移动电话功率的 1/100,约为蓝牙设备功率的 1/20,因此 UWB 设备在电池寿命和电磁辐射方面有很大优越性,可大大延长系统电源工作时间,更好满足移动通信设备的要求,由于其辐射功率低,所以可以减少电磁波对人体的辐射。

(8) 系统结构简单、成本低。UWB 无线通信系统通过发送纳秒级脉冲来传输数据信号,不需要常规系统所需的变频器、频率合成器、滤波器等模拟器件,同时在接收端不需要过滤器、RF/IF 转换器及本地振荡器等复杂元件。UWB 系统不论是基带脉冲的还是带通调制载波的,其射频、模拟以及信号处理部件都相对较简单,容易实现全数字化的结构。UWB 无线通信系统只需要以一种数学方式产生脉冲,并对脉冲产生调制,而这些电路都可以被集成到一个芯片上,设备的成本将很低。

3.5 LiFi 技术

随着科技的发展,无线通信逐渐成为生活的必需品,渗透到人们生活的每一个角落。作为无线通信的重要组成部分,基站消耗的能源中只有一小部分为人们提供通信服务。近年来,越来越热门的 LiFi 技术可解决容量和能耗的问题,其传输速率比 WiFi 快 100 倍的。作为一个无线通信系统,LiFi 具有容量大、效率高、安全性高等优势。要成为人们接入互联网的全新通路,它还需要与 WiFi 技术互补。

LiFi 是英国爱丁堡大学工程学院教授哈拉尔德·哈斯研发的一种利用可见光(如灯泡发出的光)进行数据传输的全新无线传输技术,图 3-10 所示为 LiFi 技术标志。由于发光二极管(LED)具有高速电调制性能,可通过高速明暗闪烁信号传输信息(例如 LED 灯开表示"1",关表示"0"),这些闪烁肉眼不可见,但是却能被电子接收器或移动设备读取。这些设备甚至可以把信号回传至信号收发器。这就是 LED 灯能够在正常照明显示的同时,作为通信光源实现可见光泛在高速通信的基本原理。

2011 年 10 月,哈拉尔德·哈斯教授在当年的全球科技娱乐设计大会上首次公开提出 LiFi 这一概念,并于 2012 年成立了 PureLiFi(又称 PureVLC)公司,成功实现了利用可见光传输数据的技术。2014 年 4 月,一家俄罗斯公司 Stins Coman 宣布它们成功用 LiFi 搭建了无线局域网——BeamCaster,并可以利用该网络以 1.25Gbps 的速率传输数据。

不过,在进行大规模应用前,LiFi 技术还需做进一步的完善,使其能够兼容更多的设备。哈拉尔德·哈斯教授则表示未来每一盏 LED 灯都可充当 WiFi 的替代品,如图 3-11 所示,可对目前现有的基础设施进行 LiFi 整合,在每一个照明设备中加入一个微型芯片,使之具备照明与无线数据传输这两个基本功能。未来,LiFi 网络的搭建方法将更加环保。

图 3-10　LiFi 技术标志　　　　图 3-11　LED 灯的光源辐射范围

3.5.1　LiFi 技术产生的背景

虽然 WiFi 技术越来越普及,但是由于成本问题,有限的 WiFi 热点只能使无线网络覆盖部分区域。此外,飞机、矿井等射频无线通信的特殊区域也不适宜使用 WiFi。利用射频信号传输数据的 WiFi 技术本质上就存在无线信号不稳定的问题。当服务设备过多时,上网速度也会变得很慢。如何扩大无线网络覆盖范围、提高数据传输速率,是科研人员探索的方向。

自从电灯发明以来,人类生产与生活的区域就一直被它覆盖。爱丁堡大学的哈拉尔德·哈斯发明的 LiFi 技术就是利用无处不在的电灯来实现数据传输,让人们享受无处不在的网络服务。给 LED 灯植入一个微小的芯片后就可形成类似 WiFi 热点的设备,使该灯泡照亮区域内的终端设备能够随时接入网络。如果能够将全世界的 LED 灯全部改造成 LiFi 热点,那么任何路灯都可以成为互联网接入点。与 WiFi 设备相比,LED 灯要廉价得多,有利于大范围部署与应用。

使用 WiFi 技术后不仅提升了互联网的覆盖范围,还提升了数据传输速率。当前采取的无线数据传输方式主要是无线电波。无线电波存在很多局限,它们较为稀有、成本昂贵,必须使用特定的波段,并且无线电波在整个电磁频谱中仅占很小的一部分。随着用户对无线互联网需求的增长,可用的射频频谱越来越少。上述原因使 WiFi 技术无法跟上无线数据要求快速增长的步伐。由于可见光的频宽可达到射频频段的 1 万倍,这意味着可见光通信可以带来更高的带宽,也就带来了更高的数据传输速率。

LiFi 技术具有广泛的应用场景。作为 WiFi 的有效补充手段,它可以用于机舱、矿井、核电站和医院对射频无线通信敏感的场合。此外,LiFi 技术还可以应用于智能交通系统。夜间行车时,驾驶员的视野区域受限,路况观测不及时就会造成严重的交通事故。而通过路灯、车灯,借助 LiFi 技术,就有可能实现车与车、车与交通灯、车与路灯之间的直接通信,给驾驶员提供实时的交通路况信息,避免碰撞,保障行车安全。

3.5.2　LiFi 技术的原理

通常情况下,无线设备都是工作在 2.4GHz 频段,频率为 5GHz 的无线设备也正大面积推广。有人想象用可见光传输网络信息,实现打开电灯就可实现 10Mb/s 无线宽带的效果,英国教授哈拉尔德·哈斯称之为 D-light 技术,业界称之为 LiFi 或 VLC(Visible Light

Communication)技术,只需将全球 400 亿只电灯泡都换成 LED 灯,就可以实现开灯即可连接无线网络,利用可见光传输信息,带宽能达到 10Mb/s。LiFi 技术通过给普通的 LED 灯加装微芯片,就可使灯泡以极快的速度闪烁,并进行数据传输。光源采用一种高亮度 LED 灯,LED 灯亮了就表示 1,灭了就表示 0。哈拉尔德·哈斯声称通过在任何不起眼的 LED 灯中增加一个微芯片,可以实现每秒数百万次的闪烁,由于闪烁频率太快,人眼根本不会察觉到,但是光敏传感器可以接收到这些变化。就这样,二进制的数据就被快速地编码成灯光信号并进行了有效的传输。哈拉尔德·哈斯解释说:"这就像一个用火炬发送的莫尔斯码,但却速度更快,且传输的是计算机能够理解的数据。"

华为等通信厂商推出的自由空间光(Free Space Optical,FSO)通信系统,又称无线光通信、无线光纤或虚拟光纤系统,是一种基于光传输方式、采用红外激光承载高速信号的无线传输技术,以激光为载体,以空气为介质,用点对点或点对多点的方式实现连接,由于其设备也以发光二极管或激光二极管为光源,因此又称为"虚拟光纤"。图 3-12 模拟展示了 LiFi 光通信场景。FSO 技术以小功率的红外激光束为载体,在位于楼顶或窗外的收发器间传输数据,红外波段比微波波段更小,更加灵活和方便。FSO 系统的工作频段在 300GHz,该频段的应用在全球不受管制,而且可以免费使用。采用 FSO 技术的产品目前最高速率可达 2.5Gb/s,最远可传送 4km。

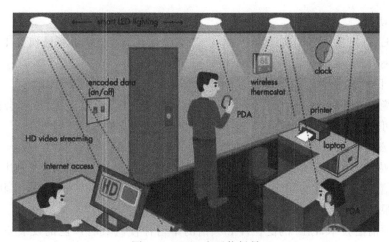

图 3-12 LiFi 光通信场景

3.5.3 LiFi 技术的优点和缺点

1. LiFi 技术的优点

LiFi 技术利用可见光进行通信,具有以下优点。

1) 丰富的频谱资源

可见光的频谱宽度可达到射频频谱的 1 万倍,丰富的频谱资源使 LiFi 能够利用更宽的频谱实现更高的数据传输率。

2) 低成本

与专用的 WiFi 热点相比,LED 灯是非常廉价的,并且是人类生产、生活的必需品,具有泛在性,几乎不需要额外的基础设施建设,部署、使用成本非常低

3）安全性

由于可见光具有可遮挡性，无法穿透墙壁，使用 LiFi 技术便于将信号限定在一定区域内，产生物理隔离，具有安全性。

4）无电磁辐射

由于没有电磁辐射，当 LiFi 的发射功率可以很高时，也不会对人体产生电磁辐射影响。

5）无电磁干扰

许多精密仪器对电磁干扰敏感，而 LiFi 技术并不使用无线电波，所以不会受到电磁干扰的影响，可以广泛应用于不适合射频无线通信的场合。

2. LiFi 技术的缺点

作为一种新兴的无线通信技术，LiFi 技术还没有走出实验室大规模应用到实际系统中，这是因为它还存在以下亟待解决的问题。

1）易被遮挡

可见光通信非常容易被遮挡，进而导致信号中断，可靠性有待提升。

2）光源间断问题

虽然电灯在人类生产、生活的场所普遍存在，但是当有自然光存在时，电灯并不会打开，通信无法进行。

3）频繁切换

单一的 LED 灯覆盖范围有限，当终端设备不停地移动时，需要频繁切换 LiFi 热点，容易导致连接丢失。

4）环境干扰

外界环境的光源有可能工作在同样的光谱频段，对 LiFi 造成干扰，后者会因为信噪比过差而无法可靠通信。

5）用户友好的反向通信

从 LiFi 热点到终端设备使用可见光是非常自然的，但是用户如何友好地让终端设备与 LiFi 热点通信是值得深思的问题。相信没有人愿意在使用手机时还要忍受手机 LED 灯光照射自己的眼睛。

作为一项前沿技术，LiFi 的泛在性和频谱的丰富性使其具有广泛的发展空间。但作为一种新兴的无线通信技术，它仍旧处于发展初期，还需要科研工作者更多的研究，才能开发出更为成熟的技术和产品，为人类带来更加舒适、便捷的智能化生活。

3.6 LPWAN 技术

3.6.1 LPWAN 技术的发展

物联网的发展催生了各个领域中不同种类的应用需求。目前，物联网的应用模式较多，尚未有一套统一的通信协议。针对不同的应用场景，可以从带宽需求、距离需求和能耗需求这几个维度对物联网的应用进行分析。

在不同的需求维度下，不同的网络技术对应了不同的应用场景。例如，传统的 WiFi 网络注重的是提高网络的带宽，而其通信距离通常相对较小，通信能耗也相对较高。在这样的技术背景下，WiFi 网络更适合家庭上网、视频、多媒体和娱乐环境等场景，在这样的应用环境中，网络带宽是最重要的需求，通信距离等都不是设计时考虑的首要因素。相对而言，低功耗 ZigBee 网络协议标准带宽较小，通信距离也相对较短。而 ZigBee 协议的优势是灵活、能耗很小。蓝牙协议折中了上述两者，带宽比 WiFi 更低，但是比 ZigBee 高一些，当然，相应的能耗也比 WiFi 更低，比 ZigBee 更高。

随着物联网的发展，物联网中的应用种类日益繁多，远距离的低功耗数据传输应用等很多应用其实并不需要理想的协议。在这类应用中，大量设备需要进行远距离的数据传输，但由于设备限制，通信功耗需要非常小。由于这些设备每次通信的内容都相对简单，因此通信的带宽需求较低，也就是说需要远距离、低功耗而在带宽上能够适当妥协的传输技术。表面上看，增大通信距离和降低通信功耗似乎是矛盾的，但如果能够牺牲带宽，就有机会实现远距离、低功耗的数据传输。举一个简单的例子，广播声音经过远距离传输已经比较微弱了，此时若要听清广播的全部内容，就需要提高广播声音（即提高能耗）。但是，如果不要求听清全部内容，而只要求听清其中部分词语（即降低带宽），并通过部分词语分辨原始声音，就能避免不必要的能耗。

物联网出现后，远距离、低功耗、低带宽的协议有了新的生机。例如利用物联网进行智能环境监控时，从通信带宽角度看，智能监控的部分场景需要很低的数据量，例如智能电表可能几小时甚至几天才产生一个数据；从通信距离角度看，这类数据通常分布在各家各户，传输距离较远；从通信能耗角度看，这类设备一般部署规模大且采用电池供电，由于需要长期工作，而且为了避免大规模更换电池带来的开销，往往对能耗有较高的要求。

本节将对远距离、低功耗、低带宽的协议进行介绍，这类协议统一称为低功耗广域网（Low Power Wide Area Network，LPWAN）技术。该类协议有两个主要代表：远距离通信（Long Range communication，LoRa）和窄带物联网（Narrow Band Internet of Things，NB-IoT）。

3.6.2　LoRa

Semtech 公司主导的 LoRa 技术是一种基于扩频技术的超远距离无线传输技术，主要面向物联网或 M to M（常写作 M2M）等应用。LoRa 联盟已于 2015 年 3 月的世界移动通信大会上成立，联盟成员包括跨国电信运营商、设备制造商、系统集成商、传感器厂商、芯片厂商和创新创业企业等。LoRa 技术可应用于诸多垂直行业，包括能源、农业、商业、制造业、汽车及物流等，这些产业资源也是未来 LoRa 联盟发展的成员。

LoRa 融合了数字扩频、数字信号处理和前向纠错编码技术，是一种面向无线传感器网络控制与应用的通信技术。无线网络利用电磁波在空气中发送和接收数据而无需线缆介质，使用方便，已经被广泛应用。在 LoRa 之前已经有多种无线技术，可组成广域网或局域网。广域网主要采用 2G、3G、4G 技术；局域网的短距离无线网络可采用 WiFi、蓝牙、ZigBee、UWB、Z-wave 等技术。这些技术各有优缺点，但是最突出的矛盾在于低功耗和远距离只能选择其一，而 LoRa 的出现打破了这一格局。LoRa 以较低功耗实现远距离通信，可以使用电池供电或者其他能量收集的方式供电。较低的数据速率延长了电池寿命，增加了网络容量，LoRa 信号对建筑物的穿透力也很强。LoRa 技术的特点更适用于低成本、大规模的物联网部署，如表 3-8 所示。

表 3-8 LoRa 技术的特点

特　点	具 体 介 绍
长传输距离/km	1～20
多结点	结点个数可达上万,甚至可上百万
低成本	基础建设和运营成本低
长电池寿命/年	3～10
传输速率/(kb·s^{-1})	0.3～50

1. LoRa 无线通信设计原理

LoRa 技术是一种超远距离的无线通信技术,拥有前所未有的性能。LoRa 技术可以应用在由数万个无线传输模块组成的无线数字传输网络(类似现有的移动通信的基站网,每一个结点类似移动网络的终端用户)中,在整个网络覆盖范围内,每个网络结点和集中器(网关)之间的可视通信距离在城市一般为 1～2km,在郊区或空旷地区甚至可达到 20km。LoRa 采用星形的网络结构,如图 3-13 所示。

图 3-13 LoRa 星形网络结构

与网状网络结构相比,星形网络结构具有最简单的网络结构和最小的传输延迟,使用起来非常方便、简单。LoRa 既可以通过简单的集中器设备组建局域网,也可以利用网关设备组建广域网。LoRa 集中器(网关)位于 LoRa 星形网络的核心位置,是终端和服务器间的信息桥梁,是多信道的收发机。集中器通过标准的 IP 相互连接,终端采用单跳方式与一个或多个集中器进行双向通信。

2. LoRa 集中器

LoRa 集中器使用不同的扩频因子,不同的扩频因子两两正交,理论上多条不同扩频因子的信号可以在同一个信道中进行解调。集中器与网络服务器间通过标准 IP 进行连接,终端通过单跳与一个或多个集中器进行双向通信,同时也支持软件远程升级等。集中器的 3 个重要的特点如下。

1) 分类

根据 LoRa 的不同定义,类型也不相同。例如,按照应用场景不同可分为室内型网关和室外型网关;按照通信方式不同可分为全双工网关和半双工网关;按照设计标准不同可分为完全符合 LoRa WAN 协议网关和不完全符合 LoRa WAN 协议网关。

2) 容量

容量是指在一定时间内集中器接收数据包数量的能力。例如 SX1301 芯片,理论上该芯片拥有 8 个信道,在完全符合 LoRa WAN 协议的情况下,每天最多能接收 1500 万个数据包。若某应用发包频率为 1 包每小时,单个 SX1301 芯片构成的网关能接入 62500 个终端结点。集中器的接入终端数量与信道数量、终端发包频率、发包字节数、扩频因子息息相关。

3）接入点决定因素

LoRa 网关接入的结点数取决于 LoRa 网关所能提供的信道资源以及单个 LoRa 终端占用的信道资源。LoRa 网关如果采用 Semtech 标准和 SX1301 芯片,那么信道数是固定的 8 个上行信道和 1 个下行信道。LoRa 网关能提供的信道资源根据物理信道数确定。单个 LoRa 终端占用的信道资源与终端占用信道的时间一致,也就与终端的发包频率、发包字节数以及 LoRa 终端的扩频因子息息相关。当 LoRa 终端的发包频率和发包字节数上升时,该终端占据信道收发的时间就会增加,将占用更多的信道资源,反之,则发包频率和发包字节数下降,收发的时间减少;当 LoRa 终端采用更大的扩频因子时,信号可以传得更远,也就需要花费更多时间来传递单位字节的信息。

3. LoRa 终端/结点

LoRa 终端是 LoRa 网络的组成部分,一般由 LoRa 模块和传感器等器件组成。LoRa 终端可使用电池供电,能够进行地理定位。每一个符合 LoRa WAN 协议的终端都能与符合 LoRa WAN 的网关直接通信,从而实现互连互通。

LoRa 使用到达时间差(Time Difference Of Arrival,TDOA)来实现地理定位。首先,所有的集中器共享一个共同的时基(即时间同步),当任何 LoRa WAN 设备发送一个数据包时,不必扫描和连接到特定的网关,而是统一发送给范围内的所有集中器,并且每个数据包都将发送给服务器。所有的集中器都一样,它们一直在信道上接收所有数据的信号。传感器简单地唤醒、发送数据包,范围内的所有集中器都可以接收它。内置在集中器中的专用硬件和软件捕获高精度到达时间,服务器端的算法对比到达时间、信号强度、信噪比和其他参数,综合多种参数,最终计算出终端结点的最可能位置。

为了使地理位置准确,通常需要不少于 3 个网关接收数据包,网关密集的网络能够提高定位的精度和容量,因为当更多的网关接收到相同的数据包时,服务器算法会收到更多的信息,从而提高了地理位置的精度,如图 3-14 所示。未来,期待结合数据融合技术和地图匹配技术来改善到达时间差,增强定位精度。

图 3-14　LoRa 地理定位示意图

4. LoRa 频段

LoRa 使用的是免授权 ISM 频段,但各国或地区的 ISM 频段使用情况是不同的。表 3-9 所示是 LoRa 联盟规范里提到的部分国家和地区使用频段。

表 3-9 LoRa 联盟规范里提到的部分国家和地区使用频段

频段情况	国家和地区名称					
	欧洲	北美	中国	韩国	日本	印度
频段/MHz	865～867	902～928	470～510	920～925		865～867
通道	10	64＋8＋8	技术委员会定义			
上行通道带宽/kHz	125 或 250	125 或 500				
下行通道带宽/kHz	125	500				
上行发射频率/dBm	14	20 (30 allowed)				
下行发射频率		27				
扩频因子	7～12	7～10				
速率/(b·s^{-1})	250～50 000	980～21 900				
上行链路设计/dB	55	154				
下行链路设计/dB		157				

从理论上讲,可以使用 150MHz～1GHz 频段中的任何频率,但是 Semtech 的 LoRa 芯片并不是所有亚吉赫兹(sub-GHz)的频段都可以使用,并不能很好地支持常用频段(如 470～510MHz、780MHz 以及欧美常用的 868MHz 和 915MHz)以外的一些频率。我国《微功率(短距离)无线电设备的技术要求》中提到,在满足传输数据时,其发射机工作时间不超过 5s 的条件下,470～510MHz 频段可作为民用无线电计量仪表使用频段。

5. LoRa 的数据传输

LoRa WAN 协议定义了一系列的数据传输速率,不同的芯片可供选择的速率范围不同,例如 SX1272 支持 0.3～38.4kb/s,SX1276 支持 0.018～38.4kb/s 的速率范围。目前,AUGTEK 能实现 0.3～37.5kb/s 的传输速率。使用 LoRa 设备发送或接收的数据长度有限制,理论上来说,SX127x 系列芯片有 256B 的 FIFO,发射或接收 256B 大小的数据都可以。并不是在任何传输速率下 LoRa 模块的负载长度都能为 256B。在传输速率较低的情况下,一次传输 256B 大小的数据需要花费的时间很长,可能需要几秒甚至更长,不利于抗干扰和交互,因此在技术处理时一般建议用户将一条长数据分割成数条短数据来进行传输。LoRa 传输示意图如图 3-15 所示。

6. LoRa 终端工作模式

LoRa 终端有 3 种工作模式,分别为 Class A(双向终端)、Class B(支持下行时隙调度的双向终端)和 Class C(最大接收时隙的双向终端)。LoRa 终端在一个时间段内只能工作于一种工作模式下,每种工作模式可根据不同的业务模型和省电模式进行选择。目前,Class A 凭借其低功耗、超省电的特点备受青睐。

1) Class A 工作模式

A 类终端设备提供双向通信,但不能主动进行下行接收,每个终端设备先发送后接收,上行发送过程之后会跟随两次很短的下行接收窗口,发送和接收交替进行,如图 3-16 所示。终端发送时隙是根据终端的需求安排的,也可依据很小的随机量确定,发送数据不受接收数据的限制。Class A 工作模式结点平时休眠,只有在发送数据后才接收处理服务器发送来的数据,即才开始工作。因此,A 类终端功耗最低,最省电。

2) Class B 工作模式

B 类终端兼容 A 类终端,会在预设时间中开放多余的接收窗口,并且支持下行接收信号与网关的时间同步,以便在下行接收调度的同时进行信息监听,如图 3-17 所示。B 类终端也是先发送后接收,不同的是每次发送后按照一定的时隙(与网关同步)启动接收窗口,接收多条下行数据信息。B 类终端对时间同步要求很高,需兼顾实时性和低功耗,因此功耗会大于 A 类终端。

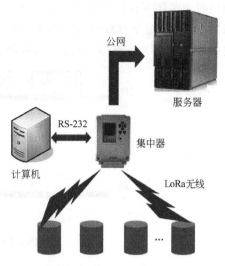

图 3-15 LoRa 传输示意图

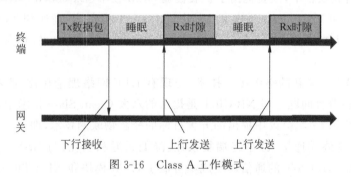

图 3-16 Class A 工作模式

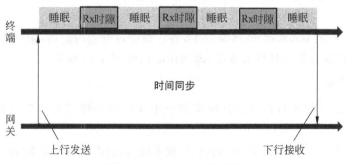

图 3-17 Class B 工作模式

3) Class C 工作模式

C 类终端兼容 A 类、B 类终端,为常发常收模式。接收窗口几乎持续开放,仅在发射数据的时刻关闭下行接收窗口。Class C 工作模式随时可以接收网关下行数据,实时性最好,适用于需要大量下行数据、实时性要求高、不考虑功耗的应用。与 A 类和 B 类终端相比,C 类终端最耗电,但对于终端与服务器交互的业务,Class C 工作模式的延迟最低,如图 3-18 所示。

图 3-18　Class C 工作模式

3.6.3　NB-IoT

1. NB-IoT 技术的发展历程

在 GERAN(GSM EDGE Radio Access Network,GSM/EDGE 无线通信网络)。在 FS_IoT_LC 的研究项目中,主要提出了扩展覆盖 GSM 技术(Extended Coverage-GSM,EC-GSM)、NB-CIoT 和 NB-LTE 3 项技术。其中,NB-CIoT 由华为、高通和 Neul(英国物联网公司,2014 年 9 月被华为收购)联合提出;NB-LTE 由爱立信、中兴、诺基亚等厂商联合提出。

NB-CIoT 提出了全新的空中接口技术,与现有 LTE 网络理论相比,改动较大,即与旧版 LTE 网络存在兼容问题。但 NB-CIoT 是提出的六大 Clean Slate 技术中,唯一一项能满足 TSG GERAN 第 67 次会议中提出的五大目标的蜂窝物联网技术,即提升室内覆盖性能、支持大规模低速率终端连接、减小终端复杂性、降低延迟和功耗、与 GSM/UMTS/LTE 的干扰共存,特别是 NB-CIoT 的通信模块成本可低于 GSM 模块和 NB-LTE 模块。

NB-LTE 更倾向于与现有 LTE 网络兼容,其主要优势是部署容易,劣势是成本高于 GSM 模块。

在 2015 年 9 月的 RAN 第 69 次全会上,各厂商经过激烈讨论后,最终协商统一,将 NB-CIoT 和 NB-LTE 融合为一种技术方案,即 NB-IoT,如图 3-19 所示。

2. NB-IoT 简介

NB-IoT 是 2015 年 9 月在 3GPP 标准组织中立项的一种新的窄带蜂窝通信 LPWAN 技术。

英国运营商沃达丰于 2017 年将 NB-IoT 技术投入商用,目前核心网和无线网升级已开始。美国运营商 AT&T 公司也积极开拓物联网项目,目前不仅占据了美国物联网市场高达 43% 的份额,还为全球财富 1000 强中 99% 的企业提供了物联网服务。

2015 年 11 月,华为公司曾联合包括主流运营商、设备厂商、芯片厂商和相关国际组织在内的 21 家产业巨头,在华为香港 MBB 论坛期间举办的 NB-IoT 论坛筹备会上,正式宣布

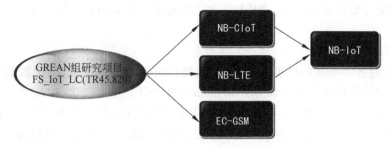

图 3-19　NB-IoT 技术的发展历程

成立 GSMA NB-IoT Forum 产业联盟,旨在加速窄带物联网生态系统的发展。2016 年,中国电信与华为签署了 NB-IoT(窄带物联网)创新研究合作协议,标志着双方在物联网创新领域建立起全方位合作关系。同时,由我国的中国电信等单位发起制定的两项物联网标准 IEEE 1888.1 及 IEEE 1888.3 成功转化为 ISO/IEC 国际标准,中国电信分别担任两个标准的主席和副主席单位,这是继 2015 年其主导完成 10 项国际标准后的又一突破。中国联通在超过 5 个城市启动基于 900MHz/1800MHz 的 NB-IoT 外场规模组网试验及业务示范,2018 年全面推进国家范围内的商用部署。中国移动则携手中兴通讯公司率先完成基于 NB-IoT 标准协议系统的技术验证。

随着智能城市、大数据时代的来临,无线通信将实现万物连接。很多企业预计,未来全球物联网连接数将是千亿级。目前已经出现了大量物与物的连接,然而这些连接大多通过蓝牙、WiFi 等短距通信技术承载,而非运营商移动网络。为了满足不同物联网业务的需求,根据物联网业务的特征和移动通信网络的特点,3GPP 根据窄带业务应用场景开展了增强移动通信网络功能的技术研究以适应蓬勃发展的物联网业务需求。

基于蜂窝的 NB-IoT 成为万物互联网络的一个重要分支。NB-IoT 构建于蜂窝网络,只消耗大约 180kHz 的频段,可直接部署于 GSM 网络、UMTS 网络或 LTE 网络,以降低部署成本、实现平滑升级。NB-IoT 将结束物联网行业终端、网络、芯片、操作系统、平台等各方路径不一的"碎片化"现象。到 2020 年,M2M(Machine to Machine)设备连接数预计将高达 70 亿。

3. NB-IoT 技术的特点

NB-IoT 技术总体上定义为一种对于 E-UTRAN 非后向兼容、有较大变动幅度的蜂窝物联网无线接入技术,可以解决室内大范围覆盖、低速率设备大量接入、延迟低敏感、设备低成本、低功耗等一系列问题。

NB-IoT 具备以下特点:一是广覆盖,即提供改进的室内覆盖,在同样的频段下,NB-IoT 比现有的网络信号增益 20dB,覆盖面积扩大 100 倍;二是低延迟敏感,由于大量数据重传将导致延迟增加,支持低延迟敏感度、超低设备成本、低设备功耗和优化的网络架构;三是高容量、窄带灵活部署,NB-IoT 技术的一个扇区能够支持 10 万个连接,具备支撑海量连接的能力,同时在授权频段内支持 3 种部署方式;四是支持非连续移动的业务;五是低功耗,NB-IoT 终端模块的待机时间可长达 10 年;六是低成本,企业预期的单个接连模块的成本不超过 5 美元。

1) 广覆盖

根据 TR45.820 中典型业务模型下的仿真测试数据可以确定在独立部署方式下,

NB-IoT 覆盖能力也可达 164dB。NB-IoT 为实现覆盖增强采用了重传(可达 200 次)和低阶调制等机制。

2) 低延迟敏感

在耦合耗损达 164dB 的环境下,若要保证提供可靠的数据传输,大量数据重传必不可少,并且将导致延迟增加。表 3-10 所示的结果详细说明了 TR45.820 中仿真测试异常报告业务场景、保证 99%可靠性、不同耦合耗损环境下延迟(区分有无头压缩)。目前,3GPP IoT 设想允许时延约为 10s,但实际可以支持更低时延,如 6s 左右(最大耦合耗损环境)。

表 3-10　异常报告业务场景、保证 99%可靠性、不同耦合耗损环境下的时延　单位:ms

处理时间	发送报告无头压缩(100B 的负荷) 耦合损耗			发送报告有头压缩(65B 的负荷) 耦合损耗		
	144dB	154dB	164dB	144dB	154dB	164dB
T_{sync}	500	500	1125	500	500	1125
T_{PSI}	550	550	550	550	550	550
T_{PRACH}	142	142	142	142	142	142
$T_{上行分配}$	908	921	976	908	921	976
$T_{上行数据}$	152	549	2755	93	382	1964
$T_{上行Ack}$	933	393	632	958	540	154
总时间	4236	4525	9911	4152	4338	7851

3) 高容量、窄带灵活部署

NB-IoT 单扇区支持 5 万个连接,比现行网络高 50 倍(2G、3G、4G 分别是 14、128、1200 个连接),目前全球约有 500 万个物理站点,假设全部部署 NB-IoT,每站点三扇区可接入物联网终端数高达 4500 亿个。

NB-IoT 在授权频段中使用窄带技术,有 3 种部署模式(如图 3-20 所示):独立部署(Stand-alone)、保护带部署(Guard-band)和带内部署(In-band)。独立部署模式中,利用现网的空闲频谱或者新的频谱,适用于 GSM 频段的重耕;保护带部署模式中,可以利用 LTE 系统中边缘无用频带,最大化频谱资源利用率;带内部署模式中,可以利用 LTE 载波中间的任何资源块部署。在带内部署方案中,NB-IoT 频谱紧邻 LTE 的资源块。3GPP 为了避免干扰,规定 NB-IoT 频谱和相邻 LTE 资源块的功率谱密度不应该超过 6dB。由于功率谱密度的限制,NB-IoT 的覆盖在带内场景中比其他场景更受限,因此多采用独立部署或保护带部署模式。3 种频谱部署模式比较如表 3-11 所示。

图 3-20　NB-IoT 的三种部署模式

表 3-11 NB-IoT 频谱部署模式比较

比较的内容	部署模式		
	独立部署	保护带部署	带内部署
频谱	频谱独占,不存在与现有系统共存的问题	需考虑与 LTE 系统共存的问题,如干扰规避、射频指标等	要考虑与 LTE 系统共存的问题,如干扰消除、射频指标等
带宽	限制较少	LTE 带宽的不同对应可用保护带宽也不同,用于 NB-IoT 的频域位置也比较少	要满足中心频点 300kHz 的需求
兼容性	频谱独占,配置限制较少	需要考虑与 LTE 兼容	要考虑与 LTE 兼容,如避开 PDCCH 区域、避开 CSI-RS、PRS、LET-同步信道和 PBCH、CRS 等
覆盖	满足协议覆盖需求,覆盖范围最大	满足协议覆盖需求,覆盖范围略小	满足协议覆盖要求,覆盖范围最小
容量	大于基站每扇区 200 000 个终端,能满足每扇区 52 500 个终端的容量目标	大于基站每扇区 200 000 个终端,能满足每扇区 52 500 个终端的容量目标	大于基站每扇区 70 000 个终端,能满足每扇区 52 500 个终端的容量目标,但支持容量略小
传输延时	满足协议延迟要求,时延最小	满足协议时延要求,延迟略大	满足协议延迟要求,延迟最大
终端能耗	大于 10 年,满足能耗目标	大于 10 年,满足能耗目标	大于 10 年,满足能耗目标

全球主流的频段是 800MHz 和 900MHz。中国电信将把 NB-IoT 部署在 800MHz 频段上,而中国联通则选择 900MHz 频段来部署 NB-IoT,中国移动则可能会重用现有 900MHz 频段。

NB-IoT 属于授权频段,如同 2G、3G、4G 一样,是专门规划的频段,频段干扰相对较少。NB-IoT 网络具有电信级网络的标准,可以提供更好的信号服务质量、安全性和认证等网络标准,可与现有的蜂窝网络基站融合,更有利于快速地进行大规模部署。运营商有成熟的电信网络产业生态链和经验,可以更好地运营 NB-IoT 网络。国内运营商可用频段如表 3-12 所示。

表 3-12 NB-IoT 国内运营商可用频段　　　　　　　　　　单位:MHz

运营商	上行频率	下行频率	频宽
中国联通	900～915	954～960	6
中国移动	890～900	934～944	10
中国电信	825～840	870～885	15

4) 支持非连续移动的业务

NB-IoT 最初就被设想为适用于非移动或者移动性支持不强的应用场景(如智能抄表、智能停车),同时也可简化终端的复杂度、降低终端功耗。Rel-13 中,NB-IoT 不支持相关测量、测量报告、切换等连接态的移动性管理。

5）低功耗

NB-IoT 借助节电模式（Power Saving Mode，PSM）和非连续接收模式（eDRX）可实现更长时间的待机。其中 PSM 技术是 Rel-12 中新增的功能，在此模式下，终端仍旧注册在网但信令不可达，从而使终端更长时间驻留在深睡眠以达到省电的目的。eDRX 是 Rel-13 中新增的功能，可进一步延长终端在空闲模式下的睡眠周期，减少接收单元不必要的启动，比 PSM 大幅度提升了下行可达性。PSM 和 eDRX 节电机制如图 3-21 所示。

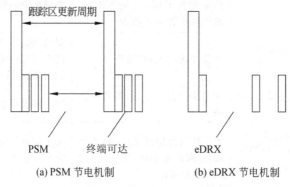

(a) PSM 节电机制　　　　(b) eDRX 节电机制

图 3-21　PSM 和 eDRX 节电机制

NB-IoT 目标是对于典型的低速率、低频次业务模型，等容量电池寿命可达 10 年以上。根据 TR45.820 的仿真数据，在耦合耗损 164dB 的恶劣环境下，PSM 和 eDRX 均部署，如果终端每天发送一次 200B 的报文，5W·h 电池寿命可达 12.8 年，如表 3-13 所示。

表 3-13　电池寿命预估　　　　　　　　　　　　　　单位：年

报文大小/发报间隔	耦合损耗为 144dB	耦合损耗为 154dB	耦合损耗为 164dB
50B/2h	22.4	11.0	2.5
200B/2h	18.2	5.9	1.5
50B/d	36.0	31.6	17.5
200B/d	34.9	26.2	12.8

6）低成本

华为公司在 *Narrow Band IoT Wide Range of Opportunities WMC 2016* 中提到，NB-IoT 芯片组的价格是 1～2 美元，模组的价格是 5～10 美元。NB-IoT 模组的理想价格应该小于 5 美元。

中兴公司在 *Pre5G Building the Bridge to 5G* 中提到，NB-IoT 模组的成本是 5～10 美元，芯片组的成本是 1～2 美元。

互联网工程任务组也提到，每个模块的成本小于 5 美元。

综上所述，NB-IoT 模块目前的成本不超过 5 美元，目标是下降到 1 美元。但是，由于 NB-IoT 工作于授权频段，除了 NB-IoT 模组价格以外，还需接入运营商网络，每个 NB-IoT 模块还会增加流量费用或者服务费用。

第 4 章 无线传感器网络的拓扑控制与覆盖技术

4.1 无线传感器网络拓扑结构

无线传感器网络的拓扑结构是组织无线传感器结点的组网技术,有多种形态和组网方式。

(1) 按照组网形态和方式的不同,无线传感器网络的拓扑结构可分为集中式结构、分布式结构和混合式结构 3 种。无线传感器网络的集中式结构类似移动通信的蜂窝结构,集中管理;无线传感器网络的分布式结构类似 Ad Hoc 网络结构,可自组织网络接入连接,分布管理;无线传感器网络的混合式结构是集中式结构和分布式结构的组合。

(2) 按照结点功能及结构层次的不同,无线传感器网络的拓扑结构通常可分为平面结构、层次结构、混合结构和网格结构。在实际应用中,这种分类方法被广泛采用,因此本书中主要介绍按这种分类方法划分的无线传感器网络拓扑结构。

4.1.1 拓扑结构的分类

1. 平面结构

平面结构内的每一个结点具有完全相同的功能,所有结点为对等结构。这种网络拓扑结构简单、易于维护,具有较好的鲁棒性,但是由于没有中心管理结点,采用自组网协同算法形成网络,组网算法比较复杂。平面结构如图 4-1 所示。

2. 分层次结构

如图 4-2 所示的网络分为上层和下层两个部分。上层为簇头结点,符合相同的 MAC、路由、管理和安全等功能协议,具有汇聚功能;下层为普通结点,通常不具备上层结点的上述功能。网络以簇的形式存在,按功能可以把结点分为簇头结点(具有汇聚功能的骨干结点)和成员结点(普通结点)。层次网络拓扑结构冗余性较好,能够提高网络可靠性,但普通结点间一般不能直接通信。

3. 混合结构

混合结构是无线传感器网络平面结构和层次结构的一种混合拓扑结构。上层和下层层内均采用平面结构,上、下层之间采用层次结构。

混合结构与层次结构的不同之处在于下层内的普通结点之间可以直接通信,不需上层结点的中转,其结构如图 4-3 所示。

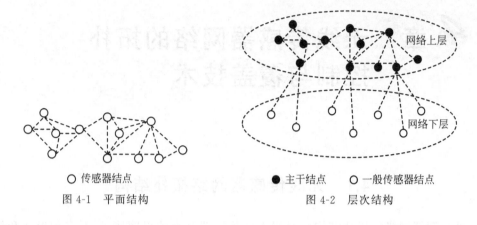

○ 传感器结点　　　　　　● 主干结点　○ 一般传感器结点

图 4-1　平面结构　　　　　　　　　图 4-2　层次结构

4. 网格结构

网格(Mesh)结构的网络是一种新型的无线传感器网络。其中的结点规则分布,不同于完全连接的网络结构,网络内部结点一般都是相同的,一般只允许和最近的邻居结点通信。网格结构的网络中,由于结点之间存在多条路由路径,因此对单个结点或者链路故障具有较强的容错能力,其结构如图 4-4 所示。

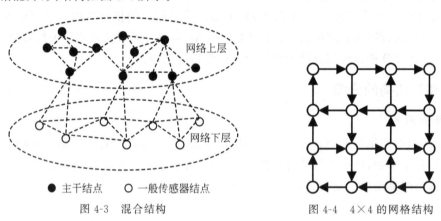

● 主干结点　　○ 一般传感器结点

图 4-3　混合结构　　　　　　　　　图 4-4　4×4 的网格结构

4.1.2　煤矿安全监测应用实例

矿难的发生严重威胁着矿工的生命安全,极大地影响了煤炭工业的发展。将无线传感器网络应用于井下监测,不仅可以与现有的工业以太网相互补充,实现井下安全监测的无缝覆盖,还可以与采掘面同步延伸,降低布线难度与成本,提高数据的安全性和稳定性。

1. 井下无线传感器网络的总体设计

根据煤矿的实际情况,可以将煤矿分为开采区和巷道区,巷道区又可以分为主巷道和支巷道。在各个主巷道区域,地形比较开阔,方便布线,可以架设有线光纤主干网,采用有线监控分站的模式。智能传感器将采集到的信息通过有线方式接入主干网。在地形相对狭窄的支巷道和人员不易或不能到达的区域,如采空区、井筒内、事故发生现场等,可构建无线传感器网络。利用无线传感器网络的自组织、多跳路由、动态拓扑等特点,实现井下监测监控的无缝覆盖。矿井监测监控系统的网络结构如图 4-5 所示。

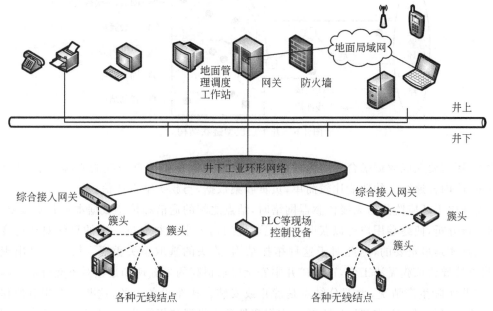

图 4-5 矿井监测监控系统的网络结构

无线传感器网络与光纤主干网通过嵌入式综合接入网关实现互连。光纤主干网将无线传感器网络和有线传感器网络采集到的信息发送到地面监控中心,地面监控中心根据收集到的信息对矿山生产进行实时监控,随时了解矿井中各地段、区域的参数的变化情况,对突发情况做出迅速应急反应,根据准确的定位技术,向危险区域发出预警信号,扼制超定员生产等。

2. 井下无线传感器网络的拓扑控制

1) 结点分类

由于煤矿井下环境恶劣,因此要求所有井下传感器结点的设计都应满足安全要求。根据结点是否经常移动,可将传感器结点分为固定结点和移动结点。

(1) 固定结点可以根据巷道的布局、实际需要以及监测面的变化进行部署与增减,用于采集巷道的可燃气体浓度,转发处理其他结点的通信数据,保持无线链路的畅通和传感器网络的鲁棒性,因此在功耗和稳定性上着重考虑其稳定性。

(2) 移动结点包括矿工随身携带的传感器、移动设备附带的传感器,以及能够移动的救援机器人等。这些结点可由矿灯供电或者人工更换电源,要求体积小、功耗小、集成度高。为了实现井下精确定位和有效监控,要求所有结点都拥有能够确定身份的唯一的 ID 号码。

2) 井下无线传感器网络的拓扑结构

煤矿井下需部署的网络规模较大,拓扑动态变化,因此必须采用层次结构,如图 4-6 所示。网关结点既是以太网中的一个结点,与远程服务器进行通信,接收以太网的数据包并予以处理;又是无线传感器网络中最大的汇聚结点(一级簇头),完成对数据的解析、处理和转发,实现与主干网的互连。为了保证网内能耗均匀分布,可根据实际情况设置多个网关结点。

将传感器结点按照地理位置或结点的密集程度划分为多个簇,每个簇由 1 个簇头和多个簇成员组成,低一级网络的簇头是高一级网络中的簇内成员。簇头结点除负责完成数据

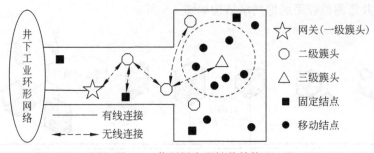

图 4-6 井下层次型链状结构

转发外,还需要完成数据融合和路由的选择,以及确定网络中结点与簇的所属关系,任务相对较重;簇内普通结点的功能比较简单,负责收集数据,与簇头结点通信。

设计用于环境监测的无线传感器网络时,结点之间的通信和传感数据本身并不重要,对数据进行分析,使终端用户可以获取被监视环境的相关事件并通过一定的算法对环境变化进行预测才是最重要的,因此对于这种拓扑结构,簇头的选取至关重要。簇头一旦出现故障,将直接导致该簇无法工作,这在矿井中安全要求很高的采掘现场是绝对不允许的。因此针对矿井实际生产情况,大部分结点是静止或安装在矿车设备上的,这些结点相对位移较小,可按一定的间距在支巷道壁上或巷道拐弯处预先设置二级簇头,由二级簇头负责与网关结点的通信,位置固定的结点一般为二级簇头的簇成员。由于二级簇头结点任务较重,能耗较高,因此可以在重要的簇内增加冗余簇头结点。冗余簇头结点与簇头结点的特性相同,作为特殊的簇内结点加入簇中。该结点采用一定的无线网卡动态关闭机制以节省能源,即绝大部分时间处于休眠状态。当簇头结点无法继续工作时,该结点被激活并取代原先的簇头结点担当簇头对该簇进行维持,并且向网络发出报警信息,通知监控端尽快更换该簇头结点并且加入新的冗余簇头结点以解决工业现场对稳定性和安全性的要求。此外,位置固定的簇头结点也可作为锚结点用于网络未知结点的测量和定位。

三级簇头为移动结点。在矿井下,移动结点多为矿井工作人员,他们的位置是随机移动的,而且通常会聚集在一起出入。在采掘工作面等人员密集的地方,如果许多移动结点同时向二级簇头传输信息,很容易造成冲突,浪费能量,因此有必要在移动结点中选取一个簇头结点作为三级簇头,负责为本簇内的移动结点分配时隙,完成与二级簇头的通信。三级簇头结点可综合考虑结点剩余能量和与簇成员相对移动距离等因素动态选取。

3) 拓扑形成

井下无线传感器网络采用固定簇头结点的策略,首先人工配置好网关和具有固定位置的二级簇头结点和冗余簇头结点。所有具有固定位置的簇头结点具有相应的位置编码并在网关结点处记录。在无线传感器网络形成的初始阶段,事先已经确定好的二级簇头结点向周围广播自己的信息,网络中其他的固定结点可根据接收信号的信噪比确定自己的簇头结点并申请加入该簇,再由簇头结点为其分配相应的工作时隙、休眠时间和扩频码。同时网关结点也接收到附近二级簇头结点发过来的广播信号,并与能接收到信号的簇头建立通信路由。无法与网关结点直接建立通信路由的簇头结点可通过分析其他簇头结点发过来的广播信号,选择合适的簇头作为自己的路由结点,通过路由结点将本簇内的信息传送到网关结点。每个普通结点一次只能选择一个二级簇头结点进行通信,一旦选择好簇头结点后,不再接收其他簇头结点的广播通告。普通结点之间不能互相通信,只能与对应的簇头结点进行通信。

移动结点在进入网关之前已经自动组成簇群。通常二级簇头周期性地转发数据,不通信时处于休眠状态节约能量。一旦有移动的簇群进入控制区域,由三级簇头负责唤醒二级簇头进行登记和注册。当二级簇头监测到三级簇头在规定的时间内没有与二级簇头联系时,便认为移动簇群已经离开,从自己的链接表中删除即可。

4.2 拓扑控制

4.2.1 拓扑控制研究的主要问题

无线传感器网络的拓扑控制研究的主要问题是在满足网络连通度和覆盖度要求的前提下,尽量减少网络能量消耗、延长网络生存周期为目标,同时兼顾网络延迟、能耗均衡、通信干扰、可靠性、可扩展性等性能,通过簇头结点的选取与结点发送功率的调节,去除多余的通信链路,形成一个简单、优化的数据转发网络结构。对于一个给定的传感器网络,无线传感器网络拓扑控制可以一般性地总结为,在全网协作式地进行各个传感器结点功率控制(传输半径调节),从而达到网络能量消耗与无线干扰的减少。在对无线传感器网络进行初始化后,拓扑控制一般可分为拓扑建立和拓扑维护两个阶段,如图 4-7 所示。

在初始化时,传感器结点通过最大的传输功率发送消息,建立一个初始的网络拓扑结构;拓扑建立阶段,通过一定的拓扑控制算法对初始化阶段形成的拓扑进行精简和优化,形成一个高效的网络拓扑结构;随着算法的执行,网络能量不断减少,之前形成的网络拓扑结构也会随之发生变化,所以在拓扑维护阶段,应采用相应的拓扑控制算法监控网络状态,保持一个精简、高效的拓扑结构,直至网络的全部能量耗尽为止。

对于结点数目多、能量有限、网络变化频繁的无线传感器网络而言,拓扑控制对无线网络的整体性能影响很大。完善网络拓扑结构能有效提高路由层的协议效率,为确定目标位置、融合数据信息和同步网络时间等许多方面提供基础支撑,有利于延长整个网络的生存周期。所以,网络拓扑控制是无线传感器网络的一个基本内容。

目前,在网络协议分层中没有明确的层次对应拓扑控制机制,但大多数的拓扑控制算法是部署于介质访问控制层和路由层之间的,它为路由层提供足够的路由更新信息,而路由表的变化也反作用于拓扑控制机制,MAC 层可以提供拓扑控制算法邻居发现等消息。拓扑控制与网络分层关系如图 4-8 所示。

图 4-7 拓扑控制的两个阶段

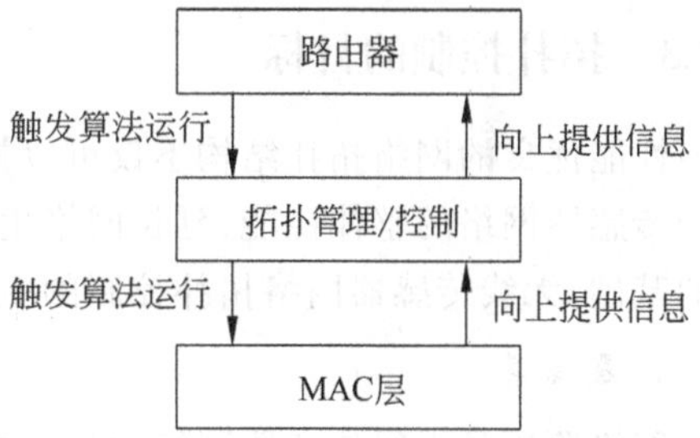

图 4-8 拓扑控制与网络分层关系示意图

4.2.2 网络拓扑结构优化的重要性

无线传感器网络中,拓扑结构的合理设计和优化对改善网络性能尤为重要,主要体现在以下5个方面。

1. 延长网络生存时间

在无线传感器网络中,传感器结点一般采用电池供电,结点能量十分有限且不可再生,节省结点的有限能量是设计网络时需要考虑的关键问题之一。由传感器结点的工作能耗分布可以得出,结点在处于工作和关闭两种状态时的能量消耗差别很大,通过网络拓扑控制,在满足网络覆盖和连通的要求下,使处于工作状态的结点数目尽量少,可以有效减少结点能量消耗,延长网络的生存周期。

2. 减小通信干扰的同时提高通信效率

无线传感器网络中结点的分布密度通常都比较大,如果每个传感器结点都用最大的发送功率来传输数据,会加剧网络的信道干扰、加大误码率、降低网络通信效率和吞吐量,从而造成结点的能量浪费;反之,若结点选择过小的通信功率,会使网络的连通性受到影响。网络拓扑控制技术的功率控制可以十分有效地解决这一难题。

3. 影响数据融合

无线传感器网络中的数据融合是指传感器结点将收集到的数据信息发送给簇头结点,簇头对这些数据信息进行融合,并把融合后的数据信息发送给基站。在网络拓扑研究中,簇头结点的选取是一个十分关键的步骤。

4. 辅助路由协议

在无线传感器网络中,只有有效的活动结点才可以对数据信息进行转发。在数据信息从源结点向汇聚结点转发的过程中,由网络拓扑控制算法来决定哪一部分结点具有转发数据信息的功能,并决定结点间的邻居关系,所以网络拓扑控制可以为路由层协议提供信息基础。

5. 弥补结点失效的影响

无线传感器网络中的结点可能部署在化工厂、滑坡、地震、战场等恶劣的环境中,很容易因受到破坏或失效而影响信息采集。网络拓扑控制结构的鲁棒性可以弥补结点失效造成的影响。

4.2.3 拓扑控制的目标

性能优良的网络拓扑结构不仅可以提升网络路由层协议的运算效率,还可以有效提高无线传感器网络的整体性能、延长网络生存周期。网络拓扑控制是实现良好的网络拓扑结构的基础,无线传感器网络拓扑控制的主要设计目标有如下几方面。

1. 覆盖率

网络覆盖是无线传感器网络中拓扑控制技术考虑的关键问题之一。覆盖率是对传感器网络服务质量的量度,即在保证一定的服务质量条件下,使网络覆盖最大化,提供可靠的区域监测和目标跟踪服务。网络覆盖率可以反映网络的服务质量和感知覆盖程度。良好的网络覆盖能够有效地优化无线传感器网络的空间资源,更好地完成数据信息的感知、采集和传输等任务。

2. 连通度

在无线传感器网络中,传感器结点采集到的数据信息一般经由一跳或多跳的通信方式传输到汇聚结点,这就要求必须保证网络的连通度。如果最低要删除 k 个结点才能够使网络不连通,则称网络的连通度为 k,或称网络是 k-连通的。对网络进行拓扑控制,一定要确保形成的拓扑网络是连通的,最低应该是 1-连通的,在特殊的应用环境中还要按规定把网络配备到要求的连通度。

无线传感器网络的拓扑控制是在确保网络高连通的情况下,对网络的覆盖能力进行研究分析,同时还要兼顾网络覆盖率和连通度。

3. 吞吐量

通过功率控制机制适当减少结点发射半径和通过睡眠调度方式减少网络规模,除了可以节省结点能量消耗,还能够在一定程度上提高整个网络的吞吐量。

假定目标区域是凸区域,传感器结点的吞吐量都是 λ,单位为比特每秒(b/s),理想情况下则下面的关系式成立:

$$\lambda \leqslant \frac{16AW}{\pi\Delta^2 L} \cdot \frac{1}{nR_c} \tag{4-1}$$

其中,A 是监测范围的面积;W 是结点的最高传输速率;π 是圆周率;Δ 是大于 0 的常数;L 是源结点到目的结点间的平均距离;n 是结点总数;R_c 是理想条件下无线通信模块的传输半径。由式(4-1)可以知,减少结点总数和工作网络规模,可以在节省网络能量消耗的同时提高网络的吞吐量。

4. 抗干扰性和鲁棒性

无线传感器网络邻近结点之间存在通信干扰和信道竞争现象。网络拓扑控制的目标之一就是尽量减少传感器结点发送信息时的通信干扰和信道竞争。层次型分簇拓扑控制可以调节工作结点的数量,功率控制可以调节结点的发射功率,它们都能够调节一跳邻居结点的数量(即与它有竞争行为的结点数量)。

层次型分簇拓扑控制可以通过睡眠调度机制使尽可能多的结点转换到睡眠状态来减少通信干扰和信道竞争,提高网络鲁棒性。对于结点功率调节来讲,网络信道竞争范围的大小与传感器结点的发射半径成正比,降低发射半径的值能够有效减少结点之间的竞争。

5. 网络延迟

当网络具有较高的负载时,各结点在发送数据时对信道的占用竞争较为激烈,采用较低的发射功率可使竞争减少,从而减小网络延迟;反之,当网络具有较低的负载时,提高发射功率可以适当减少源结点到汇聚结点的传输跳数,从而降低端到端延迟。以上就是结点传输功率调节与网络延迟两者之间的基本关系。

6. 负载均衡

在数据信息的汇总过程中,可能会因信息流分配的随机性造成分支分配流量的不均衡,从而使一部分结点负载过重,成为"热结点"。过重的负载使"热结点"的能量消耗过快,加速结点的"死亡"。负载均衡技术可以有效缓解流量分配不均、结点负载过重的难题,在一定程度上避免形成"热结点",能够降低关键结点不必要的能量耗费,延长网络的生存周期。

7. 网络生存周期

网络生存周期通常的定义是,死亡结点的比例低于某个门限值时的持续时间。此外,网络的生存周期还可以用网络服务质量(Quality of Service,QoS)的度量来限定,即仅在符合一定程度的覆盖连通质量或其他的一些特殊服务质量的情况下网络才是存活的。功率调节和层次型分簇拓扑控制是延长网络生存时间的有效技术。最大限度地延长网络的生存周期是一个十分具有挑战性的问题,一直以来它都是网络拓扑控制研究的主要目标之一。

4.2.4 拓扑控制的算法与面临的挑战

目前,对无线传感器网络拓扑控制技术的研究已取得了较大的进展,但是在实际应用方面还面临一些挑战。

(1) 无线传感器网络一般是规模较大,要求拓扑控制算法具有较快的收敛速度。由于新结点的加入、结点失效或移动等原因造成原始的网络拓扑结构发生变化,需要不断检测、更新网络的拓扑结构才能保证网络的完整性和可用性。

(2) 每次完成拓扑控制之后,路由协议都需要更新结点的路由信息,可能会使正在进行的通信中断,因此需要拓扑控制算法具备很强的自适应能力,以保障网络的服务质量要求。

(3) 在拓扑控制的设计中,若减少传感器结点的通信半径,就可能导致网络中数据传输跳数的增加,而传输跳数的增加会增加网络延迟、降低传输可靠性。此外,在实际应用中调整结点的发射功率也需要时间,该延迟与结点的硬件条件有关。这些因素都会影响网络的服务质量。所以,实际应用中网络拓扑控制的设计要在简化程度和服务质量两者之间取得平衡。

(4) 传感器结点携带的能量和计算能力都十分有限,这就要求拓扑控制算法不能过于复杂,要尽量降低算法运行的能量消耗。

4.2.5 拓扑控制的分类

无线传感器网络的拓扑控制算法可根据算法的执行方式、实现条件、最后形成的网络拓扑结构中传感器结点的发射功率是否一致和拓扑管理方式的不同进行分类。

(1) 根据算法执行方式划分,可将无线传感器网络的拓扑算法分为集中式与分布式两种。

(2) 根据算法实现条件划分,可以把无线传感器网络的拓扑控制算法分为基于精准地理位置、基于方向角度信息和基于邻居信息3种。

(3) 根据最后形成的网络拓扑结构中传感器结点的发射功率是否一致,可以把无线传感器网络的拓扑控制算法分为差异分配传输功率算法和临界传输功率算法。

(4) 根据拓扑管理方式的不同,无线传感器网络可以分为功率控制、层次型拓扑结构控制和启发机制。

学术界主流的分类是基于拓扑管理方式的,因此本书中采用这种分类方法介绍相关内容。功率控制通过调节结点的发射功率,在保证网络连通性的前提下,均衡结点的单跳可达邻居数目;层次结构控制是利用分簇机制选择一些结点作为簇头结点(也称主干结点),由簇头结点形成一个处理并转发数据的网络;启发机制能使结点在没有事件发生时设置通信模块为睡眠模式,一旦有事件发生,则及时恢复正常工作状态,并唤醒邻居结点,形成数据转发的拓扑结构。功率控制主要考虑单个结点在局部区域的影响,层次结构控制主要从整个网络的角度考虑网络的拓扑结构,启发机制通常不单独使用,而是与前两种控制机制配合使用。下面分别对功率控制、层次结构控制和启发机制进行简要介绍。

1. 功率控制

无线传感器网络中,对结点发射功率的控制问题也称功率分配问题。无线传感器网络的功率控制研究的基本思想是在保证网络覆盖率和连通度的前提下,结点通过调节无线通信模块的发射功率,使网络中的结点能耗最小,均衡网络能耗,减少结点间的互相干扰,延长网络生存时间。

1) 基于结点度的功率控制

结点度是指结点一跳可达的邻居结点数目。基于结点度的功率控制主要通过调节结点发射功率控制结点度大小,即控制结点一跳到达的邻居结点数,来优化结点的发射功率,减小网络能耗。这种控制方法具有一定的可扩展性和冗余度。

典型的基于结点度的功率控制方案有本地平均算法(Local Mean Algorithm,LMA)和本地邻居平均算法(Local Mean of Neighbors algorithm,LMN),两者均为周期性的动态设置传感器结点信息发射功率的算法,其区别在于结点度的计算策略不同。LMA 算法的具体实现步骤如图 4-9 所示。

LMN 算法与 LMA 算法类似,主要区别体现在邻居数计算策略上。LMN 算法中,传感器结点会在发出的 LifeAckMsg 消息中加入自身的邻居数,发送 LifeMsg 信息的传感器结点会在接收完所有发送过来的回复信息以后,计算出所有接收到的邻居数的平均值,并将这个平均值设置为自己的邻居数。

现有的研究结果表明,这两种算法都可以保证整个无线传感器网络的连通度并起到有一定程度的优化网络作用,它不需要严格的时间同步,对传感器结点的要求也不高。这两种算法还存在一些不足,对邻居结点合理的判断条件、可否依据接收到信号的强弱程度对从邻居结点得到的数据信息分配不同的权重等还有待更加深入的研究。

2) 基于方向的功率控制

一种基于方向的功率控制典型算法是由微软亚洲研究院的 Wattenhofer 和美国康奈尔大学的 Li 等人提出的,是一种能够保证网络连通性的 CBTC(Cone Based Topology Control)算法。其基本思想是,结点 u 选择最小功率 $P_{u,p}$,使在任何以 u 为中心且角度为 p 的锥形区域内至少有一个邻居,且当 $p \leqslant \frac{5}{6}\pi$ 时,可以保证网络的连通性。美国麻省理工学院的 Bahramgiri 等人又将其推广到三维空间,提出了容错的 CBTC。

基于方向的功率控制算法需要可靠的方向信息,以解决到达角度问题,结点需要配备多个有向天线,对传感器结点配置要求较高。

3) 基于邻近图的功率控制

基于邻近图的功率控制算法的基本思想是,假设所有结点都使用最大发射功率发射时形成的拓扑图 G,按照一定的邻居判别条件 q 求出该图的邻近图 G',最后 G' 中的每个结点以自己所邻近的最远通信结点来确定发射功率。这类算法的典型代表有 RNG(Relative

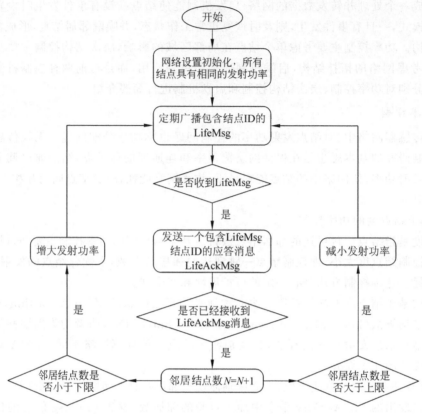

图 4-9 LMA 算法的具体实现步骤

Neighborhood Graph)、GG(Gabriel Graph)、MST(Minimum Spanning Tree)、YG(Yao Graph)等。

基于邻近图的功率控制算法的作用是使结点确定自己的邻居集合,调整适当的发射功率,从而在建立起一个连通网络的同时使能耗最低。这类算法通常需要知道精确的位置信息,要求结点能够从软硬件系统中获得这方面的信息。

功率控制机制能够在很大程度上通过优化结点发射功率来减小能耗,但是当网络规模较大时,网络内各个结点的路由信息随着结点数的增加变得十分庞大,结点为了维护各种路由信息,必须具有较强的计算和存储能力,网络数据量也会变得十分庞大,不利于减少结点和整个网络的能耗。因此,单独使用基于功率控制的拓扑控制算法构建网络拓扑结构对网络规模具有严格的限制。

2. 层次结构控制

层次结构控制的基本思想是,由簇头结点组成主干网络,其他结点可以进入睡眠状态以节省能量。

层次结构控制的关键技术是分簇。分簇技术将无线传感器网络内的结点划分为:簇头结点和普通结点两种。分簇技术将网络规划为互相连接的多个区域,每个区域通过一定的簇头选择算法来选择簇头,簇头结点协调簇内结点的工作,负责数据的融合和转发,能量消耗较大,所以现有的分簇算法通常采用周期性选择簇头结点的方法来均衡网络中的结点能耗,这样可以使能耗均匀分布在每个结点上,从总体上延长网络生存时间。再将选出的簇头结点构成主干网络负责数据的路由转发,这样可以保证有效的覆盖率和连通度,同时降低网络能耗。

层次结构具有很多优点。由簇头结点承担数据融合任务,减少了数据通信量,同时周期性的簇头选择有利于网络能耗均衡;分簇式的拓扑结构有利于分布式算法的应用,适用于大规模部署的网络;由于大部分结点在相当长的时间内关闭无线通信模块或者使无线通信模块进入睡眠状态,减少了结点能耗,所以可以有效地延长整个网络的生存时间;由于采用分簇机制,使网络由众多的区域互连而成,减少了簇间通信干扰等。

现有的典型层次结构控制算法有 LEACH、GAF、TopDisc、HEED、EECS 和 WCA 等,下面对其中典型的层次结构控制算法进行介绍。

1) LEACH 算法

低功耗自适应分簇算法(Low Energy Adaptive Clustering Hierarchy,LEACH)是由美国麻省理工学院的 Heinzelman 等人提出的,是无线传感器网络中较早的典型层次分簇结构控制算法。其核心思想是尽量减少与基站直接进行通信的结点数目,通过数据融合技术降低网络的能量消耗。LEACH 算法的执行过程是周期性的,每一轮循环分为簇的建立阶段和稳定的数据通信阶段,如图 4-10 所示。

图 4-10　LEACH 算法的两个阶段

在簇的建立阶段,簇头结点是随机选取的,网络中所有的结点都有相同的概率竞选成为簇头结点,对确保整个网络能量的均衡消耗有一定的作用。具体做法是,每个传感器结点都选择一个 0~1 的随机数,如果这个随机数小于该轮循环的阈值 $T(n)$,该结点就当选为簇头结点。$T(n)$ 的计算公式如下:

$$T(n) = \begin{cases} \dfrac{p}{1-p\left(r \bmod \dfrac{1}{p}\right)}, & n \in G \\ 0, & \text{其他} \end{cases} \quad (4\text{-}2)$$

其中,p 表示结点竞选成为簇头的概率;r 为选举轮数;G 是最近一轮中还未被选为簇头结点的结点集合。选定簇头后,成为簇头的结点向网络中广播其当选为簇头的消息,非簇头的传感器结点依据收到的广播信号的强弱来确定加入哪个簇,并通过发送反馈信息告知对应的簇头,完成簇的建立。

在稳定的数据通信阶段,所有结点都周期性地占用信道传输数据。簇内成员结点通过 TDMA 方式与簇头通信,簇头结点接收簇内其他成员结点传输过来的数据信息,并将这些数据进行融合然后转发给汇聚结点。算法执行一段时间后,网络再次进入启动阶段,开启下一轮的簇头选举并重新建簇。

LEACH 算法的缺点是，需要严格的时间同步且不能保证簇头结点均匀分布。

2) GAF 算法

地域自适应保真算法（Geographical Adaptive Fidelity，GAF）是由美国南加州大学的学者提出的一种根据传感器结点准确位置信息的分簇算法。该算法把无线传感器网络的监测范围划分为若干个数目适当的虚拟单元格，依据位置信息将传感器结点划分到对应的单元格中；每隔一定的时间就在虚设单元格中选择一个传感器结点成为簇头结点，仅有簇头结点保持查询状态，非簇头结点则转换到睡眠状态。

GAF 算法的执行过程可以分为两个阶段。第一个阶段为虚设单元格的划分。无线传感器网络中的所有传感器结点依据自身的实际位置和发射半径，把无线监测区域划分为数量适当的虚拟单元格，确保邻近单元格中任意两个结点可以直接通信。如图 4-11 所示，假设所有传感器结点的通信半径为 R_c，目标监测范围被划分为边长为 r 的正方形虚设单元格，为确保邻近单元内任一对结点可以直接通信，应满足式如下关系：

$$r^2 + (2r)^2 \leqslant R_c^2 \Rightarrow r \leqslant \frac{R_c}{\sqrt{5}} \tag{4-3}$$

从分组转发方面来看，存在于同一单元格的结点可以看成等价的，每一个单元格只需选择一个结点保持活动状态。

GAF 算法的第二个阶段是簇头结点的选择。如图 4-12 所示，每个传感器结点都存在 3 种状态：发现、活动、睡眠。在初始阶段，所有的传感器结点都是发现状态，各结点根据一定的机制竞选簇头，某结点竞选成为簇头后便通告给其他结点，簇头结点进入活动状态，竞争失败的结点进入睡眠状态。

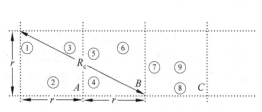

图 4-11 GAF 算法虚设单元格的划分

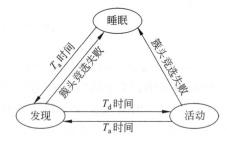

图 4-12 GAF 算法中的结点状态转换

GAF 算法较早采用了睡眠调度方式和按虚拟单元格分割簇等思想，具有一定的意义，但是也存在一些不足的地方，例如，它需事先知道传感器结点的准确地理位置，一般需要由结点自身的定位设备提供，增加了传感器结点的成本；GAF 算法没有考虑移动结点的存在，实际应用中，簇头结点很容易从一个单元格移动至另一个单元格，从而造成某些单元格内没有结点转发数据包，最终造成因大量丢包和重复发包而导致的总能耗增加；GAF 算法是一种基于平面模型的拓扑控制算法，而现实环境中结点之间距离相近并不代表结点之间可以进行直接通信。GAF 算法没有将以此问题考虑进去。

3) TopDisc 算法

TopDisc（Topology Discovery，拓扑发现）算法是由 Deb 等人提出的一种依据最小支配集问题设计的经典层次结构控制算法。TopDisc 算法利用两种启发式搜索来有效解决主干网拓扑结构的形成问题,它利用颜色区分结点工作状态:白色代表尚未被识别发现的结点,黑色是簇头结点,灰色是已确定的普通结点。在 TopDisc 算法中,由初始结点发出拓扑发现请求、散播查询消息。查询信息包含初始结点的状态信息;随着结点查询信息在传感器网络中的传输,算法依据每个传感器结点接收到的信息依次标注不同的颜色;最后由网络中的黑色结点担当簇头结点,并通过查询信息的反向传播路径建立主干网络。

TopDisc 算法只需要利用无线传感器网络的局部信息,是一种可扩展的完全分布式算法,该算法能在密集部署的无线传感器网络中快速形成分簇结构,并在簇头之间建立树状关系。TopDisc 算法的执行开销很大,所形成的网络拓扑结构也不够灵活。此外,该算法也未把每个传感器结点剩余能量的差异进行考虑。

通过对 LEACH、GAF 和 TopDisc 这 3 种层次结构控制算法的比较可以看出,层次结构控制算法与功率控制算法不同,旨在避免传感器结点在空闲监听状态下所消耗的能量。由于层次结构控制算法具有易管理、易扩展和分布式的特点,使它在减少结点间通信干扰、减少数据冗余等方面都有良好的表现,更加适合大规模、动态变化的无线传感器网络。

3. 启发机制

无线传感器网络是面向应用的网络,通过事件进行驱动,传感器结点在没有检测到事件时不必一直保持活动状态。在启发机制下,传感器结点在没有事件发生时会将通信模块设置为睡眠状态,一旦事件发生,则及时恢复正常运作并唤醒邻居结点,形成数据转发的拓扑结构。通过引入这种机制,可以使结点无线通信模块在大部分时间处于关闭状态,此时只有传感器模块处于工作状态,这样可以使结点节省很大一部分能量。启发机制的重点在于解决结点在睡眠状态和活动状态之间的转换问题,不能独立的拓扑控制机制,必须与其他拓扑控制算法结合使用。目前,启发机制的算法有 STEM 算法、ASCENT 算法等。

1) STEM 算法

STEM(Sparse Topology and Energy Management)算法是一种低占空比的结点唤醒机制。该算法采用双信道(即监听信道和数据通信信道)进行通信,如图 4-13 所示。STEM 算法又分为 STEM-B(STEM-Beacon)算法和 STEM-T(STEM-Tone)算法。

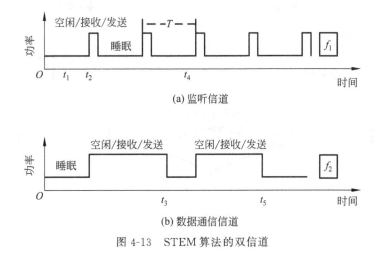

图 4-13 STEM 算法的双信道

在 STEM-B 算法中,当一个传感器结点想给其他结点发送数据时,先作为主动结点发送一串唤醒包。目标结点在收到唤醒包后,发送应答信号并自动进入数据接收状态。主动结点接收到应答信号后,进入数据发送阶段。

在 STEM-T 算法中,传感器结点会周期性地进入侦听阶段,探测是否有邻居结点要发送数据;当一个结点想与某个邻居结点进行通信时,就需要发送一连串的唤醒包。只有发送唤醒包的时间大于侦听的时间间隔,才能确保邻居结点能够收到唤醒包在完成上述工作后,主动结点就可直接发送数据包。所以 STEM-T 算法比 STEM-B 算法更简单、实用。

STEM 算法适用于类似环境监测或者突发事件监测等应用。但是在 STEM 算法中,结点的睡眠周期、部署密度以及网络的传输延迟之间有着密切的关系,要针对具体的应用要求进行调整。

2) ASCENT 算法

ASCENT(Adaptive Self-Configuring sEnsor Networks Topologies)算法着重于均衡网络中主干结点的数量,并保证数据通路的畅通。当传感器结点在接收数据时发现丢包严重,就向数据源方向的邻居结点发出求助消息;当它探测到周围的通信结点丢包率很高或者收到邻居结点发出的帮助请求时,就会主动由休眠状态变为活动状态,帮助邻居结点转发数据包。

运行 ASCENT 算法的网络包括触发、建立和稳定 3 个主要阶段。在触发阶段,当汇聚结点与数据源结点不能正常通信时,汇聚结点向它的邻居结点发出求助信息,如图 4-14(a)所示;在建立阶段,当结点收到邻居结点的求助消息时,通过一定的算法决定自己是否成为活动结点,如果成为活动结点,就向邻居结点发送通告消息,同时这个消息是邻居结点判断自身是否成为活动结点的因素之一,如图 4-14(b)所示;在稳定阶段,数据源结点和汇聚结点间的通信恢复正常,网络中活动结点个数保持稳定,从而达到稳定状态,如图 4-14(c)所示。

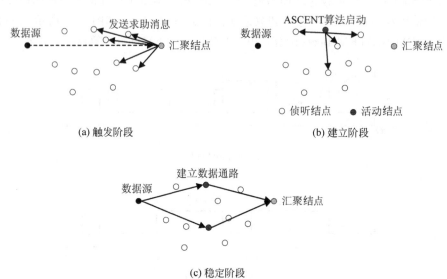

图 4-14 ASCENT 算法的 3 个阶段

ASCENT 算法使网络可以根据具体应用要求动态地改变拓扑结构,结点只根据本地的信息进行计算,不依赖无线通信模块、结点的地理分布和路由协议。ASCENT 算法只是提出了网络中局部优化的一种机制,还需要对更大规模的结点分布进行改进,并加入负载平衡等技术。

4.3 覆 盖

无线传感器网络的覆盖控制就是根据被监测目标或区域的分布情况,以随机或者确定的方式散布结点,保证传感器网络以需求概率覆盖或完全覆盖的方式监测特定目标或区域。覆盖控制是影响无线网络传感器监测效果和质量的重要因素,是目前研究的热点问题之一。只有传感器结点正确地覆盖监测目标或区域后,网络才能够顺利获取监测的数据,完成监测任务。

采用优越的覆盖控制策略或算法可以合理分配无线传感器网络的空间资源,优化结点的分配,有效控制结点的能量消耗,大幅提升网络的服务质量和监测能力,延长网络的寿命。

4.3.1 无线传感器网络覆盖的基础研究

1. 基本概念

1) 感知半径

在无线传感器网络中,单个传感器结点所能感知物理世界的最大范围称为结点的感知范围,有时也称为结点的覆盖范围或结点的探测范围,用 R_s 表示。现实应用中,结点的感知范围由结点本身的硬件特性等条件决定。在网络覆盖研究中,传感器结点的感知范围一般都是通过结点的感知模型确定,在布尔模型中,感知范围也称为感知半径。

2) 感知精度

无线传感器网络的感知精度是指网络提供的被监测对象的信息准确程度,可以用监测值和实际值的比值进行计算。传感器结点的感知精度是指结点采集的被监测对象的信息准确程度,用结点感知距离数据与物理世界真实距离数据的比值表示:

$$p = \frac{V_s}{V_t} \tag{4-4}$$

其中,p 表示感知精度;V_s 表示结点或者网络的监测距离值;V_t 表示物理世界距离的真实值。传统的无线传感器网络覆盖的定义是在布尔模型的基础上规定的。如果与监测对象之间的距离小于感知半径,则认为该结点可以覆盖监测对象。在环境监测应用中,网络的监测精度是指网络的感知精度,也可以用感知误差来表示感知精度,感知误差是网络的感知数据和真实数据之间的差值。

3) 感知概率和漏检率

感知概率即为覆盖概率,一般指在目标覆盖中,监测对象被结点或者网络感知的可能性。在覆盖算法的研究中,感知概率和结点或者网络的感知模型密切相关。漏检率与感知概率相对应,是指没有被覆盖的区域,即网络漏检的可能性,它的大小与结点本身的特性以及应用环境密切相关。

4) 覆盖程度

在无线传感器网络中,常用覆盖程度来衡量区域覆盖效果。在监测区域中,覆盖程度用所有结点覆盖的总面积与目标区域总面积的比值进行计算。所有结点覆盖区域的并集是覆盖的总面积。其中由于存在重叠区域，因此覆盖程度总是小于或等于1,计算公式如下：

$$C = \frac{\bigcup_{i=1}^{N} A_i}{A} \tag{4-5}$$

其中，C 表示覆盖程度；A 表示整个目标区域的面积；N 表示结点数目；A_i 表示第 i 个结点的覆盖面积。

5) 覆盖效率

覆盖效率用来衡量结点覆盖范围的利用率，是区域中所有结点的覆盖范围的并集与所有结点覆盖范围之和之比。覆盖效率反映了覆盖的情况和整个网络的能量消耗情况。根据覆盖效率的定义可知，覆盖效率同时也反映了结点的冗余度，覆盖效率越高，结点的冗余度越小；反之，冗余度越大。覆盖效率 CE 的表达式如下：

$$CE = \frac{\bigcup_{i=1}^{N} A_i}{\sum_{i=1}^{N} A_i} \tag{4-6}$$

6) 覆盖重数

在实际应用中，有的区域要加强监测能力或进行较高容错率的监测，由此提出了多重覆盖的概念，即某个传感器结点是否被 $k(k>1)$ 个结点覆盖。这个概念与覆盖程度不矛盾，但侧重点不同，前者关注的是整体覆盖情况，后者关注的是局部重点观测情况。覆盖重数表示区域的覆盖冗余度，假设一个区域在 k 个结点的感知范围内，则它的覆盖重数就是 k。

7) 网络寿命与覆盖时间

（1）网络寿命。网络寿命是指传感器结点的死亡程度对网络的影响。无线传感器网络不同，网络寿命的定义也不尽相同。有的网络定义为，结点全部死亡则网络寿命结束；有的网络定义为，网络中失效的结点达到某个阈值则网络寿命结束；有的网络定义为，网络中出现不连通状态则网络寿命结束。

（2）覆盖时间。覆盖时间指的是目标区域被完全覆盖时，所有结点从启动到准备就绪所花费的时间。覆盖时间是营救或突发事件监测中一个很重要的结点覆盖衡量标准，通常通过算法优化和改进硬件设施来减少覆盖时间。

8) 移动距离

系统消耗的总能量与传感器结点到达最终位置所移动的距离成正比，因此应尽量减小移动距离，以减少结点间能量消耗的差异。结点的移动距离用整个网络中结点移动平均距离的偏差来表示。标准差越小，则系统中结点消耗的能量越均衡，越有利于网络的正常工作。

2. 感知模型

网络覆盖问题研究过程中，主要涉及两种模型：传感器结点感知模型和网络覆盖模型。

1) 传感器结点感知模型

传感器结点感知模型与部署位置决定了传感器网络能否部署成功。感知模型构建了结点物理位置与空间位置的几何关系，由于每个传感器结点提前设定了感知函数，即可通过感知函数来评判服务质量的好坏。布尔扇区感知模型、布尔感知模型、指数模型、统计模型、障碍模型是当前研究中常用的感知模型。

（1）布尔扇区感知模型。布尔扇区感知模型是一种有向覆盖模型。假设结晶的感知距离为 R_s，结点 i 与邻居结点 j 的欧几里得距离为 $d(i,j)$，它们之间的角度为 $\varphi(i,j)$，则覆盖质量评价参数 p_{ij} 的计算公式如下：

$$p_{ij} = \begin{cases} 1, & d(i,j) \leqslant R_s \quad \text{且} \quad \varphi_i \leqslant \varphi(i,j) \leqslant \varphi_i + \omega \\ 0, & \text{其他} \end{cases} \tag{4-7}$$

若结点 j 在扇区内，则被视为被结点 i 覆盖；反之，则不被覆盖，如图 4-15 所示。显而易见，当目标的定向角度不同时，能被结点覆盖的区域也是不同的。

（2）布尔感知模型。布尔感知模型又称 0-1 模型，用来表示结点是否被覆盖到，通常用 0 表示未被覆盖，用 1 表示已被覆盖。从计算几何的角度来看，它形象化地表示为感知圆盘：圆盘将某结点 i 看成圆心，以感知距离为半径 R_s，凡是在该圆盘内的点 j 都能被覆盖到，故又称感知圆盘模型，如图 4-16 所示。这种基于二进制的圆盘模型已经成为当今研究中的主流模型。p_{ij} 表示覆盖质量评价参数，则当 $p_{ij}=1$ 时表明邻居结点 j 在结点 i 的覆盖范围之内，当 $p_{ij}=0$ 时表明结点 j 不在结点 i 的覆盖范围内，则 p_{ij} 的计算公式如下：

$$p_{ij} = \begin{cases} 1, & d(i,j) \leqslant R_s \\ 0, & d(i,j) > R_s \end{cases} \tag{4-8}$$

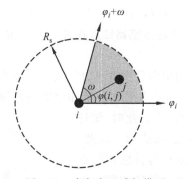
图 4-15　布尔扇区感知模型

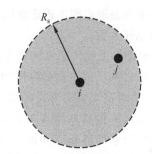
图 4-16　布尔感知模型

布尔感知模型由于算法简单、处理问题方便，所以在早期覆盖算法研究中比较常见。由于该模型往往会忽略外在环境对结点的影响，因此仅限于在理想状态下使用。

（3）指数模型。布尔模型对结点感知能力的设定过于理想化，它仅考虑了距离对覆盖质量评价参数的影响，事实上传感器结点获取到的信息以及对邻居结点的判定信息也会影响覆盖质量评价参数。一般情况下，距离邻居结点越近，获取的信息精确度越高；距离邻居结点越远，获取的信息越不可靠。距离对质量评价参数的影响并不是绝对的，它是一个渐进的过程，因此基于此提出了一个指数感知模型。该模型反映了质量评价参数随距离的变化而逐渐变化的关系，可将 p_{ij} 描述为

$$p_{ij} = e^{-ad(i,j)} \tag{4-9}$$

其中，a 是常数系数，反映了质量评价参数随距离衰减的情况。

（4）统计模型。布尔模型和指数模型只对监测区域进行抽象考虑，而没有对传感器本身和监测环境进行分析，在对传感器结点的感知能力进行抽象化处理时，也只是理想化地对传感器结点的部署提供了一些参考。在实际环境中，传感器结点的感知范围会根据周围环

境或者自身的情况而发生改变,只视为一个近似的圆形,如图4-17所示。

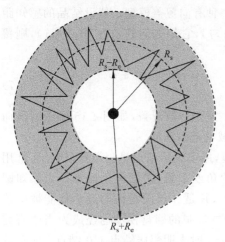

图 4-17 传感器结点感知模型

传感器结点的感知范围和监测点到传感器结点的距离有很大关系:距离越小,越能感应到周围结点的存在。研究发现,传感器结点在半径为 R_s 的范围内,采集到的物理信息的可信度为 1;在半径为 $(R_s-R_e)\sim(R_s+R_e)$ 的范围内,结点的感知能力会根据监测点的方向不同而产生很大的差别。针对结点感知能力与距离关系的统计模型已有确定的研究结论:在半径为 $(R_s-R_e)\sim(R_s+R_e)$ 的范围内,感知能力与距离之间呈指数关系;当距离在 R_s-R_e 的范围时,结点可以感知周围信息;当监测距离超过 R_s+R_e 时,结点无法感知周围信息。统计模型的距离与结点感知能力关系可表示为

$$p_{ij}=\begin{cases}0, & R_s+R_e\leqslant d(i,j)\\ e^{-\lambda\alpha\beta}, & R_s-R_e<d(i,j)<R_s+R_e\\ 1, & R_s-R_e\geqslant d(i,j)\end{cases} \tag{4-10}$$

其中,$R_e(R_s>R_e)$ 表示监测不确定性的量度;α、β 是传感器结点在 $R_s-R_e\sim R_s+R_e$ 范围内对物体性能的感知系数。

(5)障碍模型。无线传感器网络在实际应用中会受到森林、房屋、其他地理环境等很多外界障碍因素的影响。由于这些障碍的存在,感知结点对本在感知范围的监测点的感知能力将大大降低,有时甚至失去对这些结点的感知能力。此时,统计模型也不能真实反映传感器结点对监测范围的感知能力。因此,提出了存在障碍因素的障碍感知模型,即若监测点与传感器结点的连线上有障碍物存在,则认为传感器对该监测点的感知能力为 0。如图 4-18 所示,由于⑥和⑪之间存在障碍物,则认为在⑥处的传感器结点对⑪处的监测点的感知能力,即覆盖质量评价参数 p'_{ij} 为 0;⑥和⑬之间由于没有障碍物的存在,可以根据统计模型来计算。障碍模型的数学表达式如下:

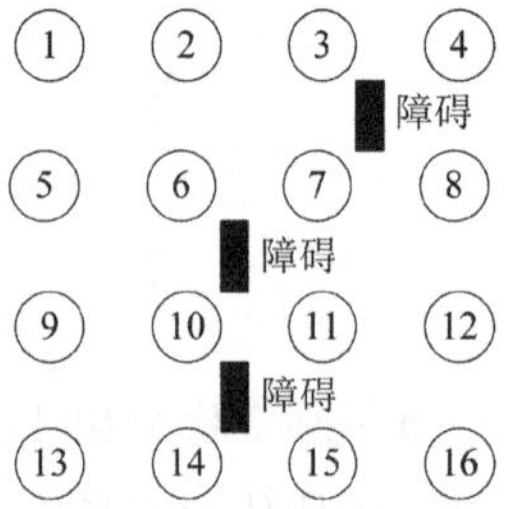

图 4-18 有障碍网络情况

$$p'_{ij}=\begin{cases}p_{ij}, & 没有障碍在 i 和 j 之间\\ 0, & 其他\end{cases} \tag{4-11}$$

其中,p_{ij} 表示在没有障碍物的情况下,结点对监测点的感知能力。

2) 网络覆盖模型

(1)单结点模型。网络整体的覆盖率需要综合结点的感知概率信息进行判断,因结点感知模型反映了单个结点对监测区域的感知能力,并考虑了距离对感知概率的影响。实际应用中,将结点能够感知到目标的概率设定为一个小于 100% 的最低临界值,超过这一限度值时,单结点对该目标的覆盖能力设为 1,即

$$p'_j=\begin{cases}1, & p_{ij}\geqslant p_{th}\\ 0, & p_{ij}<p_{th}\end{cases} \tag{4-12}$$

其中，p'_i 表示单个结点对目标点的覆盖能力；p_{ij} 表示结点 i 对目标 j 的实际感知能力。

(2) (k,ε) 信息覆盖模型。在 (k,ε) 信息覆盖模型中，用 k 个结点对目标进行监测，并要求结点对目标的漏检率低于 ε，且 $k\geqslant 2$。当检测区域中的某一点满足 (k,ε) 检测，那么也满足 $(k-1,\varepsilon)$ 覆盖。

3. 结点部署

传感器网络中结点的部署方式主要有确定性部署、随机部署和可移动性部署。

1) 确定性部署

确定性部署是事先设计结点放置的位置，将结点逐个定点部署。结点可以构成规则的拓扑结构，如网格、立方体等。这种部署方式适用于环境状况良好、定点部署代价低、网络规模小的情况。确定性部署方式具有良好的网络特性和业务特性，可最大限度地满足用户需求，延长网络寿命。其缺点是适用条件相对苛刻，无法适应无线传感器网络广泛的应用需求。

2) 随机部署

在自然环境中，网络有时会遇到突发状况或者网络环境是动态变化的，会破坏网络原有的拓扑结构。此外，由于无线传感器网络应用领域的环境复杂多变，例如火灾监测、地震地带、海洋土壤等生态植物流动性较大区域，会致使按照特定的方式或方法部署传感器结点难以有效进行；在敌军领地等危险地域内或无法接近监测领域时，只能在高空大规模抛洒传感器结点以达到监测目的。

随机部署是指采用抛撒方式批量部署传感器结点。根据具体的部署手段，通常认为结点在目标区域内呈均匀分布或高斯分布等。随机部署方式适用于恶劣环境或大规模网络，其优点是易于实现且价格低廉。对于监测区域情况不可预知的应用场景，可采用随机部署方式。目前，大多数的研究是基于结点随机部署方式的，这种部署方式存在感知盲区或局部资源高度重复，以及网络的覆盖性、连通性等都处于非最佳状态，需要通过一定的控制策略改善网络性能等问题。

3) 可移动性部署

可移动性部署分为结点全部可以自由移动和部分可以移动两种。前者自由程度较高，在带来较高覆盖质量的同时会增加能量的消耗；后者是一种混合型网络，既可弥补静止结点覆盖的不足，又可在一定程度上提高网络的灵活性。

结点部署方式的不同会对网络拓扑控制产生很大的影响，因此需要根据不同的结点部署方式采用不同的覆盖控制技术。

4. 覆盖问题的分类

(1) 根据传感器结点部署方式的不同，覆盖问题可以分为确定性部署覆盖、随机部署覆盖和可移动部署覆盖。

(2) 根据结点的类型的不同，可以分为同构结点覆盖、异构结点覆盖和混合结点覆盖。

(3) 根据应用的不同，可以分为能量覆盖和连通覆盖。

(4) 根据传感器结点是否具有移动能力，可以分为静态网络覆盖和动态网络覆盖。

(5) 根据覆盖目标不同，可以分为区域覆盖、目标覆盖、栅栏覆盖。如图 4-19 所示，虚线圆表示结点的感知范围（布尔模型）。下面按照这种分类方法详细介绍覆盖问题。

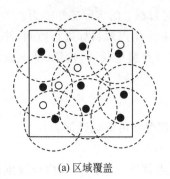 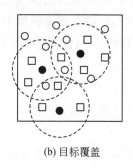 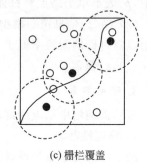

(a) 区域覆盖　　　　　　　(b) 目标覆盖　　　　　　　(c) 栅栏覆盖

□ 区域中的监测目标　　● 工作结点　　○ 休眠结点

图 4-19　根据覆盖目标分类

1) 区域覆盖

区域覆盖是研究最多的覆盖问题,区域覆盖主要研究的是目标监测区域的覆盖问题。根据应用需求的不同,对区域的全覆盖或者部分覆盖是必需的。在若因没有足够的结点而达不到对区域全覆盖的目标,就需要最大化网络的覆盖率。

(1) 全覆盖。在战场监视等应用中,需要对监视区域提供全覆盖。全覆盖是指监视区域内的任意位置被至少 1 个结点覆盖。

① 1-覆盖:在监视区域内,以最小数目的传感器确保该区域内任意位置被至少 1 个结点覆盖,如图 4-19(a)所示。

② k-覆盖:在分布式检测、运动跟踪、高安全区检测及战场军情监控等应用中,由于单结点的故障可能会导致重要数据的丢失或损坏,1-覆盖已不能满足应用的需求,需要提供较高的数据准确率和精确度,因此需要保证区域中的任意位置被至少 k 个结点覆盖,以容忍至少 $k-1$ 个结点失败时,网络仍保持覆盖,如图 4-20 所示。

(2) 部分覆盖。在环境监控、森林火灾监控等一些应用中,只需要保证对部分重点区域提供百分之百的覆盖,此种覆盖被定义为部分覆盖,如图 4-21 所示。

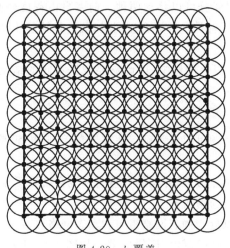 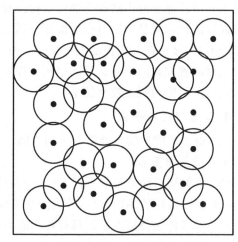

图 4-20　k-覆盖　　　　　　　　　　　图 4-21　部分覆盖

2）目标覆盖

在监测敌人的军队和基地、捕获移动目标的实时视频监控等应用中,对监控区域的区域覆盖是不必要的,只需要保证每个兴趣点(Point of Interest,PoI)被至少一个传感器覆盖即可。

目标覆盖又称点覆盖,是指无线传感器网络对指定的某些重要目标点进行监测,对被监测目标点的数据信息采集,也可称为网络 k-覆盖,一般要求目标监测区域内的每个目标点最少要被一个传感器结点覆盖,即 1-覆盖,如图 4-19(b)所示。在目标覆盖中,在满足覆盖要求的同时还要考虑网络能量消耗和寿命的优化。在预知被监测目标位置的前提下,选择随机部署在区域中的部分传感器结点对特定位置进行监控,优化网络资源。在军事应用中,大量传感器结点随机部署在若干个离散目标附近,假如将网络结点划分为很多互不相交的结点集合且每个结点集合能够覆盖这些目标点,则周期性地调度这些结点集合,使每个时刻总有一个结点集合处于活跃期,其他结点全部处于睡眠状态,这样就可延长整个网络的生存时间。显然,结点集越多,网络生命时间越长。目标覆盖包括对固定 PoI 的覆盖及对移动兴趣点的覆盖。

(1) 对固定 PoI 的覆盖。若传感网络应用中兴趣点的位置是固定的,可基于先验知识通过结点的移动实现对兴趣点的覆盖及与汇聚结点的连通,如图 4-22 所示。显然,对固定兴趣点的覆盖比对移动兴趣点的覆盖更为简单。

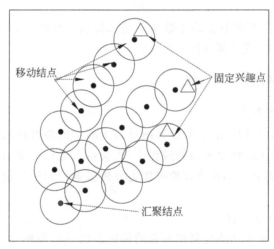

图 4-22 对固定 PoI 的覆盖

(2) 对移动兴趣点的覆盖。若兴趣点是移动的,可以用移动的传感器结点对其追踪以完成覆盖或者部署静态的传感器网络,保证兴趣点移动的下一个位置存在至少一个传感器结点对其进行覆盖。在用于监控移动兴趣点的静态传感器网络中,可利用移动结点对追踪信息进行收集,以降低静态无线传感器网络中大量数据传输带来的能耗。

3）栅栏覆盖

在边境线非法入侵检测、森林火势蔓延检测、化工厂周围有毒气体扩散检测、天然气管道两侧泄漏检测等应用场景中,传感器不是用来检测区域内的事件,而是对试图穿透一个区域的入侵者进行检测。

栅栏覆盖主要针对的是移动的目标而非静止目标,即当目标沿任意路径穿越传感器结点部署区域时,工作结点要能够监测移动目标的全程移动轨迹,如图 4-19(c)所示。它反映了无线传感器网络的传感、监测能力。

依据目标进行网络穿越时采用的模型不同,栅栏覆盖又可分为最坏与最佳情况覆盖和暴露穿越两种类型。对于穿越网络的目标,最坏情况是指所有穿越路径中不被结点监测的最小概率情况;最佳情况是指在所有穿越路径中被网络传感器结点发现的最大概率情况。暴露穿越既要考虑目标暴露的时间因素,也要考虑因穿越时间增加而导致的感应强度增强的情况。栅栏覆盖问题的目标是移动的,这是一点有别于点覆盖问题。栅栏覆盖对入侵目标的全程轨迹进行检测,包括全栅栏覆盖及部分栅栏覆盖。

(1) 全栅栏覆盖。若传感器结点构成的栅栏的每一处都至少存在一个结点,此时提供的栅栏覆盖称为全栅栏覆盖,如图 4-23 所示。

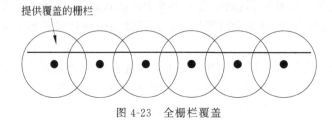

图 4-23　全栅栏覆盖

(2) 部分栅栏覆盖。当传感器结点数量不足以提供全栅栏覆盖时,可对试图渗透栅栏的入侵者提供高于给定阈值的部分栅栏覆盖。

4.3.2　无线传感器网络覆盖控制

1. 覆盖算法的评价指标

传感器结点能量的有效控制、感知服务质量的提高和网络寿命的延长是无线传感器网络覆盖技术的关键。在不断优化覆盖的过程中,也会带来数据传输、存储、管理和计算的提高,所以无线传感器覆盖算法的性能评价可作为分析覆盖控制算法的可用性与有效性的重要手段。

1) 网络覆盖能力和连通性

无线传感器网络的基本功能是利用分布的传感器结点监测感知被监测区域的情况,进行数据的获取和处理,所以网络的覆盖力不但是评价网络服务质量的重要指标,而且是衡量无线传感网络覆盖算法是否合适的重要标准。在覆盖区中,若传感器结点可以监测整个区域,则称为单覆盖(1-覆盖)。若监测区域至少被 k 个不同结点覆盖且 k 个结点同时监测该区域,就称为 k-覆盖。在实际应用中,有的网络要求全部覆盖,有的网络则要求部分覆盖。当覆盖率达到某个特定值后即可满足要求,就实现了部分覆盖。另外,由于网络中大量传感器结点采用自组织方式协同完成数据传输,结点之间要采用无线多跳方式实现直接或间接通信,所以必须保证网络的连通性,它是保证网络感知、监视、感感、通信等服务质量的基础。

2) 能量有效性和能耗负载平衡

在实际工作中,由于复杂的地理环境和传感器结点能力的限制,不可能对每个结点的电池进行频繁更换,因此如何减少结点的能耗,延长整个网络的生存问题,已经成为重要的考虑因素。现有的覆盖控制技术通常采用减少结点发送功率、结点状态调度、结点开销等手段来减少网络损耗,增大网络寿命。在无线传感器网络中,如果某些结点的能耗过大,就会导致结点过早死亡,使网络的监控产生盲点或网络分割,结点数据不能转发到基站,因此要使网络覆盖正常工作,就必须保证结点负载平衡。通常情况下,覆盖协议采用定期循环运转的方式,以实现结点能耗负载平衡。

3) 算法复杂性和实施策略

在无线传感器网络中,各种覆盖控制算法的实现方式也不尽相同,因此算法复杂程度也存在较大差异。衡量算法是否优化的标准就是其算法的复杂程度,包括时间复杂度、通信复杂度和网络实现的复杂度等。当然,复杂度越小越好,在保证正常工作的情况下,复杂度如何优化是一个重要研究方向。算法执行的方式可以有分布式、集中式,以及两者的混合网络。一般情况下采用分布式算法更为合适,用于满足无线传感器网络自身能量的消耗、协议操作代价、网络性能和精度等要求。

4) 传感器网络的可扩展性

网络的扩展性是指在大规模随机部署方式下,网络的性能会随着网络规模的增加而显著降低,因此网络的可扩展性需求尤为明显,它是无线传感器网络覆盖技术的一项重要需求。

2. 典型的无线传感器网络覆盖控制算法

1) 基于网格的覆盖定位传感器配置算法

基于网格的覆盖定位传感器配置算法是基于网格的目标覆盖类型,它确定性覆盖的一种,同时也属于目标定位覆盖的内容。鉴于网络传感器结点及目标点都采用网格方式配置,传感器结点应采用布尔感知模型,并使用能量矢量来表示格点的覆盖。如图 4-24 所示,网络中的各个格点都可至少被一个传感器结点所覆盖(即该点能量矢量中至少有一位为 1),此时区域达到了完全覆盖。例如,格点位置⑧的能量矢量为(0,0,0,0,1)。在因网络资源有限而无法完全识别格点时,就需要考虑如何提高定位精度的问题。而错误距离是衡量位置精度的一个最直接的标准。错误距离越小,覆盖识别结果越优。

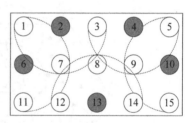

图 4-24 区域完全覆盖示意图

基于网格的覆盖定位传感器配置算法设计了一种模拟退火算法来最小化距离错误。在初始时刻,假设每个格点都配置了传感器。若配置代价的限制没有达到,就循环执行以下过程:首先试图删除一个传感器结点,然后进行配置代价评价。如果评价不通过就将该结点移到另外一个随机选择的位置,然后进行配置代价评价。循环得到优化值后及时保存新的结点配置情况。最后,改进算法停止执行的准则,在达到模拟退火算法的冷却温度时,优化覆盖识别的网络配置方案也同时完成。

基于网格的覆盖定位传感器配置算法具有如下优点。

(1) 与采用随机配置达到完全覆盖的方案相比,该算法更为有效,具有鲁棒性并易于扩展。

(2) 适用于不规则的传感器网络区域。

基于网格的覆盖定位传感器配置算法具有如下缺点。

(1) 网格化的网络建模方式会掩盖网络的实际拓扑特征。

(2) 网络中均为同质结点，不适合网络中存在结点配置代价和覆盖能力有差异的情况。

2) 连通传感器覆盖算法

连通传感器覆盖通过结点路径来达到网络覆盖效果的最大化。这种算法属于连通路径覆盖以及目标覆盖类型。当指令中心向无线传感器网络发送感应区监测消息时，连通传感器覆盖的目标是选择最小连通结点集合并充分覆盖无线传感器网络区域。以下是集中式和贪婪式算法。

假设在所有覆盖结点中选择一部分作为选用结点，记为 N，则和 N 有相交传感区域的结点称为候选结点。

集中式算法的执行过程是，在选定结点集合 N 后，从 N 中所有结点出发到候选结点中的路径中选择一条可以覆盖更多未曾覆盖的区域的路径；把该路径经过的结点加入 N 中，算法继续执行，直到整个监测区域可以被更新后的 N 覆盖。

贪婪式算法的执行过程是，首先从 N 中加入的候选结点开始执行。在一定的范围内广播候选路径查找消息；收到消息的结点判断自己是否为候选结点，如果是，则以单播方式返回一个候选路径响应给发起者，发起者就可以选择最大化增加覆盖区域的候选路径并更新各项参数，算法依此继续执行，直到网络可以完全被更新的 N 结点集合所覆盖。图 4-25 表示了贪婪式算法的执行方式。图 4-25(a) 中，由于在所有备选路径中，C_3 和 C_4 组成路径 P_2 可以覆盖更多的没有覆盖的领域，因此贪婪式算法会选择路径 P_2 得到图 4-25(b) 所示的结果。

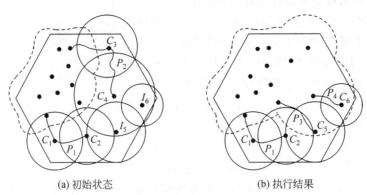

(a) 初始状态　　　　　　　　　　(b) 执行结果

图 4-25　连通传感器覆盖的贪婪式算法

连通传感器覆盖算法的优点如下。

(1) 传感器模型可以是任意形状的区域，符合实际环境中复杂的地理需求。

(2) 可以灵活选择集中式和分布式来实现。

(3) 在保证网络覆盖任务的同时，又考虑了连通性的需求，算法的周期执行降低了通信过程中的代价，在一定程度上延长了网络的生存时间。

连通传感器覆盖算法的缺点如下。

(1) 虽然考虑了网络连通性和覆盖性的要求，但不能保证查询返回结果的准确性。

(2) 在实际环境中，因为无线信道存在通信干扰和消息丢失，因此这种算法只是一种单纯考虑信息传递的理想情况。

3) 最坏和最佳情况覆盖算法

最坏情况是指所有穿越路径中不被传感器结点监测的最小概率情况。最佳情况是指在所有穿越路径中被传感器结点发现的最大概率情况。它们属于栅栏覆盖的一种,属于考虑目标运动时通过监测区域的监测问题,主要是从距离和某些特殊路径用于网络对目标的覆盖情况。最佳与最坏情况覆盖适用于很多场合,例如在战场上,我军对敌军通过某一防线的运动信息进行监测时,就要避免最坏情况。

下面讲述最大支撑路径和最大突破路径的概念。在最大突破路径上的结点到周围最近的传感器结点的最小距离是最大的,这就使目标通过最大突破路径穿越网络时被监测的概率最小,说明网络存在最坏情况覆盖。相反,在最大支撑路径上的结点到周围最佳结点的最大距离是最小的。如果目标沿着最大支撑路径穿越网络,那么它被网络监测到的概率最大,说明此时网络存在最佳覆盖情况。最坏与最佳覆盖等同于网络中求解最大突破路径和最大支撑路径。这一算法中的两种技术可以用几何算法中的沃罗努瓦图(Voronoi Diagram)和德洛奈三角网(Delaunay Triangulation Network)完成构造和查找,如图 4-26 所示。

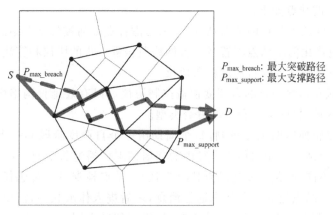

图 4-26　沃罗努瓦图和德洛奈三角形网示意图

最坏和最佳情况覆盖算法的优点如下。

(1) 在最佳与最差两种度量条件下,分别得到了临界的网络路径规划结果,可以指导网络结点的配置来改进整体网络的覆盖。

(2) 作为一种特殊的无线传感器网络覆盖控制算法,适用于网络路径规划、目标观测等许多应用场所。

最坏和最佳情况覆盖算法的缺点如下。

(1) 算法采用集中式的计算方式,需要预先知道各结点的位置信息。

(2) 算法没有考虑实际使用中障碍、环境和噪声等可能造成的影响。

(3) 网络中均为同质结点,不适用于网络中存在结点覆盖能力有差异的情况。

4) 圆周覆盖算法

圆周覆盖算法考虑每个传感器结点覆盖区域的圆周重叠情况,进而根据邻居结点信息来确定一个给定传感器的圆周是否被完全覆盖,如图 4-27 所示。传感器结点圆周被充分覆盖等价于整个区域

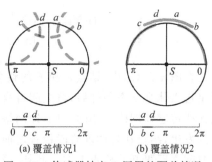

图 4-27　传感器结点 S 圆周的覆盖情况

被充分覆盖。每个传感器结点收集本地信息来进行本结点圆周覆盖判断,并且该算法还可以进一步扩展到不规则的传感区域中使用。

圆周覆盖算法可以用分布式方式实现:传感器 S 首先确定圆周被邻居结点覆盖的情况。如图 4-27(a)所示,3 段圆周$[0,a]$、$[b,c]$、$[d,\pi]$分别被 S 的 3 个邻居结点所覆盖。再将结果按照升序顺序记录在$[0,2\pi]$区间,如图 4-27(b)所示,这样就可以得到结点 S 的圆周覆盖情况:$[0,b]$段为 1,$[b,a]$段为 2,$[a,d]$段为 1,$[d,c]$段为 2,$[c,\pi]$段为 1。

圆周覆盖算法的优点如下。

(1)考虑了传感器具有不同覆盖传感能力以及不规则传感范围的情况,具有较好的适用性。

(2)分布式的算法执行方式减小了整个网络的通信与计算负载。

(3)适用于二维以及三维的网络环境。

圆周覆盖算法的缺点如下。

(1)只考虑了区域内各点的覆盖情况,并未考虑各点如何被传感器结点覆盖。

(2)缺少相应优化网络结点配置及改善网络覆盖进一步的协议和算法。

5)轮换活跃/休眠结点的自调度覆盖协议

采用轮换活跃和休眠结点的自调度覆盖控制协议可以有效延长网络生存时间,该协议同时属于确定性区域/目标覆盖和节能覆盖类型。

协议采用结点轮换周期工作机制,每个周期由一个自调度阶段和一个工作阶段组成。在自调度阶段,各个结点首先向传感半径内的邻居结点广播通告消息,其中包括结点 ID 和位置(若传感半径不同,则包括发送结点传感半径)。结点检查自身传感任务是否可由邻居结点完成,可替代的结点返回一条状态通告消息,之后进入休眠状态,需要继续工作的结点执行传感任务。在判断结点是否可以休眠时,如果相邻结点同时检查到自身的传感任务可由对方完成并同时进入休眠状态,就会出现如图 4-28 所示的盲点。

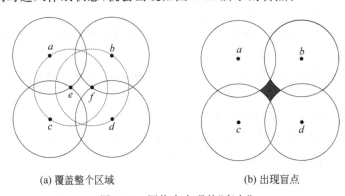

(a) 覆盖整个区域　　　　　　(b) 出现盲点

图 4-28　网络中出现的"盲点"

在图 4-28(a)中,结点 e 和 f 的整个传感区域都可以被邻居结点代替覆盖。e 和 f 结点满足进入休眠状态条件后,将关闭自身结点的传感单元进入休眠状态,但这时就出现了不能被无线传感器网络检测的区域,即网络中出现"盲点",如图 4-28(b)所示。为了避免这种情况的发生,结点在自调度阶段检查之前需要执行一个退避机制,即每个结点在一个随机产生的时间之后再开始检查工作。此外,退避时间还可以根据周围结点密度而计算,这样就可以有效地控制网络"活跃"结点的密度。为了进一步避免盲点的出现,每个结点在进入休眠状态之前还将等待一定时间来监听邻居结点的状态更新。该协议是作为 LEACH 分簇协议的一个扩展来实现的,仿真结果证明,无线传感器网络的平均网络生存时间较 LEACH 分簇协议延长了 1.7 倍。

轮换活跃/休眠结点的自调度覆盖协议的优点如下。

(1) 不会出现覆盖盲点,因而可以保持网络的充分覆盖。

(2) 可以有效控制网络结点的冗余,同时保持一定的传感可靠性。

(3) 结点采用轮换机制周期工作,有效地延长了网络生存时间。

(4) 结点轮换机制对位置错误、包丢失以及结点失效具有鲁棒性,依然可以保持网络的充分覆盖。

轮换活跃/休眠结点的自调度覆盖协议的缺点如下。

(1) 需要预先确定结点位置并要求整个网络同时具有时间同步支持,给网络带来了附加实现代价。

(2) 无法使无线传感器网络区域的边界结点休眠,影响了整个网络的生存时间延长效果。

(3) 结点轮换机制只能适用于传感器结点目标覆盖区域为圆周(或球面),不适用于不规则结点感应模型。

(4) 需要综合优化考虑活跃结点数量和网络覆盖效果。

6) 暴露穿越算法

暴露穿越覆盖同时属于随机结点覆盖和栅栏覆盖的类型。目标暴露覆盖模型同时考虑了时间因素和结点对于目标的感应强度因素,更符合实际应用环境。运动目标由于穿越网络时间的增加而导致感应强度累加值增大。结点 s 的算法模型定义如下:

$$S(s,p) = \frac{1}{[d(s,p)^K]} \tag{4-13}$$

其中,p 为目标点,正常数 λ 和 K 均为网络经验参数。最小暴露路径代表了无线传感器网络最坏的覆盖情况,而一个运动目标沿着路径 $p(t)$ 在时间间隔 $[t_1, t_2]$ 内经过无线传感器网络监视区域的暴露路径被定义如下:

$$E(p(t), t_1, t_2) = \int_{t_1}^{t_2} I(F, p(t)) \left| \frac{\mathrm{d}p(t)}{\mathrm{d}t} \right| \mathrm{d}t \tag{4-14}$$

其中,$I(F, p(t))$ 代表了在传感区域 F 中沿着路径 $p(t)$ 运动时被相应传感器(有最近距离传感器和全部传感器两种)感应的效果。

暴露穿越算法提出了一种数值计算的近似方法来找到连续的最小暴露路径。首先,将传感器网络区域进行网格划分,并假设暴露路径只能由网格的边与对角线组成;之后,为每条线段赋予一定的暴露路径权重;最后,执行迪杰斯特拉算法得到近似的最小暴露路径。

暴露穿越算法的优点如下。

(1) 更符合实际应用中目标由于穿越无线传感器网络区域的时间增加而导致被检测概率增大的情况。

(2) 分布式算法的执行方式不需要预先知道整个网络的结点配置情况。

(3) 可以根据需要选择不同的感应强度模型和网格划分,从而得到不同精度的暴露路径。

暴露穿越算法的缺点如下。

(1) 暴露精度与算法运行时间两者互相矛盾,需要平衡考虑。

(2) 算法没有考虑实际应用中障碍、环境以及传感器结点本身运动等可能造成的影响。

4.3.3 无线传感器网络覆盖技术在矿井中的应用

1. 矿井中无线传感器网络覆盖问题的描述

由于矿井环境的特殊性,井下无线传感器网络与地面无线传感器网络有很大的不同。首先,巷道中煤、岩、混凝土以及管道、电缆等纵向导体的存在对无线电波的传输有一定的影响,因此无线信号在不同的巷道传输时使用的最佳频率不同;其次,矿井巷道的长度一般为几千米至几十千米,而宽度仅有几米至十几米,因此巷道是一种纵向延伸的有限传输空间。井下通信信号一般是沿隧道纵向传输的,工作人员可以沿隧道配置结点。因此,煤矿井下的无线信号覆盖是一种有限区域的网络部署问题,属于确定性覆盖。

无线传感器网络要实现对整个区域的监控以及数据的可靠传输,每个传感器结点的探测半径应满足覆盖概率的要求,通信半径应满足网络连通性的要求。为简化问题分析,可对无线传感器网络模型进行以下假设。

(1) 每个结点的通信距离相等。井下的无线通信频段并不是越高越好,当传输频率在 $500\sim1500\mathrm{MHz}$ 时,信号衰减较小。结合实际情况,设定通信频率为 $900\mathrm{MHz}$,结点通信距离为 $30\mathrm{m}$。

(2) 每个传感器结点能对其周围实行全方向感应且所有结点的感应半径 R_s 均相等。结点的覆盖范围是一个半径为 R_s 的圆形区域,覆盖面积 $S=\pi R_s^2$。在区域覆盖问题中,如果结点的通信距离 R_c 至少为感应距离 R_s 的 2 倍,则在进行覆盖设计时不需要考虑连通性问题。由于巷道的宽和高只有几米,如果感应半径太大,会造成严重的冗余覆盖;反之,则需要布置较多无线网络传感器结点,不仅造成成本浪费,也增加了系统的不稳定性。结合矿井巷道的结构和尺寸特征,设定结点的感应半径范围为 $10\sim15\mathrm{m}$。

2. 相关覆盖方案

现有的矿井巷道网络结构有 Line(线)、Meshroof(网格面)及 Meshchain(网格链)3 种类型,如图 4-29~图 4-31 所示,其中 Line 结构的网络覆盖冗余度最低,但易形成覆盖盲区;Meshchain 结构的网络覆盖冗余度最高,但网络结构复杂,成本高。

以上 3 种结构是具有不同覆盖度和连通度的长网格结构。假设巷道宽度 $W=10\mathrm{m}$,长为 L,R_s 为 $10\sim15\mathrm{m}$,通信半径 $R_c=30\mathrm{m}$。在这样的条件限制下,3 种结构的对比结果如表 4-1 所示。

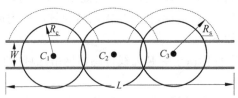

图 4-29 Line 结构

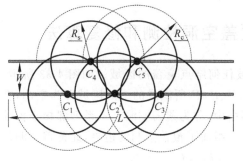 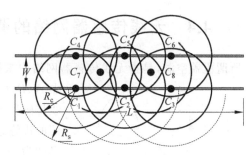

图 4-30　Meshroof 结构　　　　　　图 4-31　Meshchain 结构

表 4-1　3 种网络结构的对比

对比项目	网络结构类型		
	Line	Meshroof	Meshchain
结点分布	无线传感器结点在长直巷道中均匀分布,并排列在巷道中心处	平行巷道中,纵向相邻结点的距离不超过 30m	平行巷道中,纵向相邻结点的距离不超过 30m
覆盖度	1-覆盖	2-覆盖	3-覆盖
连通度	1-连通	2-连通	3-连通
优点	成本最低,覆盖冗余度最低	满足一定的覆盖度和连通度,成本适中	传播方向上相邻的 3 个结点都失效才会造成覆盖盲区
缺点	在某一个结点失效的情况下必然会造成覆盖盲区	传播方向上相邻两个结点都失效才会造成覆盖盲区	覆盖冗余度最高,网络结构最复杂,成本高

3. 覆盖方案设计

Line-2 结构是在 Line 和 Meshroof 网络结构的基础上设计了一种新的网络结构,如图 4-32 所示。Line-2 结构为一个 2-覆盖、2-连通的网络结构。网络中每个结点的信息可以传给传播方向上相邻两个结点中的任意一个,然后再传播至汇聚结点,只要传播方向上的相邻两个结点没有同时失效,则失效结点后的链路信息依然能上传。对比图 4-30 和图 4-32 可看出,Line-2 结构的网络覆盖冗余度比 Meshroof 网络的覆盖冗余度低且 Line-2 结构更简单。

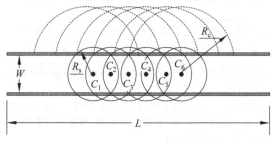

图 4-32　Line-2 结构

4.4 无线传感器网络的覆盖空洞检测和修复算法

所谓覆盖空洞,是指无线传感器网络中未被任何结点覆盖的区域。如图4-33所示,结点A、B、C、D、E、F所围成的中间区域即为空洞,在无线传感器网络中,称为覆盖空洞。一系列邻接于覆盖空洞的边缘结点组成了覆盖空洞的边界,此覆盖空洞的边界即为$\{a,b,c,d,e,f\}$。

覆盖空洞会影响无线传感器网络的连通性,影响结点之间的通信,目标区域的信息不能被有效搜集到,严重影响无线传感器网络在应用中的性能,因此修复覆盖空洞具有非常重要的意义。

初始化随机部署的网络由于随机性或者硬件故障等因素,网络中必定存在覆盖空洞。为保证网络的覆盖质量,需要检测网络中存在的空洞及其位置与范围,并制定相应的修复策略。

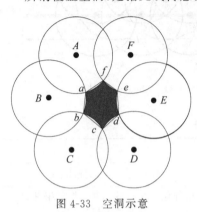

图 4-33 空洞示意

4.4.1 覆盖空洞的产生原因

根据无线传感器网络的应用属性,将空洞分为目标(点)空洞、区域覆盖空洞、路由空洞、干扰空洞和能量空洞5类。

(1) 目标空洞是局部存在的、分散的、未被覆盖的结点或小面积区域。

(2) 区域覆盖空洞是指需要被网络完全覆盖的区域中不能被感知的子区域。

(3) 路由空洞是指数据无法传入或者不参与路由转发的现象。

(4) 干扰空洞是指与邻居结点或汇聚结点之间的通信被阻断或汇聚结点发生失效、叛变、拒绝服务等故障。

(5) 能量空洞是指结点能量耗尽进入休眠或死亡的现象。

覆盖空洞产生的原因如表4-2所示。

表 4-2 覆盖空洞产生的原因

名 称	产 生 原 因
目标空洞	对目标覆盖不完全,例如结点数量不足、感知半径、覆盖角度受限等
区域覆盖空洞	随机部署导致的分布不均匀、障碍物阻挡、结点被破坏等
路由空洞	部署空隙,结点意外死亡,产生孤立结点或拓扑分割,因局部最小值现象而导致的地理位置上的贪婪转发
干扰空洞	有限的带宽和信道接入,故意干扰(包括恶意阻断、入侵或者诱捕结点叛变、恶意拒绝服务类的攻击),并与其抢夺资源,加速能量消耗)和非恶意射频干扰(由于连续频繁传输的碰撞、占用用户拒绝让出信道)
能量空洞	电量耗尽或能耗不均,导致结点提前消亡

4.4.2 覆盖空洞产生的影响

无线传感器网络用来监测、收集信息并将其处理和传输,在一定程度上降低了网络的能耗,但是当覆盖空洞出现时,就会对网络造成一定的负面影响,具体如下。

(1) 空洞出现时,网络的连通性和覆盖度下降,数据信息采集不完整,不能有效地对数据进行处理和传输,导致网络的服务质量降低。

(2) 在目标区域中,传感器结点因随机部署造成分布不均,部分区域结点密集,部分区域结点稀疏,当稀疏区域内有结点失效时,可能会出现网络监测盲区,而密集区域内的结点又不能替代失效结点来监测,最终导致稀疏区域出现覆盖空洞,而密集区域结点却存在较大冗余,造成网络资源的浪费,进而影响了网络的性能。

(3) 覆盖空洞的出现会在一定程度上影响网络的生存时间。

4.4.3 覆盖空洞的检测方法

对网络覆盖空洞的检测方法有基于德洛奈三角网图的检测算法、基于沃罗努瓦图的检测算法、空洞边缘检测法、网络拓扑算法、基于三角网的覆盖空洞检测算法等。

1. 基于德洛奈三角网的检测算法

若将每个传感器结点看作一个结点,则这些相邻点间的连线构成的图称为德洛奈三角网,如图 4-34 所示。基于德洛奈三角网的空洞判别法,通过各相邻结点间的连线长度与其半径之和之间的关系,判断该连线区域是否被完全覆盖。在结点半径同构的网络中,可采用该方法和其他三角网部署相结合的方式判断是否存在覆盖空洞,但是在结点半径不统一的无线传感器网络中,该方法适用性较差,判断往往存在误差。

2. 基于沃罗努瓦图的检测算法

沃罗努瓦图(Voronoi Diagram)简称 VOR 图,是沃罗努瓦三角网的对偶图,是由三角网中边线段的中垂线构成的,如图 4-35 所示。沃罗努瓦图中的每个单元被称为泰森多边形。每个泰森多边形中只包含一个结点,与邻居结点相比,其中的点到本地结点的距离是最短的,泰森多边形边界上的点与两个邻结点之间的距离是相等的。沃罗努瓦图中,顶点距离结点的距离是局部最短,因此若泰森多边形内有未被本地结点覆盖的区域,也一定不能被其他结点所覆盖。

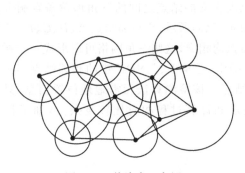

图 4-34 德洛奈三角网

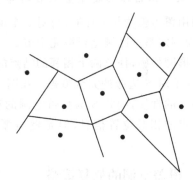

图 4-35 沃罗努瓦图网

通过本地结点到邻接点和沃罗努瓦图中泰森多边形公共边的两个顶点间的欧几里得距离判断覆盖空洞是否存在。如图4-36(a)所示,顶点和公共边都存在覆盖空洞且感知圆在泰森多边形区域内。如图4-36(b)所示,感知圆半径大于等于结点到边界定点的距离,完全覆盖本地泰森多边形。如图4-36(c)所示。部分覆盖泰森多边形区域,结点感知半径大于到边界的欧几里得距离,但小于到多边形顶点的距离。通过计算泰森多边形的每个顶点到结点之间的距离是否小于半径,可判断该多边形是否完全被感知,从而获知整个待覆盖区域中存在的覆盖空洞位置。

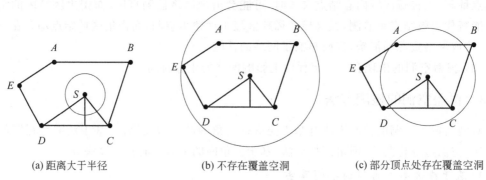

(a) 距离大于半径　　　　(b) 不存在覆盖空洞　　　　(c) 部分顶点处存在覆盖空洞

图 4-36　感知圆与泰森多边形的位置关系

3. 空洞边缘检测算法

假设每个结点可知周围是否存在覆盖空洞,每个源结点可知自己的边界空白点,最后所有的边界点连成边界线,完成空洞边界的构造。

4. 网络拓扑算法

该方法无须知道邻居结点的信息和结点之间的距离。先将网络划分成若干个子区域,再分别在各个子域内通过路由跳数检测是否存在覆盖空洞并通过算法重复执行,最终确定覆盖空洞的位置和大小。该算法是分布式的覆盖空洞检索方法,适用性较强,降低了覆盖空洞检测算法的复杂性,可能检测出任何位置的单个覆盖空洞。该算法以路由跳数为参考,不需要额外的信息传输,有效地节省了能量,但是只能以算法重复执行为代价才能检测到空洞的位置和大小。

5. 基于三角网的覆盖空洞检测算法

利用覆盖弧的相关性质,可对3个覆盖范围相交的结点之间的三角形覆盖空洞进行判定,进而判定整个区域是否被完全覆盖。如图4-37(a)所示,S与邻结点A、B、C、D、E构成的三角形网格中,任意两个相邻的结点的覆盖弧均相交,这些三角网格可以形成一个循环序列,实现了对S边缘的完全覆盖。在图4-37(b)中,$\triangle SCE$、$\triangle SDE$中的相邻结点不满足覆盖弧相交的性质,因此S为覆盖空洞的边缘结点。该检测算法无需地理位置信息,只需要邻居结点的相对位置信息,但是覆盖弧的表示和计算过程相对比较复杂,增加了计算复杂度。

4.4.4　覆盖空洞的修复策略

导致覆盖空洞的原因有很多,但根本原因是受能量限制。覆盖空洞修复算法的最终目

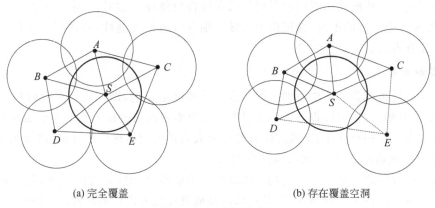

(a) 完全覆盖　　　　　　　　　(b) 存在覆盖空洞

图 4-37　三角形网覆盖

的就是尽可能将网络覆盖率在生存周期内维持在一个较高的水平,尽量延迟至第 N 个结点消亡的时间,当结点失效个数大于临界值时即宣告网络死亡。

覆盖空洞的修复通常根据网络结构特点和应用属性进行相关覆盖控制算法的设计。覆盖控制手段包括调节对结点的休眠方式、通信区域的再划分、位移等属性的变动,静态或动态地调整网络覆盖范围。静态覆盖控制是指结点部署之前通过预先设定的方式,对结点的行为进行了统一的约定;动态覆盖控制是指根据参数变化,自适应地做出行为决策,包括位移的变化、感知方向和半径的调整等行为。常见的覆盖空洞修复策略包括路由控制、拓扑演化、拓扑控制和能量管理 4 个方面,映射到覆盖控制层,可概括为冗余部署、添加新结点、结点属性变化、能量管理和混合策略,如图 4-38 所示。

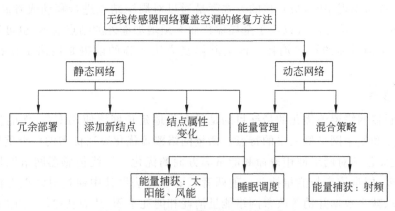

图 4-38　无线传感器网络空洞修复方法

1. 冗余部署

无线传感器网络应用于军事侦察与灾害监测等重要场景时要求具备较高的容错性,避免覆盖空洞或链路中断,最简单的实现方式是网络采用多重冗余部署。从路由控制的角度来看,结点冗余部署可以提供冗余簇头和冗余链路,实现路由备份,从而避免路由空洞的产生。从网络覆盖的角度来看,冗余部署是以增加整个网络的部署成本为代价,换取理想的网络覆盖。通常采取结点在工作和休眠状态切换的模式,实现以最少的工作结点保障特定的网络覆盖质量。在传感器结点因电量耗尽或者硬件故障而死亡时,冗余部署的传感器被唤醒工作,避免覆盖空洞的出现,保证该子区域与临界区域的连通性,并尽可能延长无线传感器网络的工作寿命。

2. 添加新结点

在主干无线传感器网络中添加中继结点会导致网络重构,即在已经布设好的网络基础上,添加新的基础设备,可以提高性质各异的网络对本地网络的接入性。在平面网络中添加普通结点只会导致拓扑演化,即通过配置硬件参数或扩大网络规模的方式,包括无标度网络生长与构建 k-连通网络,所得网络为同质网络。

无线传感器网络对静态结点的初始化部署分为随机性和确定性的部署,其中确定性部署适用于小规模的传感器网络应用,结点依次被放置在预先设定的位置,同时满足一定的覆盖度。大规模的传感网络应用通常采用随机投放结点的方式完成初始化部署。因为结点数量较多,很难均匀地实现完全覆盖,所以常产生感知区域重叠和盲区。修复初始部署产生的盲区以及后期因为能耗、干扰、破坏等坏死结点产生的覆盖空洞,添加新的结点能够有效恢复网络连接、扩大覆盖范围,但是需要采取有效的盲区或空洞检测算法,搜索网络空洞的位置,计算空洞面积的大小,从而做出合理的修复决策。

3. 结点属性变化

结点运动是指结点属性的变化,用于描述多媒体传感器结点模型的属性,包括感知夹角、感知半径等。通过调节感知夹角,可以调整结点覆盖方向;通过控制发射功率可调节结点可覆盖范围。结点位移是指具有移动能力的传感器结点在区域内的相对位置变化。随着微电子技术的快速发展,融合多功能无线传感器技术的无线网络已具备自组织和可移动等特性,在网络覆盖出现中断,最直接的方式就是通过对周围结点进行移动或者属性设置,修复链路,填补空洞。该方法可以用于全局优化而无须增加额外的结点成本,也可用于局部优化,减少网络重构所需的资源消耗。该空洞修复方法实施的前提是网络中存在可移动的结点。

4. 能量管理

无线传感器网络覆盖优化的最终目的是最大化地延长网络使用寿命,而能量的局限性是传感器结点和整个网络最突出的特点。衡量网络覆盖优化算法优劣的一个重要指标是能量有效性,主要包括对网络使用寿命和能量等方面的优化。无线传感器网络能量管理包括结点休眠调度、能量均衡与能量捕获。前两者需要在算法设计中通过对结点工作状态的转换、功率调节、减少数据开销等改善网络能量消耗和能耗平衡,从而获得较优化的网络性能。

有限的能量一方面制约了无线传感器网络系统的多功能集成,另一方面会因为部分电池耗尽而出现覆盖空洞,最终导致整个网络死亡。为实现可持续的无线通信,不间断的能量补给是唯一方法。能量捕获是指结点自适应地根据自身储能情况调整工作状态,主动从环境中捕获太阳能、风能等可再生能量。该方法实施条件是无线传感器具有能量捕获相关硬件的支撑,是对已有自适应的功率控制算法和能量优化策略的改进。由于传感器硬件性能和制造成本的限制,传统的无线传感器网络结点配备的供电设备大多使用能量有限的电池,但是在军事侦察、海洋监测、矿井采空区监测等需要进行长期监测的复杂危险环境中,电池更换不便,这就需要开辟可持续供电的新途径。

5. 混合策略

随着无线传感器网络在各个领域越来越广泛的应用,其网络部署和结构也发生了很大的变化,从静态结点的同构网络到结点可移动的异构网络,越来越多的应用采用混合型传感器网络结构,即由移动性、感知能力、功用、休眠策略等存在差异的结点或者结点簇构成的网络。通过在监测区域中混合部署异构结点的方式,来实现全方位、多层次的覆盖,包括固定结点与具有移动能力的结点的混合部署,不同感知范围的结点混合部署,具有不同功能和能量的结点混合部署等。

4.5 无线传感器网络的移动式覆盖控制

近年来,向传统无线传感器网络中引入少量移动结点来解决覆盖空洞是一大趋势。当网络中因某些结点失效而产生覆盖空洞时,可通过调度移动结点来代替或修复失效结点。在引入移动结点后,网络变得更加灵活,其拓扑结构也因此多变,在某种程度上能达到负载均衡的目的,因此可以提高网络使用寿命。

4.5.1 主要衡量指标

移动式覆盖控制主要有以下 4 个衡量指标。

1. 网络覆盖率

较高的无线传感器网络覆盖率确保了网络环境中信息数据的感知和采集的完整性,因此成为无线传感器网络中其他功能的基础条件,对监测区域的覆盖率越大,就越能保证其各项指标的性能。

2. 网络连通性

无线传感器网络连通性的强弱可以通过连通等级来衡量,任意两个结点之间不相交的链路越多,其连通等级越强,相应的连通性更强。

3. 最小化结点移动距离

有效调度移动结点,使结点移动距离最小化,在一定程度上能加快覆盖空洞修复速度,提升无线传感器网络的性能。

4. 网络生存周期

结点的能量使用状况是影响网络生存周期的关键因素,因此有效均衡结点间的能量,将有效延长网络生存周期。

4.5.2 存在的问题及挑战

目前对移动式覆盖控制技术的研究主要存在以下问题及挑战。

1. 如何确定合适的移动结点数量

虽然引入移动结点后可以消除覆盖空洞,但是如果移动结点过多,相应的成本代价将会变大,因此如何确定合适的移动结点数目是需要考虑的重点问题之一。

2. 提高网络中故障结点定位精度

在修复覆盖空洞时,需要获知覆盖空洞以及故障结点的位置。然而实际环境比理想状态复杂得多,定位精度会受到各种环境因素的干扰,因此提高故障结点的定位精度对整个无线传感器网络具有积极意义。

3. 节省移动结点的能量消耗

在实际网络中,移动结点在网络中的移动并非毫无限制。与普通结点相比,移动结点功能更强大,但是由于电池能量始终有限,在设计移动结点的调度方式时,也需要将移动结点的能耗进行考虑。

4. 降低算法的复杂度

不同的无线传感器网络覆盖控制技术实现的方式不同,因此算法复杂程度也有一定差别。衡量覆盖控制技术是否优化的一项重要指标是其算法复杂度。算法复杂度包括时间复杂度、通信复杂度和实现的复杂度等,在设计时需要综合考虑。

4.5.3 移动式覆盖控制方法的分类

在不同的分类标准下,移动式覆盖控制存在多种分类方法,具体介绍如下。

1. 基于应用场景进行分类

根据应用场景的不同,可分为应用于 2D 场景网络的覆盖控制和应用于 3D 场景网络中的覆盖控制。应用于 2D 场景网络中的覆盖控制是指覆盖控制方法应用于模拟的 2D 场景网络中,这种网络相对比较简单。应用于 3D 场景网络中的覆盖控制更加接近真实环境,因此比 2D 网络环境要复杂得多,从而分析及建模的难度较大、应用范围更广。

2. 基于移动结点比例进行分类

根据移动结点的占比情况,可将其分为全移动和部分移动。全移动的结点覆盖控制更加灵活,拓扑可变,但是成本也相对较高;部分移动的结点覆盖是指由固定结点和移动结点构成的覆盖控制。与全移动相比,其成本较低,但灵活、可变性不如全移动方法。

3. 基于网络连通强度进行分类

根据网络连通强度的不同,可分为 1-连通和 k-连通网络中的覆盖控制。1-连通是指在网络中任意两个结点之间至少有一条通信链路,其成本低,连通性较弱。k-连通是指要保证任意两个结点间至少有 k 条不相交的通信链路,k 值通常为 2,k 值越大,连通性越好,但网络拓扑更加复杂,相应的算法复杂度越高。

4. 基于移动结点的覆盖控制方法进行分类

移动特性是反映移动式覆盖本质特征的关键性因素。因此首先将移动式覆盖控制方法分为针对静态覆盖和针对动态(间歇性)覆盖两类。在使用静态覆盖方法时,移动结点在覆盖更新结点时仅移动一次。而在使用动态覆盖(间歇性)方法时,移动结点可以多次进行移动以更新网络中的覆盖。以这两大类为基础并根据移动特性为划分标准,可以进行进一步细分,具体的分类如图 4-39 所示。

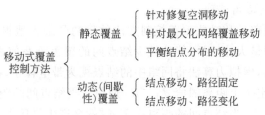

图 4-39 基于移动结点的覆盖控制方法分类

4.5.4 典型的移动式覆盖技术方法

移动式覆盖技术可按照移动性结点是否一直处于运动状态(可以多次移动)分为静态覆盖和动态覆盖两种。静态覆盖是指移动性结点响应某种需求移动到某一个合适的位置以改善当前覆盖率,之后不再移动,不具有周期性。动态覆盖是指结点根据规定的时间间隔进行移动,即移动到某一位置后,还需要不断地移动以实现新的覆盖,从而使网络的覆盖状态是不断变化的,其要求监测区域在某个时间间隔内至少被覆盖一次。

1. 静态覆盖

静态覆盖可依据优化目标的不同分为针对修复覆盖空洞的移动、针对最大化网络覆盖的移动和针对平衡结点分布的移动。

1) 针对修复覆盖空洞移动

使用针对修复覆盖空洞的移动式覆盖控制方法时,首先检测空洞的位置,其次根据覆盖空洞的位置选择合适的移动结点对覆盖空洞进行修复。例如,基于哈密顿回路的蛇形移动结点控制策略。首先建立一个网格监测模型,如图 4-40 所示,在每个网格内选取一个结点作为头结点监测相邻网格。所有网格的头结点形成一个有向的哈密顿回路。当某个网格内头结点发生故障时,则其哈密顿回路上前一网格中的移动结点沿着回路移动到此网格中来充当头结点,依次向前类推。只需要局部网络拓扑,算法复杂度低。其缺点是空网格附近网格中的移动结点需要沿着回路才能移动到空网格中,使其移动距离和能耗大大增加。

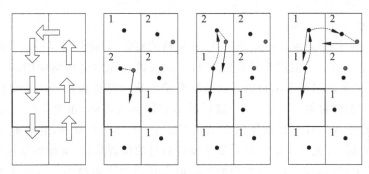

图 4-40 空网格在哈密顿回路上的位置及结点的移动响应

针对修复覆盖空洞的移动式覆盖控制方法思路较为简单,重点是如何准确定位空洞且优化移动结点的调度使修复的效率更高。

2）针对最大化网络覆盖移动

针对最大化网络覆盖的移动式覆盖控制方法的目的是最大地提高结点的工作效率,即使结点所能覆盖的范围最大化,尽可能地较少结点间的覆盖重叠使之达到有限结点数所能达到的最大覆盖。例如,虚拟力算法将网络中的结点视为带电粒子,在结点通信范围内存在排斥力和吸引力,并设定一个距离阈值 $d_{th} < R_c$ 通信。当结点间的距离大于 d_{th} 时就会产生吸引力从而收缩覆盖范围,当结点间的距离小于 d_{th} 就会产生排斥力从而扩张覆盖范围。如图 4-41(a)所示,以结点 S_1 为例,结点 S_1 与 S_2 的距离大于 d_{th},结点 S_1 受到结点 S_2 的吸引力 F_{12} 作用,结点 S_1 与 S_3 的距离小于 d_{th},S_1 受到 S_3 的排斥力 F_{13} 的作用。结点在吸引力与排斥力的作用下进行移动最终达到一个平衡状态,从而使网络达到一个最大且结点分布均匀的覆盖,如图 4-41(b)所示。但是该方法适用于结点分布密集的网络,很难通过定量的理论证明最终的覆盖性能。

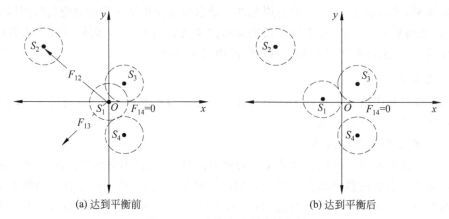

(a) 达到平衡前　　　　　　　　　　(b) 达到平衡后

图 4-41　4 个结点虚拟力示意图

使用最大化网络覆盖的移动式覆盖控制方法的目标是尽量使结点的覆盖范围最大,减少结点间的覆盖重叠。这类方法在大部分情况下都认为结点之间是连通的,对网络连通性的考虑不是很全面。

3）平衡结点分布的移动

平衡结点分布的移动覆盖控制是定性的、粗略的覆盖,只能保证某一大小的子区域内有尽可能相同数量的结点。根据某种算法对网络进行覆盖控制使网络中的结点分布尽量均匀,以达到尽量均衡网络覆盖的目的。其与针对最大化网络覆盖移动的主要区别是提供了一种粗粒度的均衡性覆盖。例如,基于跳跃的传感器结点移动,如图 4-42 所示。该方法将网络划分为网格结构。有限移动体现在结点只能上、下、左、右移动,并只能移动到相邻网格。在部署结点后,首先每个结点会向基站发送自身的位置信息,基站根据这些信息建立一个虚拟图,通过虚拟图确定移动方案使覆盖的最大且移动次数最小。该方法节省了移动结点的能量,使能量消耗最小。该方法的目标是使网络中结点分布尽量均匀,无法应用于有特殊要求的网络模型中。

2. 动态覆盖

动态覆盖是指网络中用于故障修复的移动性结点周期性地移动以满足网络的覆盖需

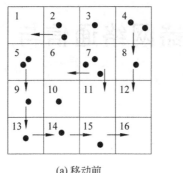
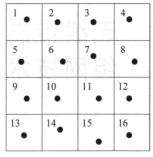

(a) 移动前　　　　　　　　　(b) 移动后

图 4-42　最优移动方案

求,这类方法充分利用了传感器结点的移动性,减少了移动性结点数量,降低了网络成本。动态覆盖根据结点是否沿着固定的路径移动又分为移动路径固定和移动路径变化两类覆盖方法。

1) 结点移动路径固定

结点移动路径固定的覆盖方式是指移动结点的移动路径是固定不变的,即在网络区域中移动结点的移动路径确定后结点即沿着此路径移动,在整个网络生命期中路径不再改变,例如扫描覆盖方法。不同于传统的覆盖,扫描覆盖只需要周期性地监测"感兴趣的点",因此只需要少量的移动结点就可以监测大量"感兴趣的点"从而实现扫描式覆盖。该方法的优点是每一个区域由一个移动结点负责,并且对结点数量的最小化进行了考虑,减少了移动结点数量。其缺点是周期性地监测使结点移动频率高,增加了能耗。

2) 结点移动路径变化

结点移动路径变化的覆盖方式是指移动性结点的移动路径不是固定不变的,而是在监测过程中能够根据具体的需求不断地生成、变化。这种方法可以根据网络中故障发生的不同位置不断地调节移动结点的移动路径以取得最优的故障修复效果。例如,基于入侵者和传感器结点之间零和博弈的纳什均衡的动态覆盖策略,如图 4-43 所示,网络在不同的时间点呈现不同的覆盖情况。该策略用监测时间间隔表示监测区域在某个时间间隔内必须受到监测,用覆盖保持时间表示覆盖在一段时间内不发生变化。优点是最大化一定时间间隔内的覆盖以及最小化监测到入侵者的时间,减少了需要的移动结点数。缺点是结点移动频繁,能耗较大。

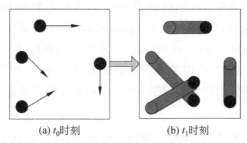

(a) t_0 时刻　　　　　　(b) t_1 时刻

图 4-43　不同时间点的覆盖情况

第 5 章 无线传感器网络通信与组网技术

5.1 无线传感器网络的体系结构与协议

5.1.1 无线传感器网络的体系结构

无线传感器网络需要根据用户对网络的需求设计适应自身特点的网络体系结构,为网络协议和算法的标准化提供统一的技术规范。设计无线传感器网络体系结构时需要考虑以下几方面。

1. 结点资源的有效利用

由于传感器结点的资源有限,所以怎样有效地管理和使用这些资源并最大限度地延长网络寿命是无线传感器网络研究面临的一个关键技术挑战,需要在体系结构的层面上给予系统性的考虑。

(1) 选择低功耗的硬件设备、设计低功耗的 MAC 协议和路由协议。

(2) 各功能模块间保持必要的同步,即同步休眠与唤醒。

(3) 从系统的角度设计能耗均衡的路由协议,而不是一味地追求低功耗的路由协议,这就需要体系结构提供跨层设计的便利。

(4) 由于传感器结点上的计算资源与存储资源有限,不适合进行复杂计算与大量数据的缓存,因此一些空间复杂度和时间复杂度高的协议与算法不适用于无线传感器网络。

(5) 随着无线通信技术的进步,带宽也在不断增加,例如超宽带技术支持近百兆的带宽。无线传感器网络在不远的将来可以胜任视频、音频传输,因此在体系结构设计时需要考虑到这一趋势,不能只停留在简单的数据应用上。

2. 支持网内数据处理

传感器网络与传统网络有着不同的技术要求,前者以数据为中心(遵循"端到端"的边缘论思想),后者以传输数据为目的。传统网络的中间结点不实现任何与分组内容相关的功能,只是简单地用存储转发(Store and Forward)模式为用户传送分组。而无线传感器网络只实现分组传输功能是不够的,有时需要网内数据处理的支持(在中间结点上进行一定的聚合、过滤或压缩)同时减少分组传输,还能协助处理拥塞控制和流量控制。

3. 支持协议跨层设计

各个层次的研究人员为了节省能耗,提高传输效率,降低误码率等同一性能优化目标而进行协作将非常普遍。这种优化工作使网络体系中各个层次之间的耦合更加紧密,上层协议需要了解下层协议(不局限于相邻的下层)所提供的服务质量,而下层协议需得到上层协议(不局限于相邻的上层)的建议和指导。作为对比,传统网络只是相邻层才可以进行消息交互的约定。虽然这种协议的跨层设计会增加体系结构设计的复杂度,但实践证明它是提高系统整体性能的有效方法。

4. 增强安全性

无线传感器网络采用无线通信方式,信道缺少必要的屏蔽和保护,更容易受到攻击和窃听,所以需要将无线传感器网络安全方面的考虑提升到一个重要的位置,设计一定的安全机制,确保所提供服务的安全性和可靠性。这些安全机制必须是自下而上地贯穿于体系结构的各个层次,除了类似于 IPSec(Internet Protocol Security)这种网络层的安全隧道之外,还需对结点身份标识、物理地址、控制信息(路由表等)提供必要的认证和审计机制来加强对使用网络资源的管理。

5. 支持多协议

互联网依赖统一的 IP 实现端到端通信,而无线传感器网络的形式与应用具有多样性,除了转发分组外,更重要的是负责以任务为中心的数据处理,这就需要多协议支持。例如在子网内部工作时,采用广播或者组播的方式,当接入外部的互联网时又需要屏蔽内部协议实现无缝信息交互的数据处理,这就需要多协议来支持。

6. 支持有效的资源发现机制

设计无线传感器网络时需要考虑提供定位监测信息的类型、覆盖地域的范围,并获得具体监测信息的访问接口。传感器资源发现又包括网络自组织、网络编址和路由等。由于拓扑网络的自动生成性,如果依据单一符号(IP 地址或者结点 ID)来编址则效率不高,因此可以考虑根据结点采集数据的多种属性来进行编址。

7. 支持可靠的低延迟通信

在各种类型的传感器网络结点的监测区域内,物理环境的各种参数动态变化是很快的,因此需要网络协议具有一定的实时性。

8. 支持容忍延迟的非面向连接的通信

由于无线传感器网络的应用需求不一样,有些任务(如海洋勘测、生态环境监测等),对实时性要求不高。有些应用随时可能出现拓扑动态变化,其移动性使结点保持长期、稳定的连通性较为困难,因此就出现了非面向连接的通信,它使在连通性无法保持的状态下也能进行通信。

9. 开放性

近年来,无线传感器网络衍生出的水声传感器网络和无线地下传感器网络使无线传感器网络结构具备了充分的开放性,以包容已经出现或未来可能出现的新型同类网络。

5.1.2 无线传感器网络的协议栈

无线传感器网络的协议栈包含分层的网络通信协议、网络管理平台和应用支撑平台3部分,如图 5-1 所示。

1. 分层的网络通信协议

与传统的开放式互联参考模型(OSI)协议体系相似,无线传感器网络的协议栈共有物

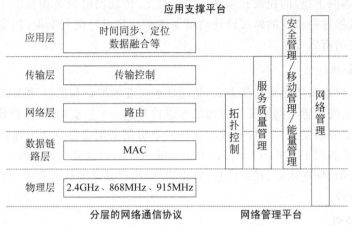

图 5-1 无线传感器网络协议栈体系结构

理层、数据链路层、网络层、传输层和应用层 5 层。

(1) 物理层负责数据的调制解调、信号的发送与接收。由于频率选择、信号探测和载波生成等由物理层负责,其设计的好坏直接关系到传感器结点的电路复杂度和能耗。

(2) 数据链路层负责数据成帧、帧检测、媒体访问和差错控制,决定了结点间无线信道的资源分配及信道的使用方式。它的作用是为了保证传感器结点之间尽量互不干扰地传输数据并当数据碰撞不可避免时能及时根据某种竞争判决算法解决处理。因此,它保障结点高效通信的关键协议之一。

(3) 网络层主要负责路由生成与路由选择。无线传感器网络属于多跳通信网络,网络路由要保证任意需要通信的结点之间可以建立并维护数据传输路径。无线传感器网络是一种具有自组织特性的网络,协议具有简单、自适应网络拓扑变化等特点。

(4) 传输层通常根据传感器网络的需求产生数据流,能控制数据流的传输,是保证无线传感器网络通信服务的重要组成部分。当网络内的数据要传输给卫星网络、移动通信网络、互联网等外部网络时,传输层就显得尤其重要。传输层是保证优质服务的重要基础。

(5) 应用层是一系列具有监测任务的应用软件的集合,为用户提供了一个易于操作的界面。

2. 网络管理平台

如图 5-1 所示,网络管理平台包含了网络管理、安全管理、移动管理、能量管理、服务质量管理、拓扑控制等功能,可完成结点自身的管理和用户对传感器网络的管理。

(1) 网络管理。网络管理的主要作用是将网络管理服务接口提供给使用者,使其可对网络进行维护和诊断,它的具体功能是对数据进行收集、处理、分析并适时处理故障。也就是说,网络管理可以根据需要平衡网络的任务流量,提高服务质量。

(2) 安全管理。由于传感器结点的随机部署、网络拓扑的动态性和无线信道的不稳定,传统安全机制无法在传感器网络中使用,因而需要采用扩频通信、接入认证/鉴别、数字水印和数据加密等技术设计新型的传感器网络安全机制。

(3) 移动管理。在某些传感器网络的应用环境中,结点可以移动,移动管理用来监测和控制结点的移动,维护到达汇聚结点的路由,还可以使传感器结点跟踪它的邻居。

(4) 能量管理。能量管理平台决定了传感器结点如何有效使用有限的能源。如图 5-1 所示,传感器的每个协议层都要采用相应的节能策略,并且向上提供能量分配接口。

(5) 服务质量管理。网络使用各种技术的前提首先是保证用户需求。服务质量管理在各协议层设计队列管理、优先级机制或者带宽预留等机制,并对特定应用的数据给予特别处理,是网络与用户之间以及网络上互相通信的用户之间关于信息传输与共享的质量约定。为了满足用户的要求,无线传感器网络必须能够为用户提供足够的资源,以用户可接受的性能指标工作。

(6) 拓扑控制。拓扑控制负责动态地维护和管理网络的拓扑结构,并配合其他支持技术共同提升网络协议的效率,节省能耗,延长网络的整体使用寿命。一个高效的数据转发拓扑结构,可以在网络覆盖率和连通率达标的情况下,合理选择主干结点,优化结点工作机制,对结点之间无用的通信链路进行剔除。主干结点的选择是指在满足连通度的前提下,暂时关闭一些结点的通信模块,使其进入休眠状态,以节省能耗。

3. 应用支撑平台

应用支撑平台是指建立在分层网络通信协议和网络管理技术的基础上,包括使用时间同步技术、定位技术、数据融合技术的一系列应用层软件,通过应用服务接口和网络管理接口为终端用户提供支持具体应用的软件平台。

(1) 时间同步是无线传感器网络系统的一个关键机制,准确的时间同步是保证网络自身协议运行、协同休眠及定位的基础。例如,在链路层采用时隙分配的 MAC 协议时,不准确的时间同步会导致结点无法使用无线信道。

(2) 定位技术是无线传感器网络的重要支撑技术,首先只有知道传感器结点在无线传感器网络中的位置信息才可以准确地判断已发生事件的范围,判断事态发展情况,以便做出合理反应;其次,无线传感器网络所使用的一些协议和算法也需要知道结点及周围结点的位置信息。无线传感器网络中使用的定位算法主要有三边测量法、三角测量法和极大似然估计法。

(3) 数据融合技术利用传感器结点的本地计算和存储能力融合数据、去除冗余,以减少不必要的数据分组在网络中的传输,降低功耗。同时,无线传感器网络也可以通过数据融合技术对多个传感器结点的数据进行汇总,提高信息的准确度。

5.2 物 理 层

物理层处于 OSI 参考模型的最底层,直接面向传输介质完成数据的发送和接收。在实际应用中,物理层决定了传感器结点的能耗、成本与体积大小。

在无线传感器网络中,物理层的主要技术包括介质选择、频段选择、调制技术及扩频技术等,即为网络 DTE 设备提供数据传输链路、传输数据及完成相应的管理职责。目前可以作为无线传感器网络物理层的标准主要有 IEEE 802.15.4 物理层标准和 IEEE 802.15.3a 超宽带技术(很少选择)。其中,IEEE 802.15.4 是无线传感器网络物理层的主流技术,而 IEEE 802.15.3a 定义的超宽带技术可作为一个高速率可行方案,供无线传感器网络物理层选择使用。

5.2.1 物理层概述

1. 物理层的功能

无线传感器网络物理层定义了物理无线信道和 MAC 子层之间的接口,提供物理层的数据和管理服务。物理层数据服务包括以下 5 方面的内容。

(1) 激活和休眠射频芯片。

(2) 信道能量检测(Energy Detect,ED)。

(3) 检测接收数据包的链路质量指示(Link Quality Indication,LQI)。

(4) 空闲信道评估(Clear Channel Assessment,CCA)。

(5) 收发数据。当上层有数据要传送时,物理层为其进行载波监听并反馈信道状态,从而尽量减少发生数据碰撞概率。若信道空闲,则上层调用物理层的发送命令,物理层就开始接收上层的数据分组并将其预处理成字节或比特流,而后按照移位方式经射频单元调制后发送到无线信道上。当射频单元检测到有发送给自己的数据时,就开始接收并将比特流预处理成字节,然后提交上层供其组装成分组数据。

这些功能通常由低功耗的射频收发芯片完成,例如采用 CC1100 射频芯片时,可以调用函数 WsnPhy::CalculateCcaPower 实现信道能量检测,返回此刻的剩余能量值;可以调用函数 WsnPhy::IsCcaBusy 对此刻的信道空闲进行评估,若信道闲则返回 false,若信道忙则返回 true;信号的发送和接收则可以通过调用接口函数 WsnPhy::RequestToSend 和 WsnPhy::StartReceivePacket 来实现。

2. 物理层的状态转移

无线传感器网络的物理层通常有接收状态、发送状态、空闲状态、休眠状态、信道检测状态 5 个状态,这 5 个状态之间的转移如图 5-2 所示。

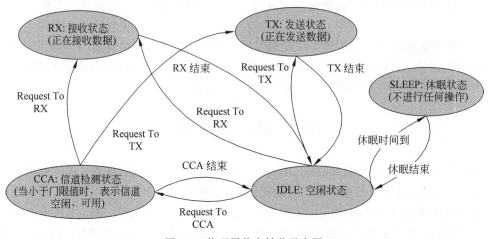

图 5-2 物理层状态转移示意图

3. 物理层的传输介质

传输介质是承载终端设备数据业务的通道。无线传感器网络的传输介质可以是无线电波、红外线或光波等。

1) 无线电波传输

无线电波是目前无线传感器网络的主流传输介质。无线传感器网络在选择频率时,一般选择无须注册的公用 ISM(Industrial Scientific Medical)频段;和传统的无线通信系统不同,无线传感器网络在进行信号调制时由于传感器结点能量受限,通常以节能和降低成本为主要设计指标。

2) 红外线传输

红外线可以作为无线传感器网络传输介质的选择且无须申请,它不受无线电波干扰,但对障碍物的透过性非常差,因此应用不多。

3) 光波传输

与红外线传输相似,光波传输也极易受障碍物的遮挡而造成通信过程中断,只能应用在一些特殊的场合中。例如在智慧微尘项目中,研究人员就开发了基于光波传输的无线传感网络。

5.2.2 物理层协议

1. 物理层频段

IEEE 802.15.4 协议是 ZigBee、WirelessHart、MiWi 等规范的基础,描述了低速率无线个人局域网的物理层和 MAC 层协议。IEEE 802.15.4 标准有两个可用的物理层:基于 2.4GHz 频段的"短距离"实现和 868/915MHz 频段的"长距离"实现。中国目前的工作频段是 2.4GHz。全球及部分地区 ZigBee 的工作频率范围如表 5-1 所示。

表 5-1 全球及部分地区 ZigBee 的工作频率范围

工作频率范围/MHz	频 段 类 型	地　　区
868～868.6	ISM	欧洲
902～928		北美
2400～2483.5		全球

2. 2.4GHz 频段的物理层规范

2.4GHz 频段的物理层标准包括数据传输速率、扩展调制和无线通信规范等。

1) 数据传输速率

2.4GHz 频段的范围为 2.400～2.4835GHz,此频段数据传输速率为 250Mb/s。

2) 扩展调制

在 2.4GHz 物理层中,IEEE 802.15.4 协议使用的是 16 相位准正交调制技术。首先将数据信号的每个字节按 4 位划分并转换成符号数据,再将各个符号数据转换成一个 32 位的伪随机序列(PN 序列),挑选其中一个作为传输序列。参照需要连续传输的数据信息,把选择的 PN 序列组织起来,依据半正弦脉冲形式的 OQPSK 调制原理,把串接好的序列调制到载波信号上。

3) 无线通信规范

采用 2.4GHz 频段标准工作的设备必须满足发射功率谱密度、符号速率、接收机抗干扰性和接收机灵敏度等方面的通信规范。

(1) 发射功率谱密度。相对限度为 −20dB,绝对限度为 −30dBm。对于相对限度和绝对限度,测量平均功率谱的分辨率都是 100kHz。

(2) 符号速率。由上面涉及的数据信号调制方式可得符号速率为 62 500 符号每秒,数据传输速率为 250kb/s,数据传输速率的精度大概是 40ppm。

(3) 接收机抗干扰性。2.4GHz 频段的接收机的抗干扰电平,相邻信道最小为 0dB,交替信道最小为 30dB。其中,判断邻近信道的标准必须在有用信道的旁边且距离原信道频率最近。

(4) 接收机灵敏度。对于技术设备,规定不论何种设备都能够达到 −85dBm 或者更高的灵敏度,例如 Freescale 公司的 MC13192 的接收机灵敏度为 −92dBm。

3. 868MHz/915MHz 频带的物理层规范

868MHz/915MHz 物理层标准规范包括数据传输速率、扩展调制、无线通信规范等。

1) 数据传输速率

868MHz/915MHz 物理层工作在 868MHz 的频带上时,其数据传输速率为 20kb/s;工作在 915MHz 频带上时,其数据传输速率为 40kb/s。

2) 扩展调制

868MHz/915MHz 物理层的码片调制方式采用带有二进制移相键控(BPSK)的直接序列扩频(Direct Sequence Spread Spectrum, DSSS)技术,符号数据的编码采用微分编码方式。

3) 无线通信规范

(1) 工作频率的范围。868MHz 的工作频段为 868.0～868.6MHz,带宽为 0.6MHz;915MHz 的工作频段为 902～928MHz,带宽为 8MHz。

(2) 915MHz 频带的功率谱发射密度。发射功率谱密度的相对限度为 −20dB,绝对限度为 −20dBm。

(3) 符号传输速率。在 IEEE 802.15.4 物理层标准协议中,868MHz 频带的符号传输速率为 20000 符号每秒(±40ppm),码片传输速率为 300000 码片每秒;915MHz 频带的符号传输速率是 40000 符号每秒(±40ppm),码片传输速率为 600 码片每秒。

(4) 接收机灵敏度。设备接收机的灵敏度最低为 −92dBm 或者更高。

4. 物理层的通用规范

1) 从发射状态到接收状态的转换时间

从发射状态到接收状态的转换时间应小于一个循环周期值,通常为 12 个符号时期。对于不同的厂家生产的芯片,实际的转换时间可能不同,例如美国 Freescale 公司 MC13192 的转换时间为 288μs。转换时间的大小是在空中接口端测量的,即从发送完最后一个符号到接收机已准备好接收下一个物理层数据包的时间。

2) 从接收状态到发射状态的转换时间

从接收状态到发射状态的转换时间应小于一个循环周期值,同样其也是在空中接口进行测量的,即从接收到的数据包的最后一个码元(或最后一个符号)到发射机已准备好发射确认结果的时间,而真正的发射开始时间将在 MAC 层协议标准中介绍。

3) 差错向量

发射机的调制精度由差错向量来决定。

4) 接收信号的中心频率误差

在 IEEE 802.15.4 标准中,接收信号的中心频率误差最大为±40ppm。

5) 发射功率和接收机最大误差电平

发射机的发射功率不得低于−3dBm,在保证设备能够正常工作的状态下,要想降低对其他设备和系统产生不利的干扰与影响,所有设备的发射功率都应尽可能小。

6) 接收机的能量检测

接收机的能量检测就是在对网络进行连接管理时,需要实施的一种信道检测。ED 的结果为从 0x00~0xFF 的 8 位的整型数。能量检测的最小值(0)表示接收功率小于接收机灵敏度的 10dB。

7) 链路品质信息

链路品质信息用来表示所接收的数据包强度和品质。检测时,通常利用估计信噪比、ED 结果,或者将两者综合来完成。

在 IEEE 802.15.4 协议标准中,将所有接收的数据包完成 LQI 测量,测量的值为一个 8 位的整型数,大小为 0x00~0xFF。最小值(0x00)表征了接收机接收 IEEE 802.15.4 信号的最低品质,最大值(0xFF)与最高品质对应,LQI 值在 0x00~0xFF 范围内平均分布。

8) 空闲信道评估

在 IEEE 802.15.4 协议的 PHY 标准中,有 3 种模式可以描述 CCA,可概括如下。

(1) CCA 策略 1:简单判断信道的信号能量,若信号能量低于某一门限值就认为信道空闲。

(2) CCA 策略 2:通过判断无线信号的特征,这个特征主要包括扩频信号特征和载波频率。如果 CCA 测得了一个带有 IEEE 802.15.4 标准特点的扩展调制信号,则报告一个忙的消息。

(3) CCA 策略 3:前两种模式的综合,同时检测信号强度和信号特征,给出信道空闲判断。

5.3 数据链路层

数据链路层主要负责多路数据流、数据结构探测、媒体访问和误差控制,从而确保通信网络中可靠的点对点(Point-to-Point)与点对多点(Point-to-Multipoint)连接。在 OSI 模型中,数据链路层又可分为 MAC 层和 LLC 层(Logical Link Control layer,逻辑链路控制层)两个子层。虽然在无线传感器网络中,这两层不是特别明显,但是这两层提供的功能都不可或缺。

MAC 协议主要用于某个结点向其他一个或多个结点(多播或者广播)发送数据,进行信道接入控制等工作的协调。LLC 协议负责保证相邻结点之间可靠的无线通信。数据链路层处于网络协议栈软件的最底部,是数据帧在信道上发送和接收的直接控制者,其好坏直接决定了通信的性能。

5.3.1 MAC 层

多跳自组织无线传感器网络 MAC 层协议需要实现以下两个目标。

(1) 对于感知区域内密集布置结点的多跳无线通信,需要建立数据通信链接以获得基本的网络基础设施。

（2）为了使无线传感器结点公平、有效地共享通信资源，需要对共享媒体的访问进行管理，由于无线传感器网络特殊的资源约束和应用需求，常规无线网络的 MAC 协议对无线传感器网络是不适用的。例如，对基于基础架构的分隔式系统，MAC 协议的首要目标是提供高 QoS 和有效带宽，主要采用了专用的资源规划策略。这种访问方案对无线传感器是行不通的，这是因为无线传感器网络没有类似基站的中央控制代理。另外，无线传感器网络的能量有效性会影响网络寿命，因而节能是至关重要的。

无线传感器网络的 MAC 协议必须具有固定能量保护、移动性管理和失效恢复策略。现有的 MAC 解决方案主要包括以下 3 种访问方式。

1. CSMA/CA

和物理层紧密相连的 MAC 层大体遵循了 IEEE 802.15.4 标准。IEEE 802.15.4 标准采用的信道接入算法是带有冲突避免的载波侦听多路访问（Carrier Sense Multiple Access with Collision Avoidance，CSMA/CA）。

随机接入的特点是所有结点都可以根据自己的意愿随机发送信息。在无线网络中，如果两个或者更多的结点同时发送信息，就会在接收结点处产生无线信号冲突，导致数据帧不能正确解析。在一个局域网中，在同一个时间内只能有两个结点互相进行数据传输，因此所有想要传输数据的结点会通过 CSMA/CA 机制来竞争信道的使用权。

CSMA/CA 算法用于结点之间数据传输时的信道争用，此算法有 Nb、CW 和 BE 这 3 个重要的参数，分别由每个要传送数据的结点维护。

（1）Nb（Number of backoff，后退次数）。Nb 的初始值为 0，当结点有数据要传送时，经过一段后退时间后，发送 CCA（接收信号强度）检测，若检测到信道忙，则会再一次产生倒退时间，此时 Nb 值会加 1。在 IEEE 802.15.4 中，Nb 值最大可定义为 4，当信道在经过 4 次后退延迟后仍为忙，则放弃此次传送，以避免过大的开销。

（2）CW（Content Window length，碰撞窗口的长度）。后退延迟的单位是 baekoff，一个后退周期被定义为 20symbol 的时间。一个 symbol 为 16μs，CW 的初始值为 2，最大值为 31。CW 是 CSMA/CA 最重要的一个参数，它定义了后退延迟时间的最小单位。

（3）BE（Backoff Exponent，后退指数）。取值范围为 0～5，IEEE 802.15.4 推荐的默认值为 3，最大值为 5。在 CSMA/CA 中，如果第一次后退结束后检测到信道仍然为忙，则在下一次后退时，后退延迟将是前一段的 2 倍。这样做可以有效地避免网络拥塞。

2. 基于 TDMA 的媒体访问

因为无线电占空比减少，而且没有带来竞争的管理花费和冲突，所以从本质上来说，时分复用（Time Division Multiple Access，TDMA）访问方案比基于竞争的方案能节省更多能量。对于具有能量约束的无线传感器网络，MAC 方案应包括另一种形式的频分复用方案（Frequency Division Multiple Access，FDMA），空闲时必须关闭无线电来获得更大的能量节省。无线传感器网络的自组织媒体访问控制（Self-organizing Medium Access Control for Sensor networks，SMACS）就是这样一种基于时间槽的方案，各结点保持一个类似 TDMA 的超结构，结点安排不同时间槽与已知邻近结点通信。SMACS 在竞争阶段采用随机唤醒时序，并在空闲时间槽关闭无线电，从而实现了能量节省。

3. 基于混合 TDMA/FDMA 的媒体访问

这是一种完全基于 TDMA 的访问方案。单个无线传感器结点能获得全部通道,同时 FDMA 方案会分配每个结点的最小信号带宽。这种方式在访问能力与能耗之间进行了平衡。若传送结点消耗更多能量,则考虑采用 TDMA 方案,而当接收结点消耗更多能量时倾向于采用 FDMA。

5.3.2 差错控制

差错控制是数据链路层的一个重要任务,其目标是在允许一定差错水平的基础上,在传输信道上可靠地传输数据。实际的数据链路层在实际应用中传输数据的信道是不可靠的,即不能保证所传的数据不产生差错,因此逻辑链路控制层协议的一个重要功能就是对需要确认的数据进行确认。

1. ARQ

一般基于自动重传请求(Automatic Repeat Request,ARQ)的误差控制主要采用重新传送丢失的数据包或帧。如图 5-3 所示,假设结点 A 对结点 B 发送数据,结点 B 收到正确的数据后返回一个确认。为了区别各个不同的发送数据,发送方对数据进行了简单的编号,即序列号(Sequence Number,SN),接收方收到数据后,把序列号返回。

图 5-3(a)所示为数据帧在传输过程中不出差错时的情况。结点 B 在接收到结点 A 发的数据后,向结点 A 发送一个相应的确认帧 ACK。当主机 A 收到确认帧 ACK 后才能发送一个新的数据帧。

图 5-3(b)所示为数据帧在传输过程中出现了差错时的情况。由于在数据帧中加上了循环冗余校验(Cyclic Redundancy Check,CRC),所以结点 B 很容易检验出收到的数据帧是否有差错。当发现差错时,结点 B 就直接把数据丢弃,而且在结点 A 发送数据时,会启动一个超时定时器,若到了超时定时器所设置的重发时间 t_{out} 而仍收不到结点 B 的任何应答帧,则结点 A 就重传前面所发送的没有确认的数据帧。

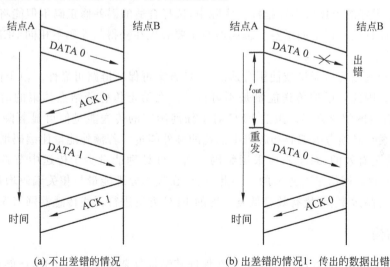

(a) 不出差错的情况　　　　(b) 出差错的情况1:传出的数据出错

图 5-3　数据帧在链路上传输示意

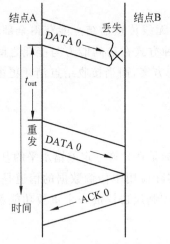
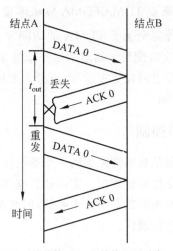

(c) 出差错的情况2：传输的数据丢失　　　　(d) 出差错的情况3：传输的ACK丢失

图 5-3 （续）

如图 5-3(c)和图 5-3(d)所示,如果结点 A 在一定时间内没有收到结点 B 的确认帧,则重发前一个数据。

显然,基于 ARQ 的误差控制机制会导致相当多的重传花费和管理花费,虽然其他无线网络的数据链路层利用了基于 ARQ 的误差控制方案,但由于无线传感器结点能量与处理资源的不足,无线传感器网络应用中 ARQ 的有效性受到了限制。

2. FEC

前向纠错(Forward Error Correction,FEC)方案具有固有的解码复杂性,无线传感器结点需要消耗大量处理资源,因此具有低复杂度编码与解码方式的简单误差控制码可能是无线传感器网络中误差控制的最佳解决方案。

设计有效的 FEC 方案需要了解通道特征与实现技术。通道比特误差率(Bit Error Rate,BER)是很好的连接可靠性指标。实际中,选择合适的误差修正码不但能将 BER 降低几个数量级,而且能获得全面增益。编码增益主要表现在获得与编码不相同 BER 所消耗的额外传送能量上。

因此,增加输出传送能量或使用合适的 FEC 方案可保证链路可靠性。由于传感器结点具有能量约束,因此只增加传送能量是不可行的。在给定传感器结点约束的前提下,采用 FEC 仍是最有效的解决方案。虽然 FEC 对于任何给定的传送能量值可显著降低 BER,但设计 FEC 方案时必须考虑编码和解码中消耗的额外能量。若额外能量比编码增益多,则整个过程不是能量有效的,系统不应采用编码。而额外处理能量少于传送中节省的能量时, FEC 对无线传感器网络是有意义的。因此,应该在额外处理能量与相关编码增益之间进行平衡,从而获得高效率、能量有效且低复杂度的 FEC 方案进行无线传感器网络误差控制。

5.3.3 帧结构

在通信理论中,一种好的帧结构就是在保证其结构复杂性最小的同时,还能够在噪声中可靠、高效地传输数据。IEEE 802.15.4 委员会共定义了 4 种帧的结构。

(1) 信标帧。信标帧是用于发送信标的帧,如图 5-4(a)所示。

字节2	1	4/10	2	任意	任意	任意	2
帧控制信息	序列号	地址信息	超帧类别	GTS区域	未定地址区域	数据帧有效载荷	CRC校验

(a) 信标帧格式

字节2	1	0~20	任意	2
帧控制信息	序列号	地址信息	数据帧有效载荷	CRC 校验

(b) 数据帧格式

字节2	1	4~20	1	任意	2
帧控制信息	序列号	地址信息	命令类别	命令帧有效载荷	CRC 校验

(c) 命令帧格式

字节2	1	2
帧控制信息	序列号	CRC 校验

(d) 确认帧格式

图 5-4　IEEE 802.15.4 标准帧的结构

(2) 数据帧。数据帧是用于传输的数据所在帧,如图 5-4(b)所示。
(3) 命令帧。命令帧是用于在等实体间控制数据传输的帧,如图 5-4(c)所示。
(4) 确认帧。确认帧是用于确认是否成功接收数据的帧,如图 5-4(d)所示。

5.4　网　络　层

网络层负责网络的建立、加入、离开、管理和维护。网络层还需要具有发现和维护一跳邻居的能力,以及为设备发现和记录高效路由路径进行数据转发的能力。

5.4.1　网络层设计原则

在无线传感器网络中,传感器结点可能会被密集地布置在一个区域内,因此结点彼此距离可能很近。此时,多跳通信对具有严格能耗与传输能量等级需求的无线传感器网络是一个很好的选择。与远程无线通信相比,多跳通信能克服信号传播和衰减效应。由于无线传感器结点间的距离较短,所以无线传感器结点在传送消息时消耗的能量少得多。无线传感器网络的网络层通常根据下列原则进行设计。

(1) 能量有效性是必须考虑的关键问题。
(2) 多数无线传感器网络以数据为中心。
(3) 理想的无线传感器网络采用基于属性的寻址和位置感知方式。
(4) 数据聚集仅在不妨碍无线传感器结点的协作效应时有效。
(5) 路由协议与其他网络(如 Internet)相结合比较容易。

上述原则可以指导无线传感器网络路由协议的设计。由于网络寿命取决于传感器结点转发消息的能耗,网络层协议必须是能量有效的。

在无线传感器网络中,信息或数据都可用属性进行描述。为了与信息或数据紧密结合,需要根据数据中心所用技术来设计无线传感器网络的路由协议。数据中心所用的路由协议是采用基于属性的命名方法,即根据被观察对象的属性进行查询。在实际应用中,往往感兴趣的是整个无线传感器网络收集的被观察对象的数据,而不是个别结点收集的数据,希望通过被观察对象的属性查询无线传感器网络。例如,用户会发出这样一个查询:找出温度超过 50℃区域的具体位置。

数据中心路由协议同样利用数据聚集的设计原则解决数据中心路由中的内爆和交叠问题。如图 5-5 所示,汇聚结点通过查询无线传感器网络来了解被观测对象周围的环境。收集信息的无线传感器网络可理解为一个颠倒的多点传送树,由对象区域内的结点向汇聚结点发送收集到的数据。无线传感器结点 E 聚集无线传感器结点 A 和 B 的数据,而无线传感器结点 F 聚集无线传感器结点 C 和 D 的数据。

数据聚集可理解为一套自动化方法,将来自很多无线传感器结点的数据结合为一组有意义的信息,从这个角度而言,数据聚集是一种数据聚合。聚集数据时同样需要注意,数据的细节(例如发出报告结点所在的位置)不能遗漏,某些应用可能需要这样的细节。

网络层设计原则之一是易于与其他网络相结合,例如卫星网络和 Internet。如图 5-6 所示,汇聚结点作为其他网络的网关,是通信中枢。用户可根据查询目的或应用类型通过 Internet 或卫星网络查询无线传感器网络。

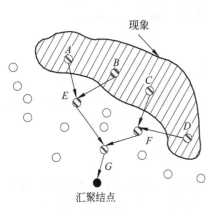

图 5-5 数据聚集

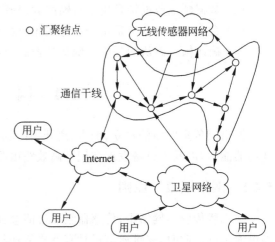

图 5-6 无线传感器结点与用户间通过 Internet 或卫星网络构成的 Internet 网络

5.4.2 网络层事件及消息类型

网络层作为 MAC 层的上层,使用 MAC 层提供的服务,同时也要处理 MAC 层向网络层发送的消息。网络层事件的类型及说明如表 5-2 所示,网络层消息的类型及说明如表 5-3 所示。

表 5-2 网络层事件的类型及说明

事 件 类 型	说　　明
NWK_NOT_EXPECTING_EVT	用于周期更新路由发现表
RTG_TIMER_EVENT	用于周期更新路由请求链表
NWK_LINK_STATUS_EVT	用于周期处理链路状态事件
NWK_BCAST_TIMER_EVT	用于周期处理广播事务事件

表 5-3 网络层消息的类型及说明

消 息 类 型	说　　明
NWK_NLDE_DATA_IND	网络层向上层汇报有数据到来
NWK_NLDE_DATA_CNF	网络层向上层汇报执行数据发送结果
NWK_NLME_FORMATION_CNF	网络层向上层汇报执行建立网络的结果
NWK_NLME_DISCOVERY_CNF	网络层向上层汇报执行网络发现的结果
NWK_NLME_JOIN_CNF	网络层向上层汇报执行加入网络的结果
NWK_NLME_LEAVE_CNF	网络层向上层汇报执行离开网络的结果

5.4.3 网络层数据收发

网络层的数据传输主要有单播数据传输和广播数据传输两种方式。单播数据传输是点对点传输方式,即数据传输的源结点和目的结点确定。广播数据传输方式是一对多的传输方式,源结点地址是广播的发起结点,目的结点是整个网络中的所有结点,广播时目的结点地址设置为 0xFFFF。

在无线传感器网络的实际应用中,数据的广播传输功能使用较多。网络层维护一个广播事务表,用于广播帧的重发,通过使用一个定时器去掉超出生存期的广播帧,更新广播事务表。广播事务表中源地址和序列号用于唯一标识一个广播数据包。

无线传感器网络中结点的能量消耗主要发生在数据收发的过程中。对整个网络来说,广播帧通常情况下都是全网广播,所有的结点都要参与数据收发。在数据的收发过程中,广播帧的发送消耗能量最大。在广播数据时,由于目的结点不唯一,很难通过应答保证每个目的结点都已收到广播帧,因此对于广播帧的重发机制需要进行良好的设计。如果没有广播重发机制,则不能很好地保证网络中所有结点都收到了该广播帧。

5.4.4 网络层路由功能

在无线传感器网络中,相邻的两个结点之间只要相互在对方的无线通信范围内,就能直接交换数据。但如果要访问通信范围以外的结点,就必须通过多跳路由来通信。

在无线传感器网络中,邻居结点间能直接相互通信,对整个网络的数据传输、路由选择等起着非常重要的作用,因此在网络层中需要建立并维护一个邻居表,用于存储邻居结点的信息。传感器结点在加入无线传感器网络后,由于随时可能有新的结点继续加入或离开,因此需要定期更新和维护邻居表。无线传感器网络中典型的路由协议如表 5-4 所示。

表 5-4 WSN 中典型的路由协议

网络层方案	描 述
SMECN	生成一个无线传感器网络分布图,包括最低能量路径
LEACH	建立簇,使能量消耗最小化
SAR	生成复式树,其根部是距离汇聚结点一跳的邻近点;根据能量和附加 QoS 指标为向汇聚结点发送的数据选择路径
洪泛法	向所有邻居结点广播数据,而不管结点以前是否收到过此数据
闲聊法	向一个随机选择的邻居结点发送数据
SPIN	仅向感兴趣的无线传感器结点发送 3 类消息:ADV、REQ 和 DATA
定向扩散	在"兴趣"分发中建立从源结点到汇聚结点的数据梯度

5.5 传 输 层

无线传感器网络模式的协作性比传统方式更有优势,具有更高的精度、更大的覆盖范围,能够提取局部特征。然而,这些潜在优势的实现依赖于无线传感器网络实体(即无线传感器结点与汇聚结点)之间有效、可靠的通信。因此,一种需要可靠的传输机制。

一般而言,传输层的主要目标如下。

(1) 采用多路技术和分离技术作为应用层和网络层桥梁。

(2) 根据应用层的特定可靠度需求在源结点和汇聚结点间提供带有误差控制机制的数据传递服务。

(3) 通过流动和拥塞控制调节注入网络的信息量。

为了在无线传感器网络中实现这些目标,需要对传输层的功能做重大修改。其中,传感器结点的能量、处理能力和硬件的限制为设计传输层协议带来了更多的约束。例如,广泛采用的传输控制协议的常规端到端模式、基于转发的误差控制机制和基于窗口、渐加、倍减拥塞控制机制在无线传感器网络领域可能是不可行的,因为会导致稀缺资源的浪费。

与其他常规网络模式不同,无线传感器网络需要根据事件探测、事件辨别、位置传感以及执行器的局部控制等特定的传感应用目标进行布置,应用范围十分广泛,例如军事、环境、卫生、空间探索及灾难救助等。

无线传感器网络这些特定目标也影响了传输层协议的设计需要。例如,根据不同应用布置的无线传感器网络可能需要不同的可靠度等级和常规控制方式。传输层协议的设计原理主要由传感器结点的约束和特定应用决定。

由于无线传感器网络是面向应用的,而且具有协作性质,主数据流在路径中前向传输,源结点将数据传送给汇聚结点,而汇聚结点在相反的路径上向源结点传输生成的数据,例如编程/重新分派二进制数、查询和命令。因此,可采用不同方式解决前向和返回路径上的传输需要。

5.5.1 事件到汇聚结点的传输

由于无线传感器网络中存在大量的数据流,端到端(End-to-End)的可靠度要求可能不高,然而在跟踪感知区域中的事件时,汇聚结点需要获得一定的精度。因此,与传统通信网络不同,无线传感器网络传输层对事件到汇聚(Event-to-Sink)结点可靠要求高,包括事件特征到汇聚结点的可靠通信,而不是针对区域内各结点生成的单个传感报告或数据包进行基于数据包的可靠传递。图 5-7 说明了以收集事件到汇聚结点数据流的识别符为基础的事件到汇聚结点可靠传输概念。

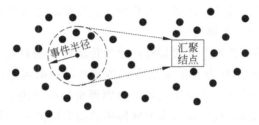

图 5-7　以收集事件到汇聚结点数据流的识别符为基础的事件到汇聚结点可靠传输

为了在汇聚结点提供可靠事件探测,传输层还需要解决前向路径上可能的拥塞,一旦事件被观察对象覆盖区域(即事件半径范围)内一定数量的传感器结点感知,这些结点将生成大量的数据,这很容易造成前向路径上的拥塞。过度的网络能力对汇聚结点的有效输出是有害的,需要在传输层进行拥塞控制来确保在汇聚结点处可靠的事件探测。尽管网络拥塞时数据包丢失(由相关数据流造成)的情况可以体现事件到汇聚结点的可靠度,但在保证汇聚结点所需精度等级的同时,合理的拥塞控制机制有助于节省能量。

另外,虽然传输层解决方案适用于常规的无线网络,但无法用于无线传感器网络事件到汇聚结点的可靠传输。这些解决方案主要以按照事件到汇聚 TCP 语义的可靠数据传输为目标,用于解决无线链路误差和移动性造成的问题。端到端可靠的概念基于确认和端到端的重新传送,因而是不实用的。根据传感器结点生成数据流的固有相关性,端到端可靠度机制是多余的,而且消耗了相当多的能量。

与常规端到端可靠度传输层协议不同,事件到汇聚结点可靠传输(Event-to-Sink Reliable Transport,ESRT)协议以事件到汇聚结点可靠度为基础,提供了不需要任何中介存储的可靠事件探测。ESRT 是一种新的数据解决方案,其目的是在无线传感器网络中用最少的能量花费完成可靠事件探测,其中包括拥塞控制部分,可实现可靠和节能的双重目标。同时,ESRT 不需要各个无线传感器的标识符,仅需要事件 ID。重要的是,ESRT 算法主要在汇聚结点上运行,使资源有限的传感器结点需要完成的工作量最小化。

5.5.2 汇聚结点到传感器结点的传输

虽然数据流在前向路径上携带了感知/探测到的相关事件特征,在返回路径上主要包含了汇聚结点为实现可操作性或特定应用而发送的数据,可能包括操作系统二进制码,编程/重新分派设置文件,以及特定应用队列与命令。这类数据的分发几乎需要 100%的可靠传递。因此,上述事件到汇聚结点可靠度方式不足以满足数据流在返回路径上更高可靠度的需要。

可操作二进制码和特定应用查询与命令的汇聚结点到传感器(Sink-to-Sensor)结点的传输需要更高的可靠度,这种要求包括了一定等级的重新传送和确认机制。为了不消耗稀缺的结点资源,这些机制应慎重地结合到传输层协议中。局部重新传送和否认方式将比端到端重新传送和确认更可取,可用来保持最小能量花费。

另外,返回路径上的汇聚结点到传感器结点数据传输主要由汇聚结点发起,因此具有足够能量和通信资源的汇聚结点可使用大功率天线广播数据。这有助于减少多跳无线传感器网络基础设施传送的数据量,从而节省结点的能量。因此,数据流在返回路径上比前向路径经历的拥塞更少,这完全取决于多跳通信的特性。这就要求无线传感器网络的返回路径上比前向路径采用较少的拥塞控制机制。

总之,能解决无线传感器网络模式特有问题的传输层机制对实现无线传感器结点协作测量是必要的。事件到汇聚结点和汇聚结点到传感器结点的可靠传输存在合理的解决方案,但需要在实际无线传感器网络应用场景下全面评价这些解决方案,寻找其缺点。因此,可能需要对方案进行必要的修改,从而为无线传感器网络提供一个完善的传输层解决方案。

5.6 应 用 层

5.6.1 应用层的帧类型

应用层涉及的帧类型主要包括以下 5 类。

(1) 地址收集类。地址请求广播帧(ADDR_REQ)、地址回复帧(ADDR_RSP)和地址确认帧(ADDR_CNF)。

(2) 路由表收集类。路由表请求帧(RT_REQ)、路由表回复帧(RT_RSP)和路由表确认帧(RT_CNF)。

(3) 邻居表收集类。邻居表请求帧(NT_REQ)、邻居表回复帧(NT_RSP)和邻居表确认帧(NT_CNF)。

(4) 采集数据收集类。采集数据请求帧(DATA_REQ)、采集数据回复帧(DATA_RSP)和采集数据确认帧(DATA_CNF)。

(5) 休眠类。休眠命令帧(SLEEP_REQ)。

以上各类数据帧中,请求帧由汇聚结点发起,采集结点收到请求帧后发送相应回复帧,汇聚结点收到回复帧后向采集结点发送确认帧。

5.6.2 应用层协议

无线传感器网络中,传感器结点可用于连续传感、事件探测、事件辨别、位置传感和执行器局部控制。结点微传感和无线连接的思想为军事、环境、卫生、家用、商业、空间探索、化工处理及灾难救助等很多新的应用领域提供了支持。虽然已经定义了无线传感器网络的很多应用领域,但无线传感器网络的应用层协议仍然有相当大的部分尚未开发。

1. 传感器管理协议

无线传感器网络有很多不同的应用领域,当前一些项目需要通过网络(例如 Internet)进行访问,应用层管理协议使无线传感器网络管理应用更方便地使用较低层的软硬件。系统管理通过采用传感器管理协议(Sensor Management Protocol,SMP)与无线传感器网络进行交互。无线传感器网络与其他很多网络不同,结点没有全局 ID,而且一般缺少基础设施。因此,SMP 需要采用基于属性的命名和基于位置的选址对结点进行访问。SMP 是提供软件操作的管理协议,这些软件操作是以下管理任务所必需的。

(1) 将与数据聚集、基于属性的命名和聚类相关的规则引入传感器结点。
(2) 交换与位置搜寻相关的数据。
(3) 传感器结点的时钟同步。
(4) 移动传感器结点。
(5) 打开和关闭传感器结点。
(6) 查询无线传感器网络设置和传感器结点的状态,重新设置无线传感器网络。
(7) 认证、密码分配与数据通信安全。

2. 任务分派与数据广播协议

无线传感器网络的一个重要操作是"兴趣"分发。用户向传感器结点、结点的子集或整个网络发送其"兴趣"内容。此"兴趣"内容可与观察对象的某种属性相关,或者与一个触发事件相关。另一个重要操作是对可用数据进行广播。无线传感器结点将可用数据广播给用户,而用户查询其感兴趣的数据。应用层协议为用户软件提供了"兴趣"分发的有效接口,对较低层操作(例如路由)十分有用。

3. 传感器查询与数据分发协议

传感器查询和数据分发协议(Sensor Query and Data Dissemination Protocol,SQDDP)为用户应用提供了问题查询、查询响应和搜集答复的接口。这些查询一般不向特定结点发送,而是采用了基于属性或位置的命名。例如,"感知温度超过 50℃ 的结点所在位置"是一个基于属性的查询,而区域 A 内结点的"感知温度"是基于位置命名的查询。

传感器查询和任务语言(Sensor Query and Tasking Language,SQTL)提供了更多服务种类。SQTL 支持 3 种事件,这些事件用关键词 receive、every 和 expire 定义。关键词 receive 规定了收到一个消息时由传感器结点生成的事件;关键词 every 规定了采用计时器定时而周期性产生的事件;关键词 expire 规定了计时器超时引发的事件。若传感器结点收到预期消息,而且消息包含一个脚本,则运行此脚本。虽然已经定义了 SQTL,但可为各种应用开发不同类别的 SQDDP。每种应用中,SQDDP 都有特定的执行方式。

其他类型的协议对无线传感器网络应用也是必要的,例如定位和时钟同步协议。定位协议使传感器结点确定其位置,而时钟同步协议为传感器结点提供统一的时间。

5.6.3 应用层功能实现

协议栈应用层主要数据传输流程如图 5-8 所示。

网络建立完成之后,汇聚结点的主要功能是收集网络中的结点路由表、邻居表、土壤温

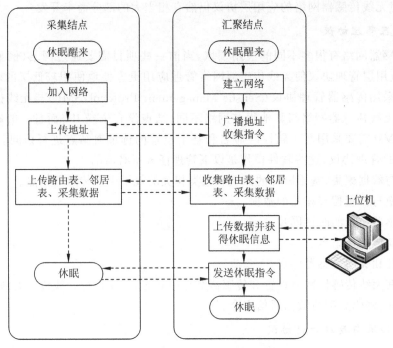

图 5-8　应用层主要数据传输流程

度等数据,并在与上位机通信后下发休眠指令。汇聚结点的状态主要包括空闲状态、休眠状态、地址收集状态、路由表收集状态、邻居表收集状态、采集数据收集状态等。

在整个网络组建成功后,汇聚结点广播地址请求帧,用于收集网络中各采集结点从父结点处分配到的网络地址。此时汇聚结点启动地址收集定时器,汇聚结点由空闲状态进入地址收集状态,此状态下汇聚结点应用层只接收地址数据帧,不接收其他类型数据帧。采集结点收到地址请求广播帧之后进行转发,并将自身的网络地址通过地址回复帧上传给汇聚结点。

汇聚结点将采集结点上传的网络地址存储在网络地址列表中,并发送地址确认帧。当地址收集定时器到时后,认为地址收集完成。汇聚结点回到空闲状态,随后根据不同的数据收集,依次在路由表收集状态、邻居表收集状态、采集数据收集状态和空闲状态之间切换。

在进行路由表、邻居表、采集数据收集的过程中,汇聚结点与结点之间采用点对点方式通信。汇聚结点遍历网络地址列表,依次从列表中取出结点地址发出路由表请求帧,以进行路由表数据收集。汇聚结点启动定时器等待结点上传路由表,若定时器到时,而结点仍未上传数据,则重发路由表请求帧。若重发次数大于3次,认为该结点收集完成,取出下一结点地址进行路由表收集。目的结点收到请求帧后发送路由表回复帧,回复帧中包含自身路由表信息,结点启动定时器等待汇聚结点发确认帧。若定时到了仍未收到确认,则重发路由回复帧,重发次数大于3次则认为上传完成。汇聚结点收到路由表回复帧后,立刻发起路由表确认帧,关掉路由表等待定时器,并进行下一个结点路由表的收集。若网络地址列表中所有结点路由表收集完成,则进行邻居表和采集数据的收集,收集方式与路由表收集方式类似。

汇聚结点收集完所有数据后,与上位机进行通信,将数据上传到上位机,并从上位机处获得休眠参数。汇聚结点解析休眠参数,并将休眠参数广播给整个网络中的所有结点,随后整个网络一起进入休眠状态。休眠结束后,所有结点重新组建网络,并重复前面的操作。

5.7 MAC 协议

5.7.1 无线传感器网络的介质访问控制问题

在无线传感器网络中,MAC 协议决定无线信道的使用方式,在传感器结点之间分配有限的无线通信资源,用来构建传感器网络系统的底层基础结构。MAC 协议处于传感器网络协议的底层,对传感器网络的性能有较大影响,是保证无线传感器网络高效通信的关键网络协议之一。

1. 设计无线传感器网络的 MAC 协议时应考虑的因素

传感器结点的能量、存储、计算和通信带宽等资源有限,单个结点的功能比较弱,而传感器网络的强大功能是由众多结点协作实现的。多点通信在局部范围内需要 MAC 协议协调其间的无线信道分配,在整个网络范围内需要路由协议选择通信路径。在设计无线传感器网络的 MAC 协议时,需要着重考虑以下 3 方面的因素。

(1) 节省能量。传感器结点一般由电池供电,携带的能量非常有限。但是很多无线传感器网络应用都是需要长期的监控,也就对结点生命周期的长度有所要求。所以为了保证传感器结点的有效运行,MAC 协议在设计时需要慎重考虑能量消耗问题。在满足需求的前提下,应尽量保证结点消耗较少的能量。

(2) 可扩展性。由于无线传感器网络结点的能量有限,在系统的运行过程中会有结点因为能量耗尽而死亡,因此也有新的结点加入网络。另外,由于结点位置的移动,可能会有结点因移动距离超出通信范围而暂时失去联系,但是位置恢复后又可能进入通信范围,所以必须保证结点可以重新加入网络。因此设计 MAC 协议时必须考虑扩展性,保证新的结点可以加入,这样才能满足无线传感器网络动态变化的要求。

(3) 网络性能。网络的性能包含很多方面,主要是指网络的实时性、吞吐量、公平性等。设计 MAC 协议时也需要考虑这些因素,它们直接决定网络的性能。

2. 造成无线传感器网络能量浪费的主要原因

在无线传感器网络 MAC 层中,为了评价 MAC 协议能量的有效性,需要分析由哪些因素造成了能量消耗。在无线传感器网络中,可能造成网络能量浪费的主要原因如下。

(1) 冲突重传。如果 MAC 协议采用竞争方式使用共享的无线信道,由于隐藏问题的存在,结点在发送数据的过程中,可能会引起多个结点之间通信时产生数据碰撞,这就需要重传发送的数据,从而消耗结点更多的能量。如图 5-9 所示,在结点 A 向结点 B 发送信息的过程中,结点 C 和结点 D 无法感知,因此有可能也向结点 B 发送数据,从而引发在结点 B 处产生冲突。

(2) 串音现象。结点接收并处理不必要的数据,这种串音现象造成结点的无线接收模块和处理器模块消耗更多的能量。如图 5-10 所示,在结点 A 向结点 B 发送信息的过程中,结点 E 和结点 F 都会接收到结点 A 发送的数据,在接收后判断不是发送给自己的数据,则将数据包丢弃,因此浪费了接收数据包和处理数据包的能量。

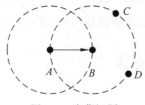
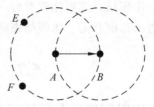

图 5-9　隐藏问题　　　　　图 5-10　串音现象

(3) 空闲侦听。结点在不需要发送数据时一直保持对无线信道的空闲侦听，以便接收可能传输给自己的数据，这种过度的空闲侦听或者没必要的空闲侦听同样会造成结点能量的浪费。

(4) 控制消息。在控制结点之间的信道分配时，如果控制消息过多，也会消耗较多的网络能量。

为了减少能量的消耗，无线传感器网络的 MAC 协议通常采用侦听与睡眠交替的无线信道使用策略。当有数据收发时，结点就开启无线通信模块进行发送或侦听；如果没有数据需要收发，结点就控制无线通信模块进入睡眠状态，从而减少空闲侦听造成的能量消耗。为了使结点在睡眠时不错过发送给它的数据或减少结点的过度侦听，邻居结点间需要协调侦听和睡眠的周期，同时睡眠或唤醒。如果采用基于竞争方式的 MAC 协议，就要考虑尽量减少发送数据碰撞的概率，根据信道使用的信息调整发送的时机。当然，MAC 协议应该简单、高效，避免协议本身开销较大、消耗过多的能量。

5.7.2　无线传感器网络 MAC 协议分类

1. 根据使用信道数目的不同划分

根据使用信道数目不同，无线传感器网络 MAC 协议可分为多信道 MAC 协议和单信道 MAC 协议。多信道 MAC 协议使用多个不同频率的信道，有较高的吞吐量，信道利用率较高，可以避免信道冲突，减少重传，但结点硬件成本较高。单信道 MAC 协议实现简单，结点体积小，成本低，但数据信息与控制信息都通过同一信道传输，信道利用率不高。

2. 根据通信发起方的不同划分

根据通信发起方不同，无线传感器网络 MAC 协议可分为接收方发起 MAC 协议和发送方发起 MAC 协议。接收方发起 MAC 协议，可以减少接收方的通信冲突，能避免隐终端问题，但开销较大，有一定的延迟。发送方发起 MAC 协议实现简单，兼容性较强，但易产生冲突。

3. 根据信道访问方式的不同划分

根据信道访问方式不同，无线传感器网络 MAC 协议可分为基于竞争的 MAC 协议、基于调度的 MAC 协议和混合接入的 MAC 协议。基于竞争的 MAC 协议实现简单，结点通过竞争方式来获得信道，拓展性良好，结点不需要进行全局的时间同步，缺点是竞争信道消耗能量，当网络负载较大时，可能产生过度竞争，会增加网络的延迟。基于调度的 MAC 协议通过调度接入信道，可以减少冲突，减少信息重传，但是需要时间同步，协议拓展性不好。混合接入的 MAC 协议可以综合上述两种协议的优点，但是协议较复杂，实现难度较大。

4. 根据数据通信类型的不同划分

根据数据通信类型不同,无线传感器网络 MAC 协议可分为单播协议和组播协议。单播协议用于沿固定路径采集数据的协议,有利于网络优化,但是其拓展性差。而组播协议适用于数据融合与查询,但是其时间同步性要求较高,数据冗余较大。

5. 根据传感器结点功率可变性划分

根据传感器结点功率可变性不同,无线传感器网络 MAC 协议可分为功率固定 MAC 协议和功率控制 MAC 协议。功率固定 MAC 协议的结点成本较低,实现简单,但是通信范围重叠,易导致冲突。功率控制 MAC 协议有利于结点能耗均衡,但易形成非对称的链路,结点成本较高。

6. 根据接收结点的工作方式划分

根据接收结点的工作方式不同,无线传感器网络 MAC 协议可分为侦听、唤醒和调度 3 种。在发送结点有数据需要传递时,接收结点的不同工作方式直接影响数据传递的能效性和接入信道的延迟等性能。接收结点的持续侦听,在低业务的无线传感器网络中,造成结点能量的严重浪费,通常采用周期性的侦听睡眠机制以减少能量消耗,但引入了延迟。为了进一步减少空闲侦听的开销,发送结点可以采用低能耗的辅助唤醒信道发送唤醒信号,以唤醒一跳的邻居结点,如 STEM 协议。在基于调度的 MAC 协议中,接收结点接入信道的时机是确定的,知道何时应该打开其无线通信模块,避免了能量的浪费。

7. 根据控制方式的不同划分

根据控制方式不同,无线传感器网络 MAC 协议可分为分布式执行的协议和集中控制的协议。协议的选择与网络的规模直接相关,在大规模网络中通常采用分布式执行的协议。

相对来说,MAC 协议较为主流的分类方法是根据信道访问方式进行分类,这也是最符合无线通信本质的一种分类方法。

5.7.3 常见的无线传感器网络 MAC 协议

1. 基于竞争的无线传感器网络 MAC 协议

基于竞争的 MAC 协议采用按需使用信道的方式,这类 MAC 协议以随机竞争的方式随机抢占信道,是研究最早、最成熟的 MAC 协议。基于竞争的无线传感器网络 MAC 协议的基本思想是,结点以竞争的方式抢占信道,若发现冲突,则回退并重新抢占,直到发送完成或放弃本次发送。IEEE 802.11 是其最典型的代表,随后研究人员在 IEEE 802.11 的基础上又提出了许多基于竞争的 MAC 协议,例如 S-MAC(Sensor-MAC)、T-MAC(Timeout-MAC)、B-MAC(Berkeley-MAC)和 Sift-MAC 协议等。

1) IEEE 802.11 MAC 协议

IEEE 802.11 MAC 协议支持两种操作模式:单点协调功能(PCF)和分散协调功能(DCF)。PCF 提供了可避免竞争的接入方式,而 DCF 则对基于接入的竞争采取带有冲突避免的载波检测多路访问 CSMA/CA 机制。在 DCF 工作方式下,载波侦听机制通过物理载波侦听和虚拟载波侦听来确定无线信道的状态。

当一个结点要传输一个分组时,首先要侦听信道状态,如果信道空闲,而且经过一个帧间间隔时间 DIFS 后,信道仍然空闲,则结点立即开始发送信息;如果信道忙,则结点一直侦听信道直到信道的空闲时间超过 DIFS。当信道最终空闲下来时,结点进一步使用二进制退避算法,进入退避状态来避免发生冲突。CSMA/CA 的基本访问机制如图 5-11 所示。

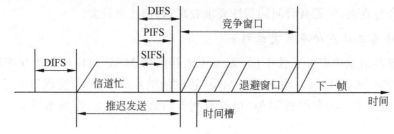

图 5-11 CSMA/CA 的基本访问机制

DCF 可利用 RTS 和 CTS 两个控制帧进行信道预约。这种机制是可选的,但是每个使用 IEEE 802.11 协议的网络中的结点都必须支持此功能,以保证有相应的 RTS/CTS 控制帧。

RTS 帧的优先级与其他数据帧相同。RTS 帧中包含数据帧的接收站地址和整个数据传输的持续时间。持续时间指的是传输整个数据和其应答帧的所有时间。收到这个 RTS 的所有结点都根据其持续时间域更新自己的 NAV。接收站在收到 RTS 后,等待一个 SIFS,再用一个 CTS 帧进行应答。CTS 帧内也包含持续时间域。所有接收 CTS 的结点必须再次更新各自的 NAV。收到 RTS 和 CTS 的结点集合不一定完全重叠,那么在所有发送站和接收站覆盖范围内的结点都会收到通知,在发送信息之前必须等待一段时间,即信道在这段时间内被唯一地分配给了抢占到信道的发送站及其接收站。

在发送站和接收站进行了 RTS/CTS 握手之后,经过一个 SIFS,发送站开始传输数据帧。接收站在收到数据帧之后等待一个 SIFS,用 ACK 帧进行应答。此时传输过程已经完成,发送站及接收站覆盖范围内的结点中的 NAV 值指向 0,各结点进入下一轮信道争用。IEEE 802.11MAC 协议的应答与预留机制如图 5-12 所示。

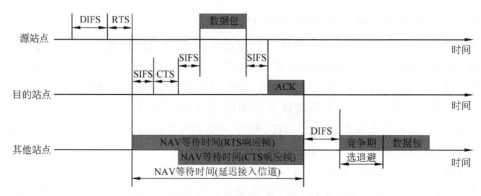

图 5-12 802.11 MAC 协议的应答与预留机制

2) S-MAC 协议

MAC 协议提出的时间较早,是一种最原始的抢占式基础协议。为了减少由于在传输过程中数据冲突导致的重传、空闲侦听、串音干扰和 RTS/CTS 控制帧等因素造成的能量浪费,S-MAC 协议采用了以下机制。

(1) 周期性侦听/睡眠的自适应低占空比工作方式,使结点尽可能多地保持睡眠状态以节省能量消耗,如图 5-13 所示。

图 5-13　S-MAC 协议的基本机制

(2) 结点之间采用时间同步机制组成虚拟簇,保证簇内结点是同步的,降低结点的空闲侦听时间。同一个虚拟簇内的结点有相同的时间调度表。如图 5-14 所示,结点 A 处于两个虚拟簇的交叉区域内,需要维持两个调度表,负责簇 1 和簇 2 的通信工作。

(3) 根据网络流量大小情况,采用自适应侦听机制。

(4) 串音避免机制。

(5) 通过消息分割和突发传递机制来减少控制消息的开销与消息的传递延迟。

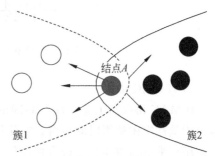

图 5-14　协议的虚拟簇

S-MAC 协议实现简单,通过结点周期性睡眠的方式减少了空闲侦听时能量的消耗,避免了传输过程中数据的碰撞和串音的干扰,也降低了由 RTS/CTS 等控制帧带来的额外能量消耗。但因为结点长期处于周期性睡眠状态,需要发送的数据不能及时进行传输,使数据传输延迟比较大,尤其在网络负载较大的情况下,S-MAC 协议的效率会降低很多。

3) T-MAC 协议

T-MAC 协议是在 S-MAC 协议的基础上改进的协议。在 T-MAC 协议中,发送数据时仍采用 RTS/CTS/DATA/ACK 的通信过程,结点被周期性唤醒并进行侦听,如果在一个给定的时间 TA 内没有发生下面任何一个激活事件,则活动结束。

(1) 周期时间定时器溢出。

(2) 在无线信道上收到数据。

(3) 通过接收信号强度指示(Received Signal Strength Indication,RSSI)感知存在无线通信。

(4) 通过侦听 RTS/CTS 分组,确认邻居的数据交换已经结束。

在每个活动期间的开始,T-MAC 协议按照突发方式发送所有数据。TA 决定每个周期最小的空闲侦听时间,它的取值对于 T-MAC 协议的性能至关重要,其取值约束为

$$\text{TA} > C + R + T \tag{5-1}$$

其中,C 为竞争信道时间;R 为发送 RTS 分组的时间;T 为 RTS 分组结束到发出 CTS 分组开始的时间。

这样,结点会根据网络的流量来自动调整结点的活跃周期时长。然而,当网络负载较大时会增加发送数据冲突的概率,同时也会导致数据延迟。S-MAC 协议和 T-MAC 协议的工作机制对比如图 5-15 所示。

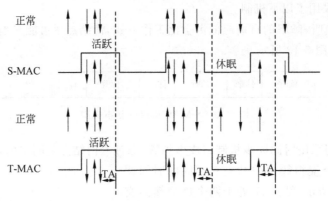

图 5-15　S-MAC 协议和 T-MAC 协议的工作机制对比

4) B-MAC 协议

B-MAC 协议与上述协议有共同的设计目标——节能。为了达到这一目的，需要尽量避免能量在空闲侦听时的浪费。它使用扩展前导和低功率监听的技术，引入具有探测功能的帧序列来对信道质量进行合理评估并根据信道的通信质量来判断是否选择该信道通信。结点在发送数据之前，要先发送一段固定时长的前导序列。结点唤醒后听到此前导序列，则保持活跃状态，直到收到发送的数据帧为止。

B-MAC 协议不需要与其他结点分享调度信息，其前导序列机制可以有效缩短结点唤醒时长，所以 B-MAC 协议在吞吐量和延迟方面性能较好。但是由于其传输前导序列等技术耗费能量较多，所以使用该协议的结点消耗能量较多，其网络生存周期一般。

5) Sift MAC 协议

Sift MAC 协议以一种全新的思路来解决结点竞争信道的问题。该协议在设计时充分考虑了传感器网络的以下特性。

（1）时间和空间的相关性。在传感器网络中，任何一个事件的发生都会引起事件源附近的多个结点同时侦测到该事件，这样就形成了结点在事件监测区域上的空间相关性。事件发生以后，侦测到事件的结点要同时组织并上报信息，这样就形成了结点发送的时间相关性。

（2）针对一个事件，只需要一部分的相关结点上报，就能获得关于该事件的足够的信息，这主要是因为传感器网络都有一定的冗余性。

（3）事件源内的结点的分布密度随时间不断变化。协议要对结点数目有一定的适应能力。

Sift MAC 协议充分利用了传感器网络的以上 3 个特性，同时考虑了可扩展性，很好地解决了对竞争结点数目变化的适应性问题。Sift MAC 协议的设计目标是将观察到事件的 N 个结点中的 $R(R \leqslant N)$ 个结点以最快的方式完成上报工作。Sift MAC 协议成功地解决了以往基于竞争的 MAC 协议中的窗口调整的问题，同时大大减轻了网络负载，减少了网络中的冲突和事件上报的延迟。与以往基于竞争的 MAC 协议不同的是，在 Sift MAC 协议中参与竞争的结点在不同的竞争时槽上有着不同的发送概率，竞争结点依据概率选择发送时槽，进而抢占信道并进行发送。该协议使用非均匀概率分布为结点分配发送时槽。

同时该协议还是一个非坚持的 MAC 协议,也就是在任何一次成功传输或冲突结束后,所有参与竞争的结点都会放弃自己先前选择的时槽,并重新开始新一轮的时槽选择。而在 IEEE 802.11 等其他 MAC 协议中会记住上次剩余的时槽数目,一旦信道空闲就恢复计数器继续计数。

Sift MAC 协议满足了事件驱动的传感器网络应用的大部分需求,成功解决了对结点数目变化的适应性问题,提供了较低的延迟并节约了大量的能量损耗。该协议非常适合事件驱动的传感器网络应用,也满足了目标跟踪应用的多数需求。

Sift MAC 虽然使用非均匀概率分布给每个竞争时槽分配了概率,但是事件源内的所有结点在发送上都是公平的,可以认为协议是随机地在事件源内选择结点上报。这种方式会使一些离事件源很远但侦测到事件的结点成功上报,这些结点的上报只会增加目标重建的误差。所以 Sift MAC 协议虽然具有提供较低延迟等优点,但是仍不能完全满足目标跟踪应用的需求,而解决的方法是有选择地、合理地调度事件源内的结点进行上报。

6) GB-Sift MAC 协议

GB-Sift MAC 协议将整个竞争窗口依据梯度划分成相应的多个段(小竞争窗口),在每个段中分别使用非均匀概率分布的方法为段内时槽分配发送概率。依据梯度信息对事件域的划分如图 5-16 所示。

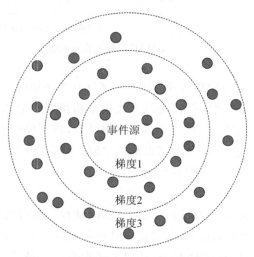

图 5-16 依据梯度信息对事件域的划分

GB-Sift MAC 协议中将竞争窗口划分成 3 段,梯度 1 对应的段为[0,16),梯度 2 对应窗口为[13,25),梯度 3 对应窗口为[20,32),这样一个原本大小为 32 的竞争窗口就被划分成了 3 个小的竞争窗口。同一梯度内的结点只能在其对应的小窗口内竞争发送时槽,事件源内的所有结点也因此被划分成了 3 个区域,并在 3 个不同的时段(小竞争窗口)内竞争时槽。

2. 基于调度的无线传感器网络 MAC 协议

基于调度的 MAC 协议被称为无冲突 MAC 协议,采用某种调度策略将结点分配到相互独立的子信道中去实现发送。目前研究最为成熟的是基于时分复用的 MAC 协议,这类协议的代表有 DMAC(Data gathering MAC)协议、EM-MAC 协议、TRAMA 协议、DEANA(Distributed Energy-Aware Node Activation)、基于分簇网络的 MAC 协议等。频分复用和码分多址由于其实现复杂且成本高或受限于传感器网络的特点,因而研究尚不是很深入。

1) DMAC 协议

DMAC 协议是区别于抢占式协议的一种周期型协议,是基于 TDMA 的调度型 MAC 协议。DMAC 协议是针对采用簇树拓扑结构的传感器网络设计的 MAC 协议。网络中的普通结点将采集到的数据经过多跳路由,传递给具备强大的数据处理和分析能力并拥有较多存储资源的汇聚结点。

DMAC 协议设计了一种交错调度机制,由工作时间和空闲时间共同组成结点的通信周期。在 DMAC 协议中,结点的时间帧被划分成接收、发送和睡眠 3 个时间段,如图 5-17 所示。

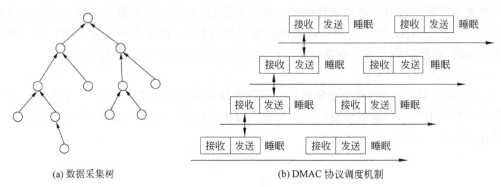

(a) 数据采集树　　　　　　(b) DMAC 协议调度机制

图 5-17　DMAC 协议的调度机制

一般无线传感器网络的 MAC 协议采用星形或网状拓扑结构。网络间数据的转发时容易引起延迟和冲突。DMAC 网络拓扑类似于数据结构领域中的二叉树结构,DMAC 协议根据无线传感器网络成簇的原理,以汇聚结点为根结点,将其他结点看成树状结构。然后,自下而上逐层投递结点信息,每一层的结点都按时间顺序依次传递数据信息。一旦结点丢失或者死亡,就很难再维持原有的树状结构。

2) EM-MAC 协议

EM-MAC(Energy efficient Multichannel MAC)协议是最近几年刚提出来的一种周期型协议。EM-MAC 采用线性时间机制,对调度结点的时间系统进行时间同步,其时间同步效果良好,保持了网络的同步。EM-MAC 协议为了提高吞吐量采用了多信道的策略,通过伪随机序列选择信道,在信道的接入方面采用提前等待,可以使需要通信的一对结点以最大的概率在同一信道通信。另外,EM-MAC 协议设计了黑名单策略,对通信状况不好的信道进行记录,根据结点的通信需求,不选择黑名单中的信道。EM-MAC 协议调度信道的方式高效、可靠,但是设计复杂,对结点的计算能力要求较高。

3) TRAMA 协议

流量自适应介质访问(TRaffic Adaptive Medium Access,TRAMA)协议是一种典型的 TDMA 协议。它将时间划分为连续的时槽,再根据两跳内的邻居结点信息,通过分布式选举的方式确定哪些结点可以无冲突地利用时槽。TRAMA 协议尽量不将时槽分配给没有数据需要发送的结点,这样可以保证时槽的充分利用,并且协议让没有数据的结点睡眠来节省能量。TRAMA 协议使用了自适应时槽选择算法,可以根据结点的状态有效分配时槽。

使用 TRAMA 协议可以保证结点无冲突地收发数据，在高网络负载时减少网络冲突，网络吞吐量较高。但是使用本协议的结点需要存储邻居结点的调度信息和拓扑结构，对硬件要求较高。TRAMA 协议适用于周期性收集数据的网络。

4) DEANA 协议

分布式能量感知结点活动（Distributed Energy-Aware Node Activation，DEANA）协议将时间帧分为周期性的调度访问阶段和随机访问阶段。调度访问阶段由多个连续的数据传输时槽组成，某个时槽分配给特定结点用来发送数据。除相应的接收结点外，其他结点在此时槽处于睡眠状态。随机访问阶段由多个连续的信令交换时槽组成，用于处理结点的添加、删除以及时间同步等。

为了进一步节省能量，在调度访问部分中，每个时槽又细分为控制时槽和数据传输时槽。控制时槽相对数据传输时槽而言长度很短，如果结点在其分配的时槽内有数据需要发送，则在控制时槽发出控制消息，指出接收数据的结点，然后在数据传输时槽发送数据。在控制时槽内，所有结点都处于接收状态。如果发现自己不是数据的接收者，结点就进入睡眠状态，只有数据的接收者才会在整个时槽内都保持接收状态，这样就能有效减少结点接收不必要的数据。DEANA 协议的时间帧分配如图 5-18 所示。

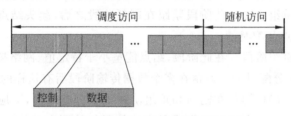

图 5-18 DEANA 协议的时间帧分配

与传统的 TDMA 协议相比，DEANA 协议在数据传输时槽前加入了一个控制时槽，使结点在得知不需要接收数据时进入睡眠状态，从而能够部分解决串音问题，但是该协议对结点的时间同步精度要求较高。

5) 基于分簇网络的 MAC 协议

在分簇结构的传感器网络中，所有传感器结点固定划分或自动形成多个簇，每个簇内有一个簇头结点，如图 5-19 所示。簇头负责为簇内所有传感器结点分配时槽，收集和处理簇内传感器结点发来的数据，并将数据发送给汇聚结点。

在基于分簇网络的 MAC 协议中，结点状态分为感应、转发、感应并转发和非活动 4 种状态。

(1) 结点在感应状态时，采集数据并向其相邻结点发送。
(2) 结点在转发状态时，接收其他结点发送的数据并发送给下一个结点。
(3) 在感应并转发状态的结点需要完成感应和转发两种状态的功能。
(4) 结点没有数据需要接收和发送时，自动进入非活动状态。

为了适应簇内结点的动态变化，及时发现新的结点，使用能量相对高的结点转发数据，协议将时间帧分为周期性的 4 个阶段。

(1) 数据传输阶段。在此阶段，簇内传感器结点在各自分配的时槽内发送采集数据给簇头。

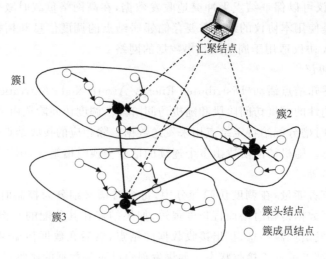

图 5-19 基于分簇网络的 MAC 协议

(2) 刷新阶段。在此阶段,簇内传感器结点向簇头报告其当前状态。

(3) 刷新引起的重组阶段。此阶段紧跟在刷新阶段之后,簇头结点根据簇内结点的当前状态重新给簇内结点分配时槽。

(4) 事件触发的重组阶段。在此阶段,结点能量小于特定值、网络拓扑发生变化等事件发生时,簇头就要重新分配时槽。通常在多个数据传输阶段后有这样的事件发生。

基于分簇网络的 MAC 协议在刷新和重组阶段重新分配时槽,适应簇内结点拓扑结构的变化及结点状态的变化。簇头结点要求具有比较强的处理和通信能力,能量消耗也比较大,如何合理地选取簇头结点是一个需要深入研究的关键问题。

LEACH 协议能够保证各结点等概率地担任簇头,使网络中的结点相对均衡地消耗能量,但 LEACH 协议不能保证簇头均匀地分布在整个网络中。

HEED(Hybrid Energy Efficient Distributed clustering)协议针对 LEACH 算法簇头分布不均匀这一问题进行了改进,以簇内平均可达能量作为衡量簇内通信成本的标准。结点以不同的初始概率发送竞争消息,簇头竞选成功后,其他结点根据在竞争阶段收集到的信息选择加入簇。结点的初始化概率 P_b 根据以下公式确定:

$$P_b = \max(C_b + E_{rest}/E_{max}, P_{min}) \tag{5-2}$$

其中,C_b 和 P_{min} 是整个网络统一的参量,它们影响算法的收敛速度;E_{rest}/E_{max} 代表结点剩余能量与初始化能量的百分比。

HEED 算法在簇头选择标准以及簇头竞争机制上与 LEACH 算法不同,成簇速度有一定的改进,特别是考虑到成簇后簇内的通信开销,把结点剩余能量作为一个参量引入算法,使选出的簇头更适合承担数据转发任务,形成的网络拓扑更趋合理,全网能量消耗更均匀。

3. 混合接入的 MAC 协议

混合接入的 MAC 协议充分利用基于调度和竞争的 MAC 协议的优点,在不同的阶段采用不同的接入方式,实现优势互补,进而提高网络的性能。具有代表性的混合接入 MAC 协议有 Z-MAC 协议、HyMAC 协议和漏斗 MAC 协议。

1) Z-MAC 协议

Z-MAC(Zebra-MAC)协议是最早提出的一种混合接入的协议,它结合了 CSMA 和 TDMA 两种信道访问机制,首次将抢占式和周期型两种协议的核心思想结合在一起,是所有其他同类协议的基础。当网络中负载较大时,会导致信道过度的竞争,所以采用 TDMA 调度机制为结点分配信道和时间片,减少了数据冲突和信道的过度竞争。当网络负载较小时,采用 CSMA 这种竞争信道的方式,可以使结点更快获得信道,使信道的利用率更高。CSMA 的方式也可以使结点有更好的拓展性,但是协议设计较复杂,对硬件的要求较高。

2) HyMAC 协议

HyMAC(Hybrid TDMA/FDMA)协议和 Z-MAC 协议类似,借鉴其混合技术的设计理念和思想,是第一个结合 TDMA 和 FDMA 的混合信道协议。该协议有较高的吞吐量和比较低的端到端延迟,根据网络和无线通信介质所处的状态、系统所处抢占和周期两种不同状态而自适应进行媒介接入方式的切换。协议在竞争状态采用低功率侦听信道技术,在调度信道时将结点的邻居表发送到汇聚结点,汇聚结点根据邻居表构建网络连通图。HyMAC 满足较高的信道利用率、吞吐量和比较低的端到端延迟,然而这种特殊的调度机制只能用于具有数据感知树结构的无线传感器网络应用,具有很大的局限性。

3) 漏斗 MAC 协议

无线传感器网络采用多跳通信与汇聚结点数据集中收集的工作方式造成了漏斗效应。漏斗效应会引起汇聚结点附近的传感器结点丢失更多、丢失数量不均匀、能量消耗较大,从而导致整个网络周期缩短。为此,研究人员提出了漏斗 MAC(Funneling-MAC)协议,该协议是结合了 CSMA/CA 和 TDMA 的混合协议。

Funneling-MAC 协议的特点是在整个网络范围内采用 CSMA/CA 方式,而漏斗区域内的结点采用 TDMA 和 CSMA 混合的信道访问方式,通过采用本地 TDMA 传输时间安排来减轻漏斗效应,漏斗区域内的结点也会有更多的机会访问信道。

Funneling-MAC 协议主要以载波侦听的方式为主,不要求时钟同步。该协议的性能比 Z-MAC 协议要好,能量效率更高。但由于该协议采用针对汇聚结点的集中式 TDMA 算法,因此当汇聚结点周围的邻居结点拓扑结构改变时,就会需要对结点重新部署,导致能量开销增大。采用时隙分配算法只提供了松散的 TDMA 调度,隐藏终端的问题依然存在,所以 Funneling-MAC 协议不适用于大规模的无线传感器网络。

5.7.4 无线传感器网络自适应 MAC 协议在矿井中的应用

矿井下的巷道具有复杂性、动态性的特点,现有无线传感器网络 MAC 层通信协议都不是针对这种复杂环境设计的,不能满足新型矿井监控与应急通信系统的需求,因此需要适用于矿井的新型 MAC 协议。

1. 基于矿井的监控与应急通信系统设计

1) 系统体系结构

在新型 MAC 协议中,以现有矿井安全监控系统为基础,融合无线传感器网络,以一定间隔布置带有两种网络接口的无线接入点,形成以工业以太网为主、无线传感器网络为辅的信息传输体系。矿井信息传输网络系统结构如图 5-20 所示。

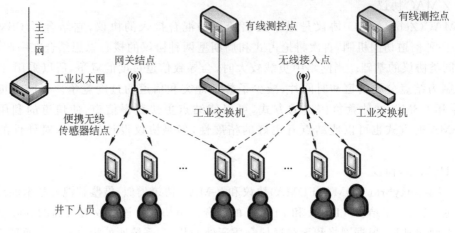

图 5-20 矿井信息传输网络系统结构

2) 工作模式

这种新型矿井监控与应急通信网络有两种工作模式：正常工作模式和应急工作模式。有线网络完好时，无线传感网络完成对环境参数、设备状态监测，并通过带有两种网络接口的网关结点实现无线传感器网络与有线的主干网互连，将这些数据通过主干网上传到地面控制中心。当井下有线通信网络中断后，网关结点通过对有线信道周期性侦听，检测到有线通信中断时，则通知无线传感器网络做出调整，优先传送井下人员的定位信息。无线传感器结点通过一跳或多跳路径将信息传送给带有两种网络接口的网关结点，固定的网关结点和一些固定结点形成软网桥，完成井下人员信息传输，形成无线传感器网络＋工业以太网（矿难后未破坏段）矿井应急救援通信网络。矿难发生后形成的应急救援通信网络如图 5-21 所示。

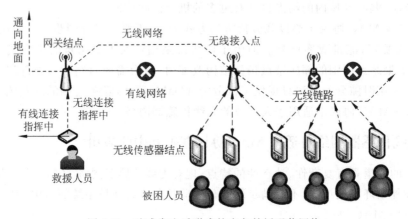

图 5-21 矿难发生后形成的应急救援通信网络

3) 结点的设置

在有线矿井监控系统中，主干网可以延伸到的主巷道区和一些支巷道区，每隔一定距离就布置带有两种网络接口的类似于普通监控分站的无线接入点，基站之间安置一些固定无线传感器网络结点，这类结点呈静止状态。采煤区作业面一直随时间推进，是动态变化区域,有线网络无法敷设,无线传感器网络结点可以直接佩戴在井下人员身上或者安装在移动设备上。在地理位置较复杂的区域或巷道分支处,结点布置要较为密集以确保信息正确传输。

2. IS-MAC 协议设计

鉴于矿井的特殊应用环境,无线传感器网络的汇聚结点可以人为布置,无须担心供电问题,所以以下前提条件在实际中可以满足。

(1) 网络中的汇聚结点能量无限制。

(2) 当汇聚结点广播同步信息(SYNC-WM)时,所有网内结点都可以接收到。

(3) 所有网内结点占空比统一,每个结点都有唯一的 ID。

IS-MAC 协议针对所设计的矿井监控与应急通信系统需求,在 S-MAC 协议的基础上,主要对其进行了以下 4 点改进。

1) 统一时间调度

IS-MAC 协议局部采用统一时间调度,时间调度安排由汇聚结点发起。时间调度有两种,采用相同调度周期,为低占空比时间帧。调度 1 把时间帧划分为休眠时段和侦听时段;调度 2 把时间帧划分为 4 个部分,短睡眠时段、同步监听时段、邻居列表建立时段和数据传输时段。普通结点调度时间帧分配如图 5-22 所示。

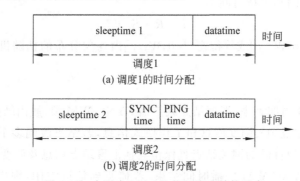

图 5-22 自适应 MAC 协议的调度结构示意

汇聚结点主要完成的工作有两个:一是周期性侦听有线通信网络通信状态,二是周期性广播 SYNC-WM 帧,SYNC-WM 帧中携带结点下次休眠时间、汇聚结点地址和无线传感器网络工作模式标志。

$$\text{SYNC-WM 周期} = n \times \text{调度 1 周期} + \text{调度 2 短睡眠时间}$$

每过一个 SYNC-WM 周期,汇聚结点就广播 SYNC-WM 帧。

2) 自适应访问控制机制

所设计的矿井监控与应急通信系统有两种工作模式:在正常工作模式下,监测的环境参数希望能得到优先发送,人员定位信息则延迟发送;在应急工作模式下,为使救援及时,希望人员定位信息优先发送,环境参数信息则优先级较低。

汇聚结点周期性检查有线通信状态,在下一个 SYNC-WM 发送时间到来时,设置 SYNC-WM 帧内工作状态标志,并广播给簇内结点。簇内结点接收到 SYNC 信息,依据工作状态标志,动态改变不同优先级数据竞争策略。

高优先级数据,当结点检测到信道空闲,等待 DIFS 时间,进入随机退避时间,退避结束,接入信道;低优先级数据,首先等待一段时间,等待时间结束后,信道空闲,才能进入随机退避时间,退避时间结束,再接入信道。通过这种自适应控制机制,可以实现优先级高的数据优先传输,优先级低的数据延迟传输,以满足矿井监控与应急通信系统两种工作模式自由切换的需求。

在 IS-MAC 协议中,设计有两种窗口:一是随机退避窗口$[0, W_{i-1}]$,二是等待时间窗口$[0, W_{j-1}]$。W_i为第i次发生碰撞以后选择的随机退避窗口,W_j为第j次发送碰撞以后选用的等待时间窗口。W_i和W_j的计算公式分别如下:

$$W_i = \begin{cases} 2^i, & 4 \leqslant i \leqslant m \\ 2^m, & i > m \end{cases} \tag{5-3}$$

$$W_j = \begin{cases} 2^j, & 0 \leqslant j \leqslant n \\ 2^n, & j > n \end{cases} \tag{5-4}$$

在 IS-MAC 协议中,假设重传次数为 10 次,即 $m=10$,为避免优先级低的数据一直发送不成功;选择等待时间窗口 $W_{j\max}=256$,即 $n=8$。当 $W_j=W_{j\max}$ 时,即使数据再次发生碰撞,W_j 窗口也不再变化,仍保持最大值。数据发送成功或重发次数达到 10 以后,W_i、W_j 返回最小值,$W_{i\min}=16, W_{j\min}=1$。

上述随机退避时间和等待时间为

$$T = R \cdot S_a$$

其中,R为竞争窗口$[0, W_{i-1}]$或等待窗口$[0, W_{j-1}]$内均匀分布的伪随机整数;S_a为一个时隙时间。

3) 邻居发现

每当 SYNC-WM 周期到来,汇聚结点就广播 SYNC-WM 帧,簇内结点收到 SYNC-WM 帧后,提取帧内汇聚结点 ID、调度信息和工作模式信息,若结点收到多个 SYNC-WM,则取距离近的汇聚结点作为自己的网关结点且保留其他汇聚结点信息及调度信息以备应急工作模式时启用。等到 SYNC-WM 广播时间结束,若侦听到信道空闲,则广播发送 ping 信息帧,ping 信息帧中包含源结点 ID。ping 信息的发送不采用握手/应答机制,通过设置重发 ping 消息次数(重发 ping 消息次数=结点平均邻居个数)保证每个结点都可以成功建立一跳范围内邻居结点列表。发送结点一跳范围内的邻居结点接收到 ping 信息,从中提取发送结点 ID,将其与邻居列表中的 ID 比较,若已经有此 ID 则丢弃,若没有,则将其添加到邻居列表,邻居个数加 1。结点邻居列表包括邻居的 ID 及活动状态 ac,及没有接收到邻居结点 ping 信息的次数 n。若在整个邻居寻找阶段,结点没有接收到邻居列表中已有邻居结点的 ping 信息,则将该结点活动状态标志清"0",说明该结点可能处于死亡状态,将 n 置"1"。下一次 SYNC 同步时间过后,在邻居列表建立时段,仍没有收到该结点的 ping 信息,则视其死亡,删除该结点信息。该邻居发现机制具有较强的适应网络拓扑变化的能力。

4) IS-MAC 协议帧结构

在 IS-MAC 协议中,用到的信息帧主要有 SYNC-WM 同步信息帧、ping 信息帧、握手应答控制帧 RTS/CTS/ACK、带有优先级标志的数据帧。各帧采用的格式如图 5-23～图 5-26 所示,其中 Wormode 为工作模式标志,DataPriority 为数据类型,单位为字节(B)。

2	1	2	8	1	2
type	length	StrAddr	Sleeptime	Wormode	CRC

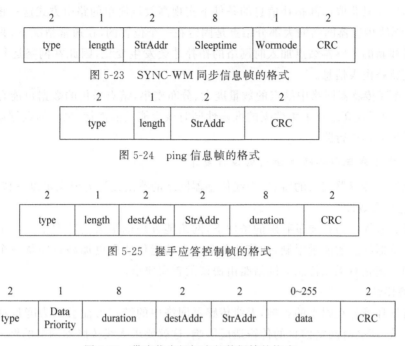

图 5-23　SYNC-WM 同步信息帧的格式

2	1	2	2
type	length	StrAddr	CRC

图 5-24　ping 信息帧的格式

2	1	2	2	8	2
type	length	destAddr	StrAddr	duration	CRC

图 5-25　握手应答控制帧的格式

2	1	8	2	2	0~255	2
type	Data Priority	duration	destAddr	StrAddr	data	CRC

图 5-26　带有优先级标志的数据帧的格式

5.8　无线传感器网络路由协议

5.8.1　无线传感器网络路由协议概述

1. 无线传感器网络路由协议的特点

传统的无线网络路由协议已经不能满足现代无线传感器网络的要求了，同时路由协议也是无线传感器网络研究的重点。在无线传感器网络中，网络主要按照路由协议提供的路线将所需传输的数据信息从源结点传送到目的结点，因此路由协议主要有以下两个作用：一是寻找由初始结点到目的结点的最佳路径；二是确保所需传输的信息能够按照适合的路径到达目的地。

传统网络中的路由协议是为了找到初始结点与目的结点之间所需时间最短的路线，均衡网络流量、避免出现流量堵塞等，不涉及能量消耗问题，而无线传感器网络中需要重点考虑的是如何去有效地利用这有限能量。因此，无线传感器网络的路由协议一般具有以下特点。

(1) 无线传感器网络中，传感器结点的能量都有一定的限制，这就要求在设计路由协议时应将提高能量利用效率从而延长整体网络的生命周期放在首要位置。因此，在设计路由协议时应很好地解决结点的能量消耗和均衡使用网络能量的问题。

(2) 无线传感器网络携带的能量和通信能力都有限，因此在通信方式上可以采用单跳方式和多跳方式相结合的通信模式；由于结点的存储和计算能力也较为有限，因此太过复杂的路由计算也不适用于无线传感器网络。由以上分析可知，无线传感器网络的路由设计需要解决如何在只获取局部拓扑信息的条件下实现高效且简单的路由方式这一重要问题。

（3）无线传感器网络的大部分结点是固定在一个位置的,在通常情况下,只有当传感器结点失效和新的传感器结点加入时网络的拓扑才会发生变化,因此在网络运行过程中无须频繁地更新路由表信息。

（4）无线传感器网络中结点的数量庞大、分布密集,结点采集的数据可能存在大量不需要的信息,为了提高结点采集数据的准确性同时减少能量的消耗,采集的数据需要先进行数据融合处理后再进行路由。

2. 无线传感器网络路由协议的设计要求

根据无线传感器网络的特点,无线传感器网络的路由设计需要满足以下特殊的要求。

1) 能量有效性

能量有效性是指在能量有限的条件下,网络能处理的最大的数据量。由于无线传感器网络中传感器结点的能量限制,如何使单个结点的能量使用更加高效以及整个网络的能量消耗更加平衡是对无线传感器网络路由协议的首要要求。

2) 鲁棒性

受所处环境外在因素的影响,无线传感器网络中的结点可能会因为能量耗尽或者环境因素而失效,就会对网络信息的传输造成影响,这就要求无线传感器网络的路由协议在设计时能够对此类情况进行自适应处理,增加网络传输错误修正功能。

3) 可扩展性

无线传感器网络的可扩展性主要体现在监测范围、网络的生命周期以及采集数据的准确性等方面,扩展性越好代表网络的性能较好。

4) 简单高效性

受传感器结点的硬件条件限制,无线传感器网络的能量可持续性、计算能力以及数据传输能力都有很大的局限性,无法承受太复杂的网络路由协议,因此无线传感器网络路由协议在设计时需要遵循简单、高效的原则。

3. 无线传感器网络路由协议的分类

（1）根据获取路由信息的时机不同,无线传感器网络路由协议可以分为主动式路由协议和按需式路由协议。主动式路由协议又称表驱动的路由协议,这一类路由协议试图在所有的传感器结点中维护一组到其他传感器结点的一致的、实时的路由信息表。当网络拓扑发生变化时,传感器结点通过向其他传感器结点发送路由信息来通告维护路由信息的一致性。按需式路由协议又称反映式路由协议,这一类路由协议并不要求传感器结点一直维护网络的路由信息表,只有在传感器结点需要某条路由时才动态地创建并一直维护这条路由直到网络拓扑发生变化,或者该路由不再可用,或者信息传递结束不再需要这条路由时为止。

（2）根据数据传输过程中采用路径的多少,无线传感器网络路由协议可以分为单路径路由和多路径路由。单路径路由协议的优势在于它的简单性,但是这种简单性从根本上限制了协议性能的提升空间。随着网络性能的提高,单路径路由协议也无法满足路由可靠性和结点节能等方面的更高要求。多路径路由协议尽管有难以实现、要求更大的路由信息存储空间、路由计算更复杂等难点,但是其优势还是很明显的。在传感器网络中,由于结点的冗余以及各个结点都具有路由功能,因此从任何一个源结点到目的结点的路径通常会有多条。同时由于传感器网络的拓扑结构经常因为环境的变化而发生变化,如果能为各个结点对都建立一条或多条替换路径,整个网络的路由可靠性和容错性就会得到提高,而提高路由的可靠性正是无线传感器网络所面临的主要问题之一。

（3）根据路由选择是否考虑 QoS 约束的不同,无线传感器网络路由协议可以分为支持 QoS 的路由协议和不支持 QoS 的路由协议。支持 QoS 的路由协议是指在路由建立时,考虑延迟、丢包率等 QoS 参数,从众多可行路由中选择一条最适合 QoS 应用要求的路由。

（4）根据是否以地理位置来标识目的地、路由计算中是否利用地理位置信息,无线传感器网络路由协议可以分为基于位置的路由协议和非基于位置的路由协议。

（5）根据应用以及需求不同,无线传感器网络路由协议可以分为能量感知路由协议、基于地理信息的路由协议、基于查询的路由协议和可靠路由协议。

① 能量感知路由协议。该路由协议以减少能量消耗为目的,选择能耗最小的路径以最大限度地延长网络的生存周期。

② 基于地理信息的路由协议。在建立路由时,依据结点和目的区域的位置信息限定查询消息的扩散范围,指引路径的建立,使得到的路径更加符合需求。在收集到的数据中,如果包含事件区域的地理信息,无疑会增加数据的可信度和可靠性。例如在火灾监控中,如果知道火灾的位置,必然会给救灾行动带来便利。

③ 基于查询的路由协议。在一些应用中,监测者需要不断地主动查询目的区域的信息,例如环境监测。在这种路由协议中,基站发送路由查询消息,路由查询消息根据一定的规则到达目的区域。这种路由建立方式是由基站发起的主动建立过程。采集到的数据信息在传输过程中进行数据融合,从而减少数据转发量来节省能量消耗。

④ 可靠路由协议。传输数据时,有时网络链路的稳定性非常差,容易导致数据包丢失和发生错误,不能满足对可靠性要求比较高的需求,因此需要设计传输信道更加可靠的路由协议。

（6）根据网络的层次不同,无线传感器网络路由协议可以分为平面结构的路由协议和层次结构的路由协议。

下面介绍几种常用的路由协议类型。

5.8.2 平面结构的路由协议

在平面路由中,所有传感器结点的地位都是一样的。它们通过相互协作为路径的建立提供必要的准备。在这类协议中,一般由汇聚结点向事件区域发送查询消息,事件区域接收到消息后,向汇聚结点发送采集到的数据。在网络运行过程中,平面结构路由协议设定网络不需要对网络中已经变化的拓扑结构和路由信息进行存储维护,每个传感器结点都是以广播的形式在网络中传递信息的,因此一般不会出现信息丢失问题,路由协议的容错能力得到增强,即使某个传感器结点发生故障而停止工作也不会对整个网络的工作运行有太大影响。

1. 洪泛路由协议

洪泛路由协议是网络中最基本的技术协议,其独特之处在于网络运行中完全不需要使用相关的路由算法。传感器结点不需要维护路由表信息,只需在接收信息之后以广播的形式在网络中进行转发。如图 5-27 所示,结点 A 使用洪泛路由方式向结点 K 发送数据,信息发送的时候会包含一个数据信息副本,同时每个接收到数据信息的传感器结点会通过类似的方式继续向周围结点发送数据信息,直到网络的生命周期结束。最终结果是数据到达了结点 K 或者此数据的副本已被所有结点接收。

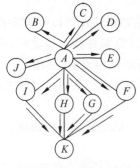

图 5-27 洪泛路由示意

由上述描述可以看出,洪泛路由方式很容易实现,不需要在路由算法和维护网络拓扑信息上消耗资源,适用于对传输性能稳定性要求较高的场景。洪泛路由协议由于不需要维护路由,所以也有明显的缺陷,即在协议的运行过程中会出现信息的内爆和信息的重叠。信息内爆是指协议运行过程中某个结点得到一个数据的多个数据副本的情况,如图 5-28(a)所示。信息重叠是指两个相邻的传感器结点在同一环境下对同一个事件做出的反应,两个结点所采集的数据类型和数值都差不多,因此这两个结点的相邻结点会同时收到两份数据,如图 5-28(b)所示。

洪泛路由对有效资源的利用率很低。在常规网络运行时,洪泛路由方式不会考虑网络中的能量情况,而在无线传感器网络中,由于结点数量巨大,传感器结点会在某一时段同时传输大量的数据信息,此时会对网络的传输造成严重的影响,可能会因结点提早失效,从而导致部分网络的信息中断。因此,洪泛路由方式一般用于网络结点特别少的情况,不适用于普通的无线传感器网络。

2. 闲聊协议

闲聊协议是 S.Hedetniemi 等人针对洪泛路由协议存在的问题提出的。在这个算法中,结点随机选择一个邻居结点转发数据,而不是向所有的邻居结点广播数据。当相邻结点收到数据包时,也采用同样的办法转发给与其相邻的某一个结点。

与洪泛路由协议相比,闲聊协议节约了能量,也避免了出现信息爆炸现象,降低了网络拥塞。由于转发数据的随机性,会使端到端的数据传输延迟有所增加,并且仍然存在信息重叠和资源盲目使用等问题。如图 5-29 所示,假设 x 是一个分组,S 为源结点,D 为目标结点,序号表示分组在网络中的一种可能的传递顺序。结点 E 已收到它的邻居结点 B 的分组副本,若再次收到,它会将此分组发回给它的邻居结点 B,就会出现信息重叠现象。

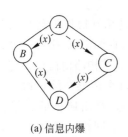

(a) 信息内爆   (b) 信息重叠

图 5-28 洪泛路由存在的问题

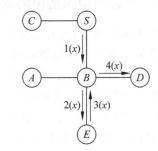

图 5-29 闲聊协议的重叠现象

3. DD 协议

DD(Directed Diffusion,定向扩散)路由协议是基于查询机制的平面结构。DD 协议的工作原理是汇聚结点通过兴趣消息发出查询任务,把网络所有者对监测区域感兴趣的信息(如湿度、温度等环境信息)通过洪泛路由方式传播给整个区域或部分区域内的所有传感器结点。在兴趣消息传播的过程中,协议逐跳地在每个传感器结点上建立反向地从数据源到汇聚结点的数据传输梯度。传感器结点将采集到的数据沿着梯度方向传送到汇聚结点。DD 协议的路由方式如图 5-30 所示,主要分为 3 个阶段:兴趣的扩散阶段、梯度的建立阶段和路径的加强阶段。

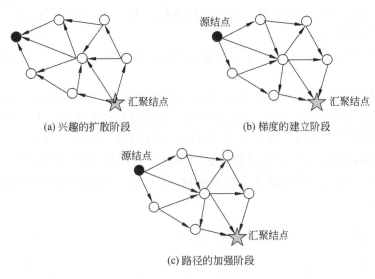

图 5-30　DD 协议的路由方式

(1) 在兴趣的扩散阶段,汇聚结点需要通过发送兴趣消息去寻找匹配的数据信息,首先汇聚结点采用广播方式向周围的传感器结点发送其兴趣消息,消息被发送后按层级开始传输,通过遍历的方式最终会找到与兴趣消息适合的数据。

(2) 在梯度的建立阶段,当网络各处均存在兴趣消息后建立联系。

(3) 在路径的加强阶段,传感器结点收集到所需的所有数据后,数据将沿着该兴趣的梯度路径传输给汇聚结点。

DD 协议虽然可以有效地节约能量和适应网络拓扑的变化,但是运行过程中,一旦要查询用户所需的数据就必须进行兴趣扩散、梯度建立和路径加强这 3 个过程,使协议运行效率大大降低。此外,由于只有用户提出查询操作时协议才会进行相应操作,因此不适用于自动监测环境下的无线传感器网络应用。

4. 传感器信息协商协议

传感器信息协商(Sensor Protocol for Information via Negotiation,SPIN)设计的目的是解决洪泛路由方式中的信息内爆和信息重叠问题,SPIN 的研究也解决了 DD 算法存在的不足,算法的核心是协商制度和资源自适应机制。协商制度让传感器结点先协商找到那些有用的信息后再进行传送,这样可以有效减少信息部分重叠问题,同时能够避免洪泛传播容易发生的信息爆炸现象。结点间进行协商时,只需要发送一些描述采集数据的属性的元数据(Meta-data),而不需要发送采集的全部数据。元数据比采集的全部数据会小很多,因此,传输元数据并不会消耗传感器结点太多能量。资源自适应机制保证了每个传感器结点在发送或接收数据之前,都要先检查各自剩余的能量情况,当检测到自己的剩余能量处于一个比较低的水平,就不再执行一些操作(例如数据转发),从而减少传感器结点的能量消耗,实现节省网络能量的目标。

SPIN 有 ADV、REQ 和 DATA 3 种类型的消息。

(1) ADV(Advertisement)。ADV 用于新数据广播。当一个结点有数据需要传输时,可以用 ADV 数据包(包含元数据)对外广播。

(2) REQ(Request)。REQ 用于请求发送数据。当一个结点希望接收 DATA 数据包时,则发送 REQ 数据包。

(3) DATA,即数据包,包含附上元数据头(Meta-data Header)的传感器采集的数据的数据包。

一个传感器结点在发送数据包之前,首先向其邻居结点广播 ADV 消息,如果一个邻居结点在收到 ADV 消息后愿意接收该数据包,那么它向该结点发送一个 REQ 消息请求希望接收该数据,然后结点向该邻居结点发送 DATA 数据包。如图 5-31 所示,B 接收 A 的 DATA 数据包后,同样,重复上述过程向它的邻居结点广播 ADV 消息,但是它不会发送 ADV 消息给 A,因为它已经知道 A 有此数据包。依此进行下去,DATA 数据包可被传输到远方的汇聚结点。

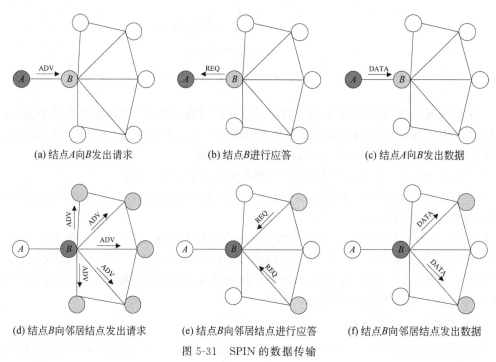

(a) 结点A向B发出请求　　(b) 结点B进行应答　　(c) 结点A向B发出数据

(d) 结点B向邻居结点发出请求　　(e) 结点B向邻居结点进行应答　　(f) 结点B向邻居结点发出数据

图 5-31　SPIN 的数据传输

SPIN 协议中,并不是每个传感器结点都对接收到的 ADV 消息做出响应。如图 5-29 所示,结点 B 的 5 个邻居结点中只有两个结点发送 REQ 响应消息。

下面分别介绍 SPIN 协议族的几种不同的形式。

(1) SPIN-PP(SPIN Point to Point)。SPIN-PP 使用的通信方式为点对点的模式,在工作过程中,需要假设其他结点无法干扰指定结点之间的通信,功率的大小不受任何限制且数据信息不会丢失。

（2）SPIN-EC(SPIN Energy Control)。SPIN-EC 在 SPIN-PP 的基础上对结点的功耗进行了考虑，对参与数据交换的结点进行了限制，结点所具有的能量必须保证能完成所有的任务量并且所具有的能量不低于所设定的阈值。

（3）SPIN-BC(SPIN Broadcast Channel)。为了能够让网络中的结点在符合自身通信条件的情况下都可以进行信息传输，在 SPIN-BC 中加入了广播信道。网络中其他结点在接收到这个请求消息后会自动放弃请求，这样可以有效避免 REQ 请求的重复产生。

（4）SPIN-RL(SPIN Route Lossy)。SPIN-RL 在 SPIN-BC 的基础上进行了一些补充和改进，主要解决了无线链路中分组数据的丢失问题和差错避免问题。在协议运行过程中，ADV 消息的运行状态会被随时记录下来，如果在规定的时间内没有收到相应的请求数据，则会向上层发送请求重传的消息，请求消息的次数也是受到限制的。

SPIN 协议的缺点是在新数据传输时，会在没有考虑所有邻居结点自身能量的情况下直接向邻居结点广播 ADV 数据报文，但 SPIN 协议无法对新数据进行转发，如此一来新的数据将会被搁置，整个网络将无法传输新的数据，从而影响网络的信息收集的时效性。

（5）SPIN-MM 在报警监控、医疗等应用中，数据必须第一时间到达汇聚结点以便进行实时分析。离汇聚结点越远，跳数相对越大。在 SPIN-MM 中增加了最小跳数发现阶段，用于计算每个结点到达汇聚结点的最小跳数；在协商阶段，通过结点之间最小跳数大小的比较决定是否要发送 DATA；接收数据结点的选择阶段用于选择下一跳结点；备份恢复阶段用于处理出现数据不可达的情况。

改进的协议分为以下 5 个阶段。

① 最小跳数发现阶段

最小跳数发现过程如下：

汇聚结点向所有的邻居结点广播 Stat 包，Stat 包中包括 type（数据包的类型）、nodeId（发送结点的编号）、hop（距离汇聚结点的最小跳数），最初 hop=1。

当一个结点接收到 Stat 包时，先将 hop 存储下来，然后将 Stat 包中的 hop 加 1，nodeId 改为自己的编号，将这个修改过的 Stat 包广播给自己的邻居结点。

如果一个结点 B 接收到从邻居结点 A_i $(1 \leqslant i \leqslant n)$ 发来的 Stat 包时，根据公式 $\min\{\text{hop}(B, A_i), i=1, 2, \cdots, n\}$（其中，$n$ 是结点 B 的邻居结点个数；$\text{hop}(B, A_i)$ 表示 B 从 A_i 经过到达汇聚结点的最小跳数），通过比较可以得出结点 B 离汇聚结点的最小跳数。

将上述过程持续进行，直到所有结点至少收到一次 Stat 包为止，这样，在每个结点中就保存了自己到达汇聚结点的最小跳数信息。

② 协商阶段。源结点向所有的邻居结点发送 ADV 询问信息，ADV 中包含本结点的最小跳数信息和完成本次数据传输所需的能量。邻居结点接收到 ADV 时检查此刻是否有足够的能量完成数据传输，如果没有，就发送 RDT 作为回复表示拒绝接收数据信息，避免源结点重复向此结点发送 ADV 询问而浪费能量。如果邻居结点的剩余能量能够完成数据传输，邻居结点查看是否收到过此询问信息，如果没有收到，就与 ADV 中的 hop 做比较：若 own_hop≤rece_hop（其中，own_hop 表示从本结点到达汇聚结点的最小跳数；rece_hop 表示接收到的邻居结点到达汇聚结点的最小跳数），则该邻居结点向源结点发送 REQ 请求报文；否则，放弃接收数据，说明此结点相对于源结点远离汇聚结点。

③ 接收数据结点的选择阶段。邻居结点中若有多个与汇聚结点在同一侧并且符合转发条件的结点，就选择一个此刻跳数最小的结点；若有多个最小跳数相同的结点，则选择最小跳数的结点中能量最多的那个邻居结点作为数据转发的对象。

④ 备份恢复阶段。将接收数据结点的选择阶段中其余符合条件的邻居结点的 nodeId 和需要转发的 DATA 信息先保存在本地，若选择的接收数据结点在邻居结点选择中找不到合适的转发结点，可以放弃本次邻居结点的选择，返回上一个发送结点，重新从本地中查看并选择另一个符合条件的结点进行数据转发，若接收数据结点找到符合条件的邻居转发结点，则通知本地结点删除保存在本地的信息。

⑤ 数据传送阶段。接收到数据的结点若不是汇聚结点，将本次需要广播的 ADV 报文中的跳数改成自己的跳数，然后发送给所有的邻居结点，重复上述步骤，DATA 最后可以到达汇聚结点。

平面结构的路由协议具有如下优点：网络结构比较简单，容易扩展，路由机制的容错能力比较强，不需要经常对网络进行维护；由于结点的地位都是一样的，当一个结点死亡时可以用另外的结点代替，消除了局部瓶颈问题，增加了网络的鲁棒性。

平面结构的路由协议具有如下缺点：结点需要大量的控制信息去维护动态变化的路由，这会增加结点的能耗，使可扩展性比较差；此外，由于不能有效管理全网资源，自组织算法不易实现，这使其对网络变化适应性比较差，对事件反应比较迟钝。

5.8.3 层次结构的路由协议

层次结构的路由协议的主要思想是将网络中的结点分成普通结点和高级结点两类。普通结点只负责采集数据和简单地传输数据，而高级结点还需要将收集的数据进行处理。簇头结点对应高级结点。在每个簇里，所有的传感器结点都只跟簇头结点进行必要的数据传输，簇头结点收集簇内所有结点传输给它的数据后进行相应的融合处理，再将结果经过单跳或者多跳的方式传送给终端结点。

典型的层次型路由协议主要有 LEACH、GAF、TEEN、PEGASIS、TTDD 等，其中 LEACH 协议是最早提出的一种层次型路由协议。LEACH 协议主要采用了动态分簇机制，工作时分成很多轮来进行，每一轮中所有的网络结点都有一定概率被选举为簇头结点，并在本轮中负责收集簇内结点信息然后发送到基站，这样避免了某些结点一直担任簇头结点而出现过快死亡的情况发生，从而达到均衡网络内部负载的目的。GAF 已经在前面章节介绍，这里不再赘述。

1. TEEN 协议

TEEN(Threshold sensitive Energy Efficient sensor Network)协议是在 LEACH 协议的基础上发展起来的，因此和 LEACH 协议的实现方式十分相似，两者的最大不同在于 LEACH 协议适用于主动型的传感器网络，需要主动探测数据进行工作，而 TEEN 协议则属于响应型的传感器网络，不需要实时主动探测数据而是等待触发消息，因此更适用于对时间敏感的应用。

TEEN 协议中定义了硬门限阈值和软门限阈值这两个特殊的门限值，当且仅当传感器结点所采集的目标数据的值超过了之前设定的门限阈值时，传感器结点才会发送数据给簇头结点。硬门限阈值是指所收集的监测数据的门限阈值，当实际测量的数据超出了硬门限阈值时，监测结点则必须向簇头结点发送数据，如果监测值小于硬门限阈值时，代表监测的数据处于安全范围内，则无须发送数据报告；软门限阈值是指所收集的监测数据的最小的变化差值，当传感器结点监测到的数据大于硬门限阈值同时其变化值也大于软门限阈值时，则结点将向簇头结点发送消息报告该事件；如果收集到的两次数据的差值小于软门限阈值时，则表示监测的数据变化不明显，那么结点将不会向簇头发送数据。

TEEN 协议通过采用这种方式使传感器网络能够适应各种需要快速响应的场景（如监视一些突发事件和热点地区），这样可以减少不必要的信息在网络中的传输以及网络中能量的损耗，达到延长整个网络的生命周期的目的。

当然，TEEN 协议也存在许多不足，当门限值达不到硬门限阈值和软门限阈值的要求时，结点和簇头结点之间的通信将会被永久性切断，用户也将一直无法获取网络中的数据，也就无法获悉网络中是否有结点死亡等信息；簇头结点需要一直处于激活状态才可以接收结点发送过来的数据，从而增加了簇头结点的能量消耗；在数据传输时，为了避免出现数据冲突，TEEN 协议采用 TDMA 分时段机制，但这样也会使网络运行的延迟升高，对实时性能要求较高的应用场景会产生较大的影响。

2. PEGASIS 协议

PEGASIS(Power-Efficient GAthering in Sensor Information Systems)协议是在 LEACH 协议的基础上进行改进的算法，是一种基于"链"的路由协议。假设在 PEGASIS 网络模型中，所有结点都能够直接发送数据到基站且都能够获取其他结点在网络中的相关位置信息，结点在网络中的位置是固定且不能移动的。它通过贪婪算法将网络中所有结点建成一条链，网络收集到的信息在链上传递至由基站选定的链头结点上，再由簇头发送给基站。PEGASIS 的主要思想是为了延长网络的生命周期，结点只需要与其最近的邻居结点进行通信。结点与汇聚结点间的通信过程是轮流进行的，当所有结点都与汇聚结点通信后，结点间再进行新一轮回合。

PEGASIS 协议的建链过程如下：从离基站最远的传感器结点开始发送试探信号，通过监测其他结点的应答信号强弱来确定离自己最近的结点，并将离自己最近的结点加入链中；然后被加入的结点也按上面所述方式确定离自己最近的结点（不包括已入链的结点）并将其加入链。以此类推，最终形成一条包括所有结点的链。当基站选定簇头结点后，就采用令牌控制机制进行数据传输。首先将令牌信号传递给链两端的结点，链两端的结点向链中的下一个结点发送数据，接收到数据的结点将自己的数据和接收到的数据进行数据融合处理，然后将融合后的数据再发送到下一个结点，最终由链头结点融合两端的数据并发送给基站。当链中有一个结点死亡时，网络需要重新建链。

PEGASIS 协议的优点如下。

(1) 每个结点只需要和自己相邻的两个结点进行通信，结点的通信距离缩短了，有效地降低网络中的能量消耗。

(2) 网络中的结点可以轮流担任链头的角色发送信息给基站，增强了网络对于随机结点死亡的抗干扰能力，可以有效延长网络生存周期。

(3) 相邻结点在数据传递的过程中进行了数据融合，减少了数据信息量。

PEGASIS 协议的缺点如下。

(1) 建链时会出现"长链"情况，导致"长链"两端结点过早死亡。

(2) 信息从链两端传送到链头再发送给基站的过程造成的延迟不可接受。

(3) 一旦有结点死亡,整个网络需重新建链,网络维护代价过大。

(4) 该协议假定各个结点都能与汇聚结点直接进行通信,但在现实中,传感器结点一般是通过多跳方式把数据传递给汇聚结点。

(5) 在所建的链中,只有一个链首结点,容易成为数据传输时的瓶颈。

3. TTDD 协议

TTDD(Two-Tier Data Dissemination)是一个层次结构的路由协议。在实际应用中,并不是只有一个基站接收数据而且基站并不是一直固定不变,否则就会对无线传感器网络造成很大限制,为解决上述问题提出了 TTDD 路由协议。该协议不但解决了基站不可移动的问题,而且考虑到了多个基站并存后存在的问题。其基本原理是当多个传感器结点感知周围信息时,随机选择一个结点作为信息源结点,以该结点为中心组成一个网格。该协议的具体传输过程:首先通过源结点计算周围结点的交叉位置信息,使用 PEGASIS 算法找出距离该位置最近的结点作为新的交叉结点,重复上述过程直到到达网格的边缘,另外网络中的结点还具有位置信息与源结点信息。在对感知信息进行查询时,基站通过洪泛算法找到位置最接近的交叉结点,再将查询信息在所有交叉结点之间进行传输,随后发送至初始结点,最后将感知信息反向传输至基站。需要说明的是,在此期间基站可以进行移动并利用代理保证感知信息稳定的传输。

层次结构的路由协议的优点是具有良好的扩展性,比较适合应用于大规模网络系统;在信息传输的时候,可以在簇头处实现数据融合的功能以减少能量消耗,延长网络的生命周期。

层次结构的路由协议的缺点是经常需要对簇进行维护,因为簇间的通信都是在簇头间进行的,所以簇头的能量消耗很大,而一般的簇内成员能量消耗相对较小,这样不仅容易造成网络结点能量的不均衡消耗,而且经常因部分簇头结点的移动对网络造成重大的影响,降低了系统的鲁棒性。

与平面结构的路由协议相比,层次结构的路由协议具有以下 4 点优势。

(1) 层次结构的路由协议基于分簇策略,选举簇头后的子网络比较稳定,不会因为拓扑结构的变化而影响路由协议。

(2) 层次结构的路由协议中网络结点能量消耗比较平均,可以让网络内部能量负载均衡,达到延长网络生存周期的目的。

(3) 层次结构的路由协议管理简单,基站主要通过簇头结点向网络中其他结点发送有效的命令。簇头结点对所在簇内的结点进行管理,同时将结点的能量、安全性、故障等相关信息发送到基站。

(4) 层次结构的路由协议中通常只有少数网络结点参与路由计算,产生的路由表信息相对很小,网络结点只需要较少的通信和内存开销就可以完成路由信息的交换和维护工作,大大减少了能量消耗。

5.8.4 基于查询的路由协议

无线传感器网络有大量的应用是建立在其数据采集和查询处理功能之上的,用户以查询的方式来获取探测区域内相应的探测信息。典型的有定向扩散路由协议和谣传路由协议。定向扩散路由协议已经在平面型路由协议部分进行了介绍,这里重点介绍谣传路由协议。

谣传路由协议是加利福尼亚大学的 David Braginsky 和 Deborah Estrin 针对数据传输量较少的无线传感器网络而设计的基于查询的路由协议。在基于查询的无线传感器网络中,网络通信的数据流量主要集中在汇聚结点向传感器结点下达的查询命令及传感器结点向汇聚结点上报的事件数据,与需要经过查询消息的洪泛传播及路径增强机制的定向扩散路由相比,谣传路由协议需要传输的数据量相对较少,能量消耗相对较少。

在谣传路由协议中,事件是对一组传感器数据集合的特定标识,并被假定为在特定区域内的本地化现象。查询是对某一组传感器数据集的需求或者是对收集相关数据的命令。一旦查询抵达了目的结点,目的结点就可以向下达此查询命令的源结点反馈传输其所需数据。当反馈数据量相对比较多时,发掘一条在它们之间的优化路径就变得极有意义,但是对于某些只需要少量数据反馈或者只需要向目的结点下达命令的网络应用,谣传路由就是一个选择。它综合了查询洪泛和事件洪泛,其思想是引入查询消息和单播随机转发,建立一条查询到事件的路径(在事件洪泛中是通过梯度场建立的)。依此方式,用查询随机游走方式发现事件路由代替了在整个网络广播事件的洪泛方式。

对于谣传路由协议,每个结点都管理和维护一个邻居列表和一个事件列表。当某结点发现某事件,则将该事件加入事件列表中,并以一定的概率产生一个向外单播的事件代理。该代理也包含了一个类似结点事件列表结构的表,该表与其访问过的结点进行同步。与此同时,由某结点产生的针对特定事件的查询代理(包含一个查询列表)可能也在网络中随机游走,若事件代理或查询代理在某个结点同步事件列表或查询列表时,发现了查询代理或事件代理经过的痕迹(在事件或查询列表中都有记录),则路由就此建立,即查询投递成功。此外,谣传路由还可以达到较高的查询投递效率。

如图 5-32 所示,事件区域内两个传感器结点产生了针对同一事件的事件代理,事件代理沿着随机路径向外扩散传播,同时查询结点产生查询代理也沿着随机路径向外扩散传播,其中一条事件路径和查询路径在交叉结点相遇,于是就形成了一条从查询结点到事件区域的完整路径。谣传路由协议的路径随机化可以有效减少路由建立消耗的能量,但路径往往不是最优路径,甚至路由环路的问题也极可能存在。

5.8.5 基于地理位置的路由协议

基于地理位置信息的路由协议在运行时,结点的地理位置信息都是可以自动获取的,主要通过定位算法自主计算得出或者通过 GPS 直接定位获取,网络中结点之间的通信都是将它们的地理位置信息对比选择后,将数据传送到指定的区域。在规模较大的无线传感器网络中,基于地理位置的路由协议可以使结点有两种不同的状态:活动的状态或休眠状态,这样可以减少网络中不必要的能量消耗,延长网络的生存周期。

基于地理位置的路由协议依据结点或者目标区域的位置信息指导路径的建立、维护和数据转发,能够使数据定向地发送,防止查询消息全局洪泛,降低了建立路由时所用能量消耗,优化了路径选择。根据结点间的位置关系构建的全局或者局部拓扑结构可以使网络的组织结构得到优化,为各种协议的设计提供了便利,典型的协议有 GPSR、GAF、GEAR、GEM 等。GAF 路由已经在前面章节介绍,这里不再进行介绍。

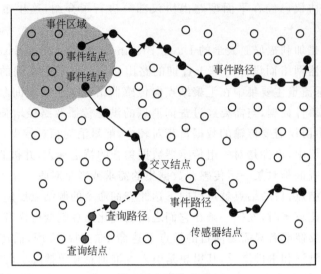

图 5-32　谣传路由

1. GPSR 协议

GPSR(Greedy Perimeter Stateless Routing)协议是一种健壮的地理路由协议,通过路由结点的位置和数据包的目的地址来转发数据包。GPSR 路由结点只维护它的单跳邻居结点的状态信息。每个结点周期性地广播标识信息,告知邻居结点其位置。为了减少协议开销,GPSR 将位置信息搭载在数据包中进行传送。在发送数据包时,GPSR 假定源结点能用其他方法确定目的结点的位置,并将其标记在数据包头中,中间结点依据邻居结点和目的结点的位置来做出转发决定。

GPSR 采用贪婪转发和边缘转发两种模式转发数据包。数据包在发送时被初始化为贪婪转发模式,只有在贪婪转发失效时才会转入边缘转发模式。

在贪婪转发模式下,GPSR 协议是在所有邻居结点中选择离目的结点最近的邻居结点作为下一跳结点,数据传输途中的每一个结点都按照这个原则选择下一跳,直到到达目的结点。如图 5-33 所示,结点 v 是结点 u 的邻居结点中距离目的结点 D 最近的结点,因此 u 结点将数据分组转发给 v 结点。

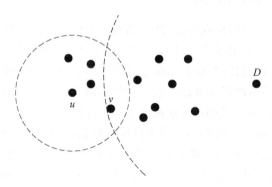

图 5-33　贪婪转发模式

在贪婪转发模式下,网络部署初期以及传感器结点密度很高时具有延迟小、转发成功率高等特点,但在网络的一些局部区域,贪婪转发模式会由于通信空洞的存在而导致分组转发失败。在图 5-34 中,结点 x 的邻居结点 w 和 y 都比结点 x 距离目的结点 D 远,此时贪婪转发失败。图 5-35 中的方格区域即通信空洞区域。通信空洞区域可能是部分结点由于故障或者能量耗尽,或者某些环境本身不适合部署传感器结点(沼泽、湖泊等)而产生的。

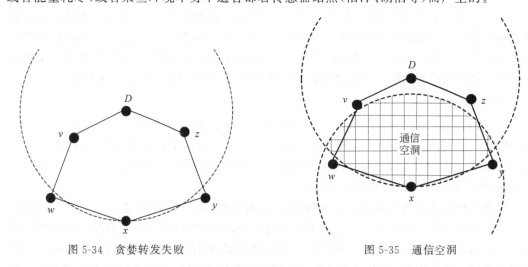

图 5-34　贪婪转发失败　　　　　　　　图 5-35　通信空洞

当在路由途中遇到通信空洞时,可以用边界转发策略来完成选路。当贪婪算法失效时,GPSR 协议可以通过在该区域原始网络图上建立平面图的方法来解决通信空洞的问题,即通过围绕平面图边界向目标区域继续转发分组的方式来恢复路由,条件满足时又恢复贪婪转发。如此反复,直到最后到达目的地。

GPSR 协议只需要维护少量的路由状态信息,路由消息的复杂度较低,适合在结点密度大的无线自组网中使用。但在少数情况下,GPSR 协议得到的路由结果可能既不是最优的,也不是次优的。

2. GEAR 协议

GEAR(Geographical and Energy Aware Routing)协议是一个基于贪婪转发与结点能耗均衡性相结合方案的路由协议。该协议通过使用地理位置信息来确定事件发生区域到汇聚结点的最佳路径,目的是防止消息按洪泛方式来查询,进一步降低建立路由的消耗。GEAR 协议首先假定所知事件区域中结点的地理位置信息,区域中的每个结点都会获悉自己的剩余能量和地理位置的信息,同时如果结点需要知道其邻居结点的剩余能量信息和地理位置信息,只要发送一个 Hello 消息就可以获得。

在 GEAR 协议运行过程中,查询消息传播分为两个阶段进行:第一阶段是将查询信息传送到事件目标区域,第二阶段是在事件目标区域内传播查询消息。

在第一阶段,当传感器结点有数据信息到达后,GEAR 协议采用查询机制,建立从汇聚结点到目标区域的路由。其采用了 GPSR 中贪婪算法的思想,选择邻居结点中实际代价最小的结点作为下一跳结点,建立一条从汇聚结点到目标区域的路径。

在第二阶段,查询消息在目标区域采用洪泛或者迭代算法建立路径。当事件区域结点比较多时,采用迭代算法会更节省能量。采用迭代算法时,将整个事件区域分成很多相同的子区域,查询命令只向每个子区域的最靠近中间位置的结点进行发送。这个过程是一个迭代的过程,当子区域接收到查询命令后,子区域再划分成若干更小的子区域并把查询消息分发给各子区域。当最后的子区域发现这个区域中只有一个结点或者没有结点时,查询消息停止转发。当所有的子区域全部转发完毕时,路径建立结束,采集到的数据将沿着反方向传输给汇聚结点。

GEAR 协议在建立路由的过程中运用了局部最优的贪婪算法,比较适合无线传感器网络传感器结点只需知道局部拓扑信息的场景。由于 GEAR 路由协议是基于结点的地理位置固定或变化不频繁,适用于结点移动性不强的应用环境的假设,GEAR 协议的不足是可能会由于缺少足够的网络拓扑信息从而导致出现覆盖空洞,使路由效率大大降低。

3. GEM 协议

GEM(Graph Embedding)协议是一种适用于以数据为中心网络的地理位置协议。GEM 协议的最大特点是由于采用了虚拟坐标代替实际物理坐标来实现路由选择,因此它是一种不需要地理位置信息的地理位置协议。GEM 协议的基本思想是建立一个虚拟极坐标系,用来表示实际的网络拓扑结构。

在虚拟极坐标系的建立过程中,首先选取网络中心的一个结点建立一个标准生成树,该结点为路由结点。标准生成树定义了结点的半径,即生成树中结点与根结点的跳数。角度的定义稍复杂,首先,每个结点被赋给一个角度范围,根结点的角度范围为$[0, 2\pi]$。大的子树需要的角度范围大,所以每个子结点分配到的角度范围与它的子树的大小成正比。每个结点分配的角度范围采用一种单纯的基于跳数的方法来确定,它可以不依赖任何位置信息。具体操作方法如下:除根结点外再选择两个结点,这 3 个结点应该距离很远,并且不在一条直线上;对网络中的每个结点,确定它们分别到这 3 个结点的最短路径的跳数。此外,网络中的每个结点需要知道 3 个参考结点间的距离(用跳数表示)。在此基础上,每个结点就可以用跳数来对它的位置进行三角测量。由于据此得到的结果可能仍不够准确,因此每个子树计算它所有结点的平均位置并把它传给子树的根结点,根结点再根据此信息对子结点进行排序,最终得到了一个相当精确的虚拟极坐标系。

虚拟极坐标系建立后,GEM 的路由决策过程非常简单,如果目的位置的角度不在自己角度范围内,就将消息传送给父结点,父结点按照同样的规则进行处理,直到该消息到达角度范围包含目的位置角度的某个结点,这个结点是源结点和目的结点的共同祖先,消息再从这个结点向下传送,直到到达目标结点。GEM 路由为以数据为中心的网络提供了一种新的路由机制,不依赖于结点的位置信息。GEM 协议的缺点是网络拓扑结构变化时,树的调整比较复杂,因此它适用于拓扑结构相对稳定的无线传感器网络。

5.8.6 基于能量感知的路由协议

高效利用网络能量是传感器网络路由协议的一个显著特征。早期提出的一些传感器网络路由协议很多都考虑了能量因素,为了强调高效利用能量的重要性,将它们称为能量感知路由协议。能量感知路由协议从数据传输中的能量消耗出发,讨论最优能量消耗路径以及最长网络生存周期等问题。

1. 能量感知路由

能量路由是最早提出的无线传感器网络路由机制之一,它根据传感器结点的可用能量

(Power Available,PA)或传输路径上的能量需求选择数据的转发路径。结点可用能量就是传感器结点当前的剩余能量。传感器结点通常被部署在环境恶劣或通常人无法到达的地方,传感器结点能量的有效利用以及节约就是无线传感器网络设计时需要首要考虑的问题。

在如图 5-36 所示的无线传感器网络中,大写字母表示传感器结点,其右侧括号内的数字表示结点的可用能量。图中的双向箭头表示结点之间的通信链路,链路上的数字表示在该链路上发送数据消耗的能量。源结点是具有一般功能的传感器结点,完成数据采集工作。汇聚结点是数据发送的目标结点。

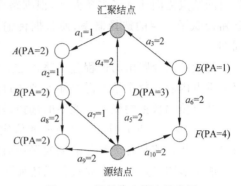

图 5-36　能量路由算法示意图

图 5-36 中,从源结点到汇聚结点的可能路径有以下 4 条。

(1) 路径 1:源结点→B→A→汇聚结点,路径上所有结点可用能量之和为 4,在该路径上发送分组所需能量之和为 3。

(2) 路径 2:源结点→C→B→A→汇聚结点,路径上所有结点可用能量之和为 6,在该路径上发送分组所需能量之和为 6。

(3) 路径 3:源结点→D→汇聚结点,路径上所有结点可用能量之和为 3,在该路径上发送分组所需能量之和为 4。

(4) 路径 4:源结点→F→E→汇聚结点,路径上所有结点可用能量之和为 5,在该路径上发送分组所需能量之和为 6。

能量路由策略主要有以下 4 种。

(1) 最大可用能量路径:从数据源到汇聚结点的所有路径中选取结点可用能量之和最大的路径。在图 5-36 中,路径 2 的可用能量之和最大,但路径 2 包含了路径 1,因此不是高效从而被排除,选择路径 4。

(2) 最小能量消耗路由:从数据源到汇聚结点的所有路径中选取所需能量之和最小的路径。在图 5-36 中,选择路径 1。

(3) 最小跳数路由:选取从数据源到汇聚结点跳数最少的路径。在图 5-36 中,选择路径 3。

(4) 最大最小可用能量结点路由:每条路径上有多个传感器结点且结点的可用能量不同,从中选取每条路径中可用能量最小的结点来表示这条路径的可用能量。如路径 4 中结点 E 的可用能量最小为 1,所以该路径的可用能量是 1。最大最小可用能量结点路由策略就是选择路径可用能量最大的路径。在图 5-36 中选择路径 3。

上述能量路由算法需要结点知道整个网络的全局信息。由于传感器网络存在资源约束,所以结点只能获取局部信息,从而上述能量路由方法只是理想情况下的路由策略。

2. 能量感知多路径路由

传统网络的路由机制往往选择源结点到目的结点之间跳数最小的路径传输数据,但在无线传感器网络中,如果频繁使用同一条路径传输数据,就会造成该路径上的结点因能量消耗过快而过早失效,从而使整个网络被分割成互不相连的孤立部分,减少了整个网络的生存周期。

为了解决上述问题,研究人员提出了一种能量感知多路径路由机制。该机制在源结点和目的结点之间建立了多条路径,根据路径上结点的通信能量消耗以及剩余能量情况,给每条路径赋予一定的选择概率,使数据传输均衡使用整个网络的能量,延长整个网络的生存周期。

能量多路径路由的过程包括路径建立、数据传播和路由维护3个阶段,路径建立是该协议的重点内容。每个结点需要知道到达目的结点的所有下一跳结点,计算选择每个结点下一跳结点传输数据的概率。概率的选择是根据结点到目的结点的通信代价来计算的,即用 $Cost(N_i)$ 表示结点 i 到目的结点的通信代价。因为每个结点到达目的结点的路径有很多,所以这个代价值是各个路径的加权平均值。

能量多路径路由的主要过程描述如下。

(1) 目的结点向邻居结点广播路径建立消息,启动路径建立过程。路径建立消息中包含一个代价域,表示发出该消息的结点到目的结点路径上的能量信息,初始值设置为0。

(2) 当结点收到邻居结点发送的路径建立消息时,相对发送该消息的邻居结点,只有当自己距源结点更近,而且距目的结点更远的情况下,才需要转发该消息,初始值设置为0。

(3) 如果结点决定转发路径建立消息,需要计算新的代价值来替换原来的代价值。当路径建立消息从结点 N_i 发送到结点 N_j 时,该路径的通信代价值为结点 i 的代价值加上两个结点间的通信能量消耗。

(4) 结点要放弃代价太大的路径,结点 j 将满足条件的结点 i 加入本地路由表。

(5) 结点为路由表中每个下一跳结点计算选择概率,结点选择概率与能量消耗成反比。

(6) 结点根据路由表中每项的能量代价和下一跳结点选择概率计算本身到目的结点的代价。

在数据传播阶段,对于接收的每个数据分组,结点会根据概率从多个下一跳结点中选择一个结点并将数据分组转发给它。路由的维护是通过周期性地从目的结点到源结点实施洪泛查询来维持所有路径的活动性。能量感知多路径路由综合考虑了通信路径上的消耗能量和剩余能量,结点会根据概率在路由表中选择一个结点作为路由的下一跳结点。由于这个概率是与能量相关的,因此可以将通信能耗分散到多条路径上,从而实现整个网络的能量平衡降级,最大限度地延长网络的生存周期。能量多路径算法虽然考虑了结点的剩余能量,使网络中的数据能够均衡传输,但是没能保证最优化的传输路径,没有考虑整个网络通信的代价。

5.8.7 可靠路由协议

1. 数据可靠传输机制

为了实现无线传感器网络中数据的可靠传输,研究人员制定了各种路由协议,采用的方法主要有链路重传机制以及多路径传输机制两种。

链路重传机制就是将丢失的数据包重新传输。从重传的具体过程来看,该机制分为两种类型:一种是源结点确认重传,目的结点在成功收到源结点发送的数据包后,会发送确认消息给数据源结点;另一种是单跳确认重传,数据包在每次被转发后都要进行确认,以便丢失处的上一跳结点进行数据重传。链路重传机制保证了数据传输的可靠性要求,但是过多地确认会增大通信负载,此外,若确认消息丢失,还会产生不必要的重传,浪费网络资源。

多路径传输机制是另一种增加数据传输可靠性的方法,它可对数据包进行复制,然后利用数据源结点与目的结点之间的多条不同路径来传输。多路径传输机制实际上是一种空间复用技术,即在同一时间的不同空间传输相同的数据包;链路重传机制可看作一种时间复用技术,即在不同时间的同一空间传输相同的数据包,在传输过程中对数据包进行缓存,当发现数据包没有成功到达目的结点时就对该数据包进行重传。可见,链路重传机制侧重数据的传输,而多路径传输机制则侧重路由的选择。

在对无线传感器网络路由协议的研究中,链路重传机制一般采用单路径路由方式,这样容易造成网络能耗不均,位于传输路径上的结点会因能量消耗过快而导致网络结构分割和网络拓扑变化等结果;多路径传输机制则采用多路径路由方式,在保障数据传输的可靠性、均衡网络能耗、解决传输过程中的容错性以及满足网络的服务质量等方面具有更多的优势。因此,当前无线传感器网络可靠路由协议研究的重要方向之一就是多路径路由协议。

2. 典型的可靠路由协议

可靠路由协议的重要组成内容就是多路径路由协议:在数据源结点向目的结点传输数据包的过程中,为了保证数据包的可靠传输,多路径路由协议通过在网络中提供多条可用路径并令转发结点按照一定策略选择使用这些路径的方式,来确保数据包能够通过其中一条链路成功到达目的结点。另外,考虑结点通信的实时性要求,这里对实时路由协议进行了介绍。

1) 不相交多路径和缠绕多路径

在无线传感器网络中,采用多路径路由的目的是提高数据传输的可靠性以及实现网络的负载平衡。有一类多路径路由工作的基本思想是,首先建立从数据源结点到汇聚结点的主路径,也就是最优路径,然后再按一定方法建立多条备用路径;数据包通过主路径进行传输,同时在备用路径上低速传送数据来维护该路径的有效性;当在数据传输过程中发现主路径失效时,则从备用路径中选择一条次优路径作为新的主路径。

对于这类多路径路由的建立方法,目前主要有不相交多路径和缠绕多路径两种算法。不相交多路径的特点是从源结点到目的结点的任意两条路径都没有相交的结点,如图 5-37 所示。

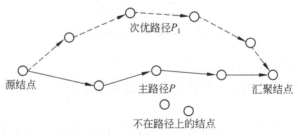

图 5-37 不相交多路径示意图

在不相交多路径中,备用路径可能会比主路径长得多,因此研究人员提出了缠绕多路径算法,路径之间可以有相交的结点,如图 5-38 所示。缠绕多路径不仅可解决主路径上单个结点失效的问题,而且不会使建立的备用路径过长。理想的缠绕多路径由一组缠绕路径形成,每条缠绕路径对应主路径上的一个结点,在该结点失效后,形成一条从源结点到汇聚结点的优化备用路径,这样得到的备用路径与主路径是相交的。显然,主路径上的每个结点都有一个与之对应的缠绕路径,这些缠绕路径构成了从源结点到汇聚结点的缠绕多路径。在理想的缠绕多路径中,结点需要知道全局网络拓扑,但在实际应用中可以采用一种局部缠绕多路径生成算法。

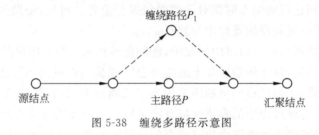

图 5-38　缠绕多路径示意图

相对于不相交多路径路由,缠绕多路径路由占用资源较少,结点资源是共享的。在网络拓扑结构相同的条件下,由于不相交多路径路由的路径搜索约束性比较强,其路径搜索较难。但是,由于缠绕多路径路由存在共享结点或者链路,因此容错能力比较差。

2) ReInForM 路由

上述两种多路径路由都是在主路径失效后才启用备用路径,一个时段只有一条路径上的结点在进行数据传输工作,这一时间并没有充分利用其他冗余结点。若在数据传输过程中发现主路径失效,数据包需要选择次优路径重新进行数据传输,因此增加了延迟。ReInForM(Reliable Information Forwarding using Multiple paths)路由则是由数据源结点同时向一个或多个邻居结点发送相同的数据包,多条路径同时传输该数据包,通过路由算法保证此次数据传输的可靠性,节约了结点之间重复通信的时间。ReInForM 路由示意如图 5-39 所示。

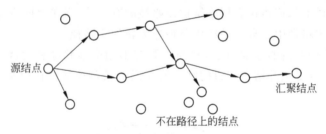

图 5-39　ReInForM 路由示意图

ReInForM 路由的基本过程如下。

(1) 根据系统对数据传输的可靠性要求,数据源结点在发送数据之前计算需要的传输路径数目。

(2) 在邻居结点中选择合适数目的下一跳转发结点,并按照一定比例给这些结点分配各自的路径数目。

(3) 数据源结点将分配的路径数填充到数据包中,作为路由字段的一部分发送到邻居结点。

(4) 在邻居结点接收到数据源结点的数据后,会重新计算可靠性值,将自己视作数据源结点,重复上述数据源结点的选路过程。

因为该路由的每一跳传输都保证了源结点的可靠性要求,所以整个传输过程保证了系统对数据传输的可靠性要求。

ReInForM 路由协议无须周期性地发送路由增强信息,也无须在结点中存储和维护复杂的路由信息,对相应的链路状态变化可以自适应地做出调整,因此有效节省了开销,可以实现满足可靠性要求的数据传输。它的缺点是忽略了网络中结点的能耗问题,没有将能量因素进行考虑,汇聚结点需要定期发送路由更新数据包,因此每个结点的通信负担较重,当网络规模较大时,其能量消耗也会较大。

3) 实时路由

在某些特定的应用场所,汇聚结点需要根据采集的数据实时做出反应,因此网络中的数据传输需要达到特定的速度才能满足要求,这时就需要考虑采用实时路由协议,如 SPEED 协议。

SPEED 协议在一定程度上实现了端到端的传输速率保证、网络拥塞控制以及负载平衡机制。为实现上述目标,SPEED 协议主要由以下 4 部分组成。

(1) 延迟估计机制,交换结点的传输延迟可以用来得到网络负载情况,判断网络是否发生拥塞。

(2) SNGF(Stateless Non-deterministic Geographic Forwarding)算法。它利用局部地理信息和传输速率信息做出路由决定,选择满足网络传输速率要求的下一跳结点与路径。

(3) 邻居反馈(Neighborhood Feedback Loop,NFL)策略。它是一种补偿机制,当 SNGF 算法找不到满足传输速率要求的下一跳结点时,就要采取该机制来保证网络的传输速率。

(4) 反向压力路由变更机制。它是用来避开延迟太大的链路和可能存在的路由空洞。

总体来说,SPEED 协议是一个基于反馈的无状态算法,由多个结点协同建立路径,每个结点只需存储邻居结点信息,没有必要保存路由表全局信息,因此有着很好的扩展性,并且不需要 MAC 层提供特殊的实时机制和 QoS 机制。但是,它在整个网络中只能设置一个全局的传输速率阈值,不能满足多种数据业务的实时要求,在数据传输时没有优先级机制,而且也没有考虑利用多路径传输提高服务质量,忽视了能耗问题,节能效果较差,如图 5-40 所示。

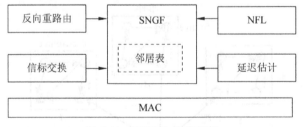

图 5-40 SPEED 协议框架

5.8.8 无线传感器网络路由协议在智能家居中的应用

智能家居是信息时代带给人们的又一个高科技产物,它将家庭中的各种电子电气设备通过网络连接起来,从而实现对这些设备的智能管理、远程监控和资源共享。智能家居将智能设备作为结点,采用 Ad hoc 方式集合 n 个传感结点和一个家庭网关结点组成全静态网络,这些结点通过无线通信协议连接而成。

基于目前采用的路由查询机制存在耗能多、稳定性差、生命周期短、适应范围窄的特点，马正华等人在定向扩散协议的基础上改进适用于智能家居路由最优化选择及数据最优化融合与传输机制。

智能家居无线传感器网络组网设计过程如下。

1. 智能家居无线传输模型

在无线传输中，发射功率的衰减随着传输距离的增大而呈指数衰减。当发送结点和接收结点之间的距离小于 $d/2$ 时（d 为发送结点和接收结点之间的距离），采用自由空间模型，发射功率呈 d^2 衰减；否则采用多路径衰减模型，发射功率呈 d^4 衰减。这里采用自由空间模型。

2. 智能家居无线传感网络布局

基于 ZigBee 技术的无线通信以家庭网关为中央连接点，其他家用设备在线注册进入家庭网关数据库，例如智能交互式一体机、网络电话 IP Phone、智能空调、智能窗帘、家用生理参数采集终端等。家庭设备类别码定义参数如表 5-5 所示。

表 5-5 家庭设备类别码定义参数

设置类别值代码	设 备 名 称	报文中的变量
01H	交互式一体机	D_INTERACTIVE
02H	空调	D_AIR
09H	安防终端	D_SAFE
0EFH	家庭网关	D_GATEWAY

在 DD 协议中，所有结点之间不断转播及接收，因此各结点都会大量地消耗能量，缩短了网络生命周期。基于以上不足，对 DD 协议算法进行了一些改进，将广播的范围、方式及内容进行适当的优化。针对应用于智能家居的环境，根据智能家居结点的特有位置分布规律，将结点按房间的顺序规划不同的相邻且不重叠的矩形区域，如图 5-41 所示。

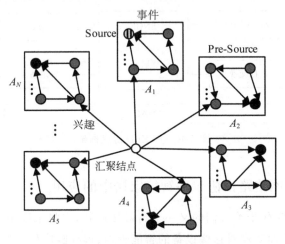

(a) 汇聚结点按照区域顺序发布出兴趣

图 5-41 改进的定向扩散路由过程

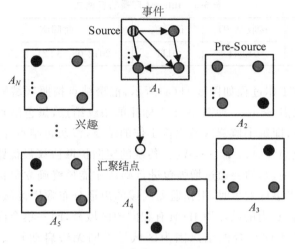

(b) 建立多条指向汇聚结点的路径

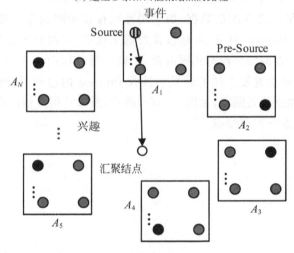

(c) 选出最佳路径

图 5-41 （续）

改进后的协议称为 DD-REC(Directed Diffusion RECtangle)协议，用属性/值命名。汇聚结点使用查询驱动机制按需建立路由，改进协议采用汇聚结点洪泛广播 Interest，按地理位置将结点划分成各个矩形区域并按顺序进行编号（1,2,3,4,5,…,N），向结点发布的 Interest 将区域号加在家庭设备的源 ID 号（设备结点的编号）前面。例如，空调的源 ID 本为 02H，因为空调处于矩形区域 A_1，所以现在的源 ID 号为 102H，家庭网关与设备结点直线双向联通，有效减少网络中消息传输的次数，节省结点接收及转播时消耗的能量，最大限度地节省能量和融合数据。

Interest 广播的包格式如表 5-6 所示，其中类别名为家用设备的变量名，源 ID 即为设备结点的编号，接收站 ID 为网关结点编号，信息位为命令属性（00H 为关，01H 为开，02H 传送设备参数，03H 设备工作时长，04H 设备定时），时间戳为接收到反馈信息的时刻，校验位为检验是否和接收站编号匹配。

表 5-6 Interest 广播的包格式

类别名	源 ID	接收站 ID	信息位	时间戳	校验位
空调	102H	0EFH	01H	2013-05-15T21:42:56	01H

改进协议的具体工作过程如图 5-41(a)所示,汇聚结点按照区域顺序发布 Interest,监测区域中有一个源结点 Sourse,即图 5-41 中标注的条纹结点,黑色结点为第二批预备工作的源结点 Pre-Sourse,即每个监测区域内待工作的结点,浅灰色结点即其他剩余结点,矩形区域内的结点将构成集合 $A_1, A_2, \cdots, A_N$。传统的定向扩散协议最优路径是探测数据在网络中扩散时逐跳建立的,基站要通过增强包进行确认才能最终确立最优路径。在改进后的协议中,当有一个触发事件发生时,根据监测区域的矩形分布顺序区域编号$(1,2,\cdots,N)$逐一扩散 Interest,集合 A_1 内的结点源 ID 具有相同的区域号,同一集合内的结点相互转发和接收 Interest,而位于不同集合的结点因为区域号不同无法启动转发和接收 Interest,如图 5-41(b)所示。在集合内,收到 Interest 的结点将任务纳入缓冲区进行查询验证数据结点所关心的事件,也就是与之匹配的数据,如果缓冲区存在相同的命令就激活命令属性。如图 5-41(b)所示,根据 Interest 计算、创建包含数据上报率、下跳延等信息的梯度,建立多条指向汇聚结点的路径,查询如果没有相同的命令,则在缓冲区内加入一条新记录,散播并激活到监测区域的其他结点重复上述的转发和接收 Interest 的过程,传感器网络最后计算出最佳路径选择方案,加强某条路径,如图 5-41(c)所示,所以数据传输的梯度方向规律为源结点→矩形区域集合结点→汇聚结点。

第 6 章 无线传感器网络的支撑技术

虽然无线传感器网络的使用目的千变万化,但是作为网络终端,结点的功能归根结底就是传感、探测、感知,用来收集应用相关的数据信号。为了实现这些功能,除了通信与组网技术以外,还要实现保证无线传感器网络功能正常运行所需的其他基础性技术。

这些应用层的基础性技术是支撑传感器网络完成任务的关键,包括时间同步机制、定位技术、数据融合、容错技术、能量管理、服务质量和安全机制等。

6.1 时间同步

近年来,无线传感器网络得到了快速的发展,无线传感器网络在战场通信、抢险救灾和公共集会等突发性、临时性场合得到了广泛应用。保持结点间时间上的同步在无线传感器网络中非常重要,它是保证无线传感网络中其他通信协议的前提,如可靠的数据融合、精确的目标跟踪、低功耗 MAC 协议的设计。无线传感器网络中大部分结点在没有工作的情况下都处于休眠状态,只有在需要的情况下才处于激活状态,以及整个网络中为了保证数据可靠的传输,减少数据碰撞,在 MAC 层可直接采用 TDMA 机制,通过结点个数动态分配时隙。以上功能的实现必须以结点间的同步为基础,因此高效的时间同步机制就成了低功耗 MAC 协议设计的前提。

6.1.1 时间同步概述

无线传感器网络的时间同步涉及物理时间和逻辑时间两个方面。物理时间用来表示人类社会的绝对时间,逻辑时间表示事件发生的顺序关系,是一个相对概念。传感器所获得的数据必须具有准确的时间和位置信息,否则采集的信息就是不完整的。此外,传感器结点的数据融合、TDMA 定时、休眠周期的同步等都要求传感器结点具有统一的时钟。

1. 时间同步的定义

无线传感器网络时间同步是指两个或两个以上的传感器结点都维持一个共同的时间。共同时间的概念在一定情况下可以理解为从不同的传感器结点测量所得的时钟值偏差低于给定范围。在这种情况下,如果应用对精度的要求非常严格,要么采用高质量的设备保持时间(如蓝宝石谐振器),要么必须经常观察时钟的读数并调整其值。采用以上方式来维持时间同步的成本太高,因此可以把不同结点的时钟值通过某种方式转换到一个共同的时间尺度上。任何传感器结点都可以完成这种转换,这样结点就能够估计出传感器结点与其他结点的时钟偏差。在许多无线传感器网络的研究中,同步被定义为一种转换时间以达到一个共同时间尺度的能力。

2. 时间同步不确定性的主要影响因素

在无线传感器网络中,时间同步不确定性的主要影响因素如图6-1所示。

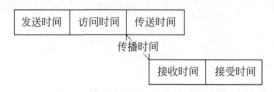

图6-1 时间同步不确定性的主要影响因素

(1) 发送时间:发送方用于构造分组并将分组转交给发送方MAC层的时间。主要取决于时间同步程序的操作系统调用时间和处理器负载等。

(2) 访问时间:分组到达MAC层后,获取信道发送权的时间,主要取决于共享信道的竞争、当前的负载等。例如基于竞争的协议——IEEE 802.11的CSMA/CA,必须等待信道空闲才能进行访问。当同时有多个设备访问信道时,冲突会引起更长的延迟(例如MAC协议的指数补偿机制),更容易预测到的延迟是在基于TDMA的协议中,设备在发送消息前,必须在一个周期内等待属于它的时隙到来。

(3) 传送时间:发送分组的时间,主要取决于报文的长度等。

(4) 传播时间:分组离开发送方后,并将分组传输到接收方之间的无线传输时间,主要取决于传输介质、传输距离等因素。

(5) 接收时间:接收端接收到分组,并将分组传送到MAC层所需的时间。

(6) 接受时间:处理接收到分组的时间,主要受到操作系统的影响。

3. 时间同步机制的性能

在传感器网络中,除了非常少量的传感器结点携带如GPS的硬件时间同步部件外,绝大多数传感器结点都需要根据时间同步机制交换同步消息,与网络中的其他传感器结点保持时间同步。在设计传感器网络的时间同步机制时,需要从以下几个方面进行考虑。

(1) 扩展性。在传感器网络应用中,网络部署的地理范围大小不同,网络内结点密度不同,时间同步机制要能够适应这种网络范围或结点密度的变化。

(2) 稳定性。传感器网络在保持连通性的同时,因环境影响以及结点本身的变化,网络拓扑结构将动态变化,时间同步机制需要能够在拓扑结构的动态变化中保持时间同步的连续性和精度的稳定。

(3) 鲁棒性。可能造成传感器结点失效的原因有很多,另外现场环境随时可能影响无线链路的通信质量,因此要求时间同步机制具有良好的鲁棒性。

(4) 收敛性。传感器网络具有拓扑结构动态变化的特点,同时传感器结点又存在能量约束,这些都要求建立时间同步的时间很短,使结点能够及时知道它们的时间是否达到同步。

(5) 能量感知。为了减少能量消耗,保持网络时间同步的交换消息数尽量少,必需的网络通信和计算负载应该可预知,时间同步根据机制以及结点的能量分布,均匀使用网络结点的能量来达到能量使用的有效性。

(6) 寿命。时间同步算法提供的同步时间可以是瞬时的,也可以和网络的寿命一样长。

(7) 有效范围。时间同步方案可以给网络内所有的结点提供时间,也可以给局部区域内的部分结点提供时间。

(8) 同步精度。根据网络的特定应用及同步的目的,对精度的要求也有所不同。对于一些应用,只需要了解消息和时间的大概先后顺序即可,而某些应用则要求有较高的同步精度。

(9) 成本和尺寸。无线传感器网络结点非常小而且廉价。因此,在传感器网络结点上安装相对较大或者昂贵的硬件(如 GPS 接收器)是不合逻辑的。无线传感器网络的时间同步方案必须考虑有限的成本和尺寸。

(10) 直接性。某些无线传感器网络的应用,例如紧急情况探测、气体泄漏检测、入侵检测等,需要将发生的事件直接发送到网关。在这种应用中,网络不允许任何的延迟。

由于传感器网络具有与应用相关的特性,在众多不同应用中很难采用统一的时间同步机制,即使在单个应用中,可能有多个层次都需要时间同步,每个层次对时间同步的要求也不同。例如在一个目标跟踪系统中,可能存在以下潜在时间同步要求。

(1) 通过波束阵列确定声源位置进行目标监测,波束阵列需要使用公共基准时间。如果用分布式无线传感器结点实现波束阵列,就需要局部结点间的瞬时时间同步,允许的最大误差为 $100\mu s$。

(2) 通过目标相邻位置的连续检测,估计目标的运动速率和方向。这种时间同步机制要求的时间同步长度和地理范围都要比波束阵列大,要求的精度相应有所降低,最大误差与目标的运动速度相关。

(3) 为了减少网络通信量和提高目标跟踪精度,无线传感器网络通常需要进行数据融合,即将网络结点收集的目标信息在网络的传输路径结点中进行汇聚和处理,而不是简单地发送原始数据到汇聚结点。数据融合所需的时间同步误差比波束形成低很多,但地理范围会大很多,同步时间长度也会长很多,可能要求一直保持时间同步。

在应用中,用户需要与无线传感器网络进行交互,例如询问上午 10 点的情况,这种交互的时间精度要求可能不高,但是需要传感器网络与外部时间进行同步。

4. 时间同步的性能参数

无线传感器网络应用的多样性导致了它对时间同步机制的要求也具有多样性。无线传感器网络的时间同步机制的主要性能参数如下。

(1) 最大误差。它是一组传感器结点之间互相误差的最大值或相对外部标准时间的最大差值。通常情况下,最大误差随着需要同步的传感器网络的范围增大而增大。

(2) 同步期限。结点间需要一直保持时间同步的时间长度。无线传感器网络需要在各种时间同步内保持时间同步,从瞬间同步到伴随网络存在的永久同步。

(3) 同步范围。需要结点之间时间同步的区域范围,这个范围可以是地理范围,如以米为单位度量距离;也可以是逻辑距离,如网络的跳数。

(4) 可用性。时间同步机制的可用性指在一定范围内的覆盖完整性,有些时间同步机制能够同步区域内的每个结点,例如基于网络的机制,而有些机制对硬件要求高,仅能同步部分结点,例如 GPS 系统。

(5) 效率。效率用于衡量达到同步精度所经历的时间以及消耗的能量。需要交换的同步消息越多，经历的时间越长，消耗的网络能量就越大，同步的效率相对就越低。

(6) 代价和体积。时间同步可能需要特定硬件。在无线传感器网络中，需要考虑部件的价格和体积，这对无线传感器网络来说非常重要。

5. 时间同步面临的挑战

(1) GPS可以将本地时钟与世界协调时(UTC)同步，但由于受体积、成本、能耗等方面的限制，无线传感器网络中绝大部分结点不具备GPS功能。

(2) 结点之间通过无线多跳的方式进行数据交换，在低速低带宽的条件下，同步信标传输过程中的延迟具有很大的不确定性。

(3) 底层协议的节能操作使结点在大部分时间都处于休眠状态，不能在系统运行期间持续地保持时间同步。

(4) 由于环境、能量等因素，会使传感器结点发生损坏，无线传感器拓扑结构频繁变化，不可能对时间基准的获取路径进行静态配置。

(5) 在网络规模较大的情况下实现全局同步很难保证同步精度的上限。

6.1.2 时间同步的分类

根据应用的要求、可提供的设备、能量和存储资源等条件的不同，无线传感器网络中传感器结点实现同步的方法有很多，主要的分类方法如下。

(1) 根据同步频率不同，时间同步可分为主动同步和被动同步。主动时间同步是连续进行的，使网络保持同步状态。例如，一个参考结点把它的时间周期性地传播给其他结点，这些接收结点就可以估算出与参考结点的时钟偏差。被动时间同步则是只有当需要的时候才进行同步。例如，没有同步的传感器结点可以记录某一事件发生的时间戳，然后把这个时间戳发送给汇聚结点。汇聚结点收集完数据后，会执行同步操作，把传感器结点的时间标转换为自己的时间。

(2) 根据参照时间来源的不同，时间同步可分为外部同步和内部同步。在外部同步中，传感器结点通过与外部时间源同步实现时间同步，例如GPS接收器可以作为无线传感器网络的外部时间源连接到GPS的接收结点并把它的时间值广播到无线传感器网络中，网络中其他的结点会把它们的时钟值转换为参考时钟值。内部同步则通过网络内部的同步程序来实现同步，例如把网络内部的一些传感器结点作为参考结点来实现同步。

(3) 根据同步范围的不同，时间同步可分为全网同步和部分同步。在部分同步的情况下，几乎所有结点都运行于一个低功耗的模式，而保持同步的几个特殊的结点运行于活跃的模式。如果需要的话，这些特殊的结点会唤醒其他结点并为它们提供时间信息。

6.1.3 消息同步的方法

大多数现有的时间同步协议是基于两两同步模式的。在两两同步模式中，两个传感器结点之间进行同步时至少需要一个同步消息。要在整个网络范围内实现时间同步，可以在多个结点对之间不断重复该过程，直到每个结点都根据参考时钟将自己的时钟调整好。常用的消息同步方法有单向消息交换、双向消息交换和接收端-接收端同步。

1. 单向消息交换

最简单的两两时间同步是一个结点发送一个时间戳给另一个结点。如图 6-2 所示,在 t_1 时刻,结点 i 向结点 j 发送一个时间同步消息,并将时间 t_1 作为时间戳嵌入其中。结点 j 收到消息时,从本地时钟中取得一个本地时间戳 t_2,以 t_1 和 t_2 的差作为结点 i 和结点 j 之间的时钟偏移的量度。

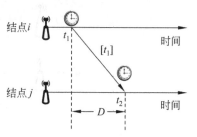

准确地说,这两个时间的差值可以表示为

$$t_2 - t_1 = D + \delta \qquad (6\text{-}1)$$

其中,D 表示未知的传播延迟;δ 表示时间频偏。在无线传输介质中,传播延迟是非常小的(几微秒),通常可以忽略或者默认为某个特定值。结点 j 可以用这种方法计算出频偏,从而调整自己的时钟,实现与结点 i 的同步。

图 6-2 单向消息交换

2. 双向消息交换

双向消息交换采用两个同步消息实现更准确的时间同步,如图 6-3 所示。在 t_3 时刻,结点 j 给结点 i 发送一个包含时间戳 t_1、t_2、t_3 的回复消息。在 t_4 时刻,结点 i 接收到第二个消息时,两个结点都能确定频偏。

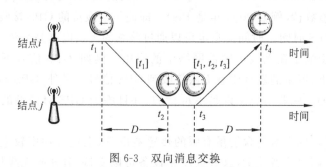

图 6-3 双向消息交换

结点 i 根据式(6-2)和式(6-3)能更准确地确定传播延迟 D 和频偏 offset:

$$D = \frac{(t_2 - t_1) + (t_4 - t_3)}{2} \qquad (6\text{-}2)$$

$$\text{offset} = \frac{(t_2 - t_1) - (t_4 - t_3)}{2} \qquad (6\text{-}3)$$

3. 接收端-接收端同步

接收端-接收端同步模式是根据同一消息到达不同传感器结点的时差来实现同步的。与大多数传统的发送-接收同步模式不同,在广播环境中,这些传感器结点几乎在相同的时间接收到消息,接收结点可以通过交换各自的接收时间来计算彼此的频偏(即接收时间的差异可以反映它们的频偏),如图 6-4 所示。值得一提的是,广播消息中不包含发送信息的时间戳,而是根据广播消息到达接收结点的时间不同来使传感器结点相互同步。

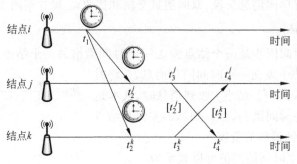

图 6-4 接收端-接收端同步

6.1.4 时间同步协议

目前已经出现了许多适用于无线传感器网络的时间同步协议,这些协议多数是在前面介绍的信息同步思想的基础上加以改进得到的。

1. 基于单向消息交换的时间同步协议

1) 全球时间源的参考广播

全球定位系统 GPS 连续广播从 1980 年 1 月 6 日 0 时起开始测量世界标准时间 (Universal Time Coordinated,UTC)。与 UTC 不同的是,GPS 不受闰秒的影响,因此比 UTC 时间快若干整数秒(例如 2009 年是 15s)。即使是最廉价的 GPS 接收器也可以接收到精度为 200ns 的 GPS 时间。时间信息也可以通过路基的无线电基站来传播,然而这些方案有许多限制,从而影响了在无线传感器网络中的应用。例如,GPS 信号不是任何地方都可以接收到的,在水下、茂密的森林中就无法接收到 GPS 信号。另外,GPS 对电源的要求相对较高,这对低成本的传感器结点来说是不可行的,并且添加 GPS 对微型的传感器结点来说太大也太贵了。

许多无线传感器网络既包含能量有限的传感器设备,也包含功率较大的设备。功率较大的设备通常作为网关或者簇头,这些大功率设备可以支持 GPS 或无线接收器,也可以作为主时钟源。网络内所有结点都可以利用它,使用前面介绍的单向消息交换方法(即发送端-接收端)实现时间同步。

2) 洪泛时间同步协议

洪泛时钟同步协议(Flooding Time Synchronization Protocol,FTSP)是由 Vanderbilt 大学 Miklos Branislav 等人提出的,目标是实现整个网络的时间同步并且将误差控制在微秒级。该算法使用单个广播消息实现发送结点与接收结点之间的时间同步。

假设无线传感器网络中的每个结点被赋予了一个唯一的 ID,根据最小 ID 动态地选举出一个根结点,然后根结点把包含全局时间的同步信息广播到网络中。根结点周期性地广播包含时间标的同步信息包,接收结点记录同步消息达到时刻的本地时间(使用 MAC 层时间标),当一个结点接收到一个同步信息后,就得到了一对时间标:发送的全局时间标和本地接收时间标。于是,在特定的发送结点与接收结点之间就建立了一个时间标对,这个时间标对也称为参考点。如果一个结点收集到足够多的参考点,就可以用线性回归计算其相对时间源结点的时钟漂移率,从而估算出全局时间,最终完成同步,随后最新同步的结点再把它估算的全局时间广播给网络中其他没有同步的结点。根结点的邻居结点直接接收根结点发送的同步信息，处于根结点广播半径之外的结点间接地接收由已经同步的结点发送的同步信息，依次完成同步，如图 6-5 所示。

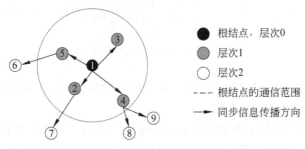

图 6-5　FTSP 中结点的同步

FTSP 实现了全网络时间同步，并且能够很好地适应网络拓扑结构的动态变化。在无线传感器网络中，结点之间的消息传输会引入多种传输延迟，FTSP 扩展了报文传输延迟，并将端到端的延迟分解为图 6-6 所示的几部分。

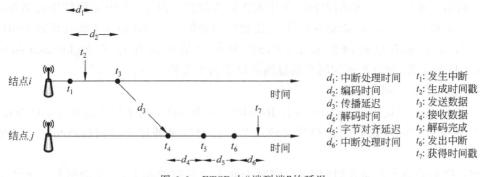

图 6-6　FTSP 中"端到端"的延迟

在图 6-6 所示的延迟中，传播延迟 d_3 通常非常小（小于 $1\mu s$），而且是可以确定的；编码时间 d_2 和解码时间 d_4 也是可以确定的，一般都在比较低的百微秒级别；字节对齐延迟 d_5 取决于位偏移，一般长达几百微秒；中断处理时间 d_1 和 d_6 是不确定的，通常会有几微秒。FTSP 通过采用以下措施来处理这些延迟，从而提高同步的精度。

（1）结点在消息发送和接收的时候记录 MAC 层时间标，就可以直接消除消息传递过程中的发送延迟、访问延迟及接收处理延迟。

（2）在发送方传输同步信息和接收方接收同步信息的过程中，结点在同步字节发送之后，在 MAC 层给以后发送的每个字节记录时间标，如图 6-7 所示。时间标的标准化就是将得到的时间标减去一个适当整数倍的单个字节的传输时间，标准化消除了字节传输造成的这些时间标之间的差异。中断处理延迟是非正态分布的，可以通过最小化已经标准化的时间标来消除。编解码延迟可以取这些时间标的平均值来消除。发送结点将这个时间标的平均值加在同步信息包的数据段发送出去。接收结点还要利用字节校正延迟对时间标平均值做最后的修正，得到接收结点的本地接收时间标。

（3）用线性回归法来确定时钟漂移率。每个结点都各自维护了一个线性回归表，存储

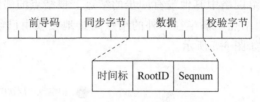

图 6-7　FTSP 中的同步数据包

了 8 个同步参考点,其中的时间标用来计算相应的时钟漂移率和时钟偏差,然后利用这两个值来估算结点的全局时间。

FTSP 协议能够实现多跳的时间同步,它根据结点的 ID 动态地选举出一个根结点作为时钟源结点,所有结点的时间都同步于根结点的时间,根结点和已经同步的结点周期性地发送同步信息。如图 6-7 所示,同步信息的数据段包含 3 个部分:发送时间标、RootID 和 SeqNum。其中,RootID 是根结点的 ID;SeqNum 是同步信息的顺序号,它的值由根结点来设置。当根结点发送新的同步信息时,同步信息的顺序号就加 1,其他已经同步的结点则把最新收到的顺序号添加到将要发送的同步信息的数据段中,这个参数用来处理冗余的同步信息。根结点和已经同步的结点向网络中发送同步信息。由于 FTSP 是网络中的结点洪泛发送同步信息,而结点的存储能力有限,只能接收少量信息。因此协议需要处理冗余的同步信息。为了实现消息过滤的功能,FTSP 中每个结点都保存了 highestSeqNum 和 myRootID 两个值,如果收到的同步信息满足以下两个条件之一。

① RootID ＜ myRootID。

② SeqNum ＞ highestSeqNum 并且 RootID ＝ myRootID,这个同步信息就被结点接收,并且信息中包含的发送时间标和接收到这个信息时记录的接收时间标就组成了新的参考点。

结点把新的参考点加入回归表中,同时丢弃表中最旧的参考点,从而更新了表中的数据。这个消息过滤协议保证了在一个同步周期里,对于每一组 RootID 和 SeqNum,只有第一个到达的同步信息才会被结点接收,这个算法所提供的参考点能够估算出更加精确的时钟漂移率和时钟偏差。

3) 延迟测量时间同步

Ping.S 提出了延迟测量时间同步(Delay Measurement Time Synchronization,DMTS)的基本思想是估计同步报文在传输路径上的时间延迟,单向发送报文补偿延迟误差,从而达到结点间的同步。DMTS 避免了接收者/接收者同步模式的报文往返传递,不仅减少了所需报文交换数量,而且兼顾了鲁棒性、计算复杂度等。

(1) 基本原理。DMTS 算法仅采用一个广播时间分组,就能使广播域内的所有结点同步。在 DMTS 机制中,选择一个结点作为时间主结点广播同步时间。所有接收结点测量这个时间广播分组的延迟,设置它的时间为接收到分组携带的时间加上这个广播分组的时间延迟,这样所有接收到广播分组的结点都与主结点进行时间同步,时间同步精度由延迟测量精度决定。

DMTS 机制的广播时间分组的传输过程如图 6-8 所示。首先,主结点在检测到信道空闲时,给广播分组加上时间戳 t_0,用来去除发送端处理延迟和 MAC 层的访问延迟。然后,在发送广播分组前,主结点需要发送前导码和起始字符,以便接收结点进行同步机制接收同步信息,根据发送的信息位个数 n 和发送每比特位需要的时间 t,可以估计出前导码和起始字符的发送时间为 nt。接收结点在广播分组到达时刻加上时间戳 t_1,并在调整自己时钟之前时刻再记录时间 t_2,接收端的处理延迟就是 t_2-t_1。这样,如果忽略无线信号的出波延迟,接收结点从 t_0 时刻到调整前的时间长度为 $nt+(t_2-t_1)$。因此,接收结点为了与发送结点时间同步,调整其时钟为 $t_0+nt+(t_2-t_1)$。

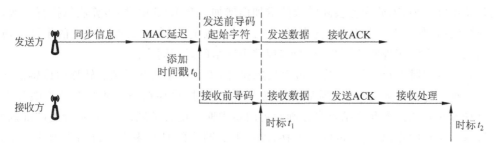

图 6-8　DMTS 机制的广播时间分组的传输过程

DMTS 机制通过使用单个广播时间分组,能够同步单跳广播域内的所有结点,无须复杂的运算和操作,是一种轻量的、能量有效的时间同步机制。

(2) DMTS 机制应用多跳同步。在多跳网络中,DMTS 算法采用了层次结构,并用时间源级别来表示普通结点到主结点的跳数距离。定义主结点的级别是 0 级,与主结点的跳数为 $(i+1)$ 的结点定义为 $(i+1)$ 级,以此类推。主结点周期性广播它的时间分组,第 1 级结点利用该时间分组与主结点同步,之后也每隔一段时间就广播时间分组给 2 级结点。每个结点收到分组时,需要判断该分组是否来自低于自己的级别的结点。如果是,就利用这个分组进行同步,否则忽略不用。这样,DMTS 算法达到全网同步的跳数少,所需传输的广播分组数等于网络内的结点数,没有任何冗余。由于多跳网络的每一跳误差可能为正也可能为负,多跳同步误差的总和可以抵消部分单跳误差。

在传感器网络应用中,往往需要传感器结点与外部时间进行同步,这就要求时间主结点能够与外部网络通信,从而获得世界标准时间值。通常选择基站作为默认的时间主结点,因为它有更好的能源支持,并且便于与外部网络相连和通信,时间主结点选取也可以采用结点 ID 最小的策略。

DMTS 是一种灵活的、轻量的和能量高效的,能够实现全局网络同步的同步机制。DMTS 机制在实现复杂度、能量高效与同步精度之间进行了折中,能够应用在对时间同步要求不是非常高的传感器网络中。

2. 基于双向消息交换的时间同步协议

1) 基于树的轻量级同步

在有些传感器网络应用中,对时间同步的精度要求并不是很高,秒级往往就能够达到要求,同时需要时间同步的结点可能不是整个网络所有结点,这样就可以使用简单的轻量的时间同步机制,通过减少时间同步的频率和参与同步的结点数目,在满足同步精度要求的同时降低结点的通信和计算开销,减少网络能量的消耗。

基于树的轻量级同步算法(Lightweight Tree based Synchronization,LTS)的主要目的

是用尽可能小的开销提供特定的精度(而不是最大精度)。LTS算法的设计目标就是适用于低成本、低复杂度的传感器结点的时间同步,侧重最小化结点的能量消耗,同时具有鲁棒性和自配置的特点,特别是在出现结点失效、动态调整信道和结点移动情况下,LTS算法仍能正常工作。LTS能够用于多种集中式或者分布式的多跳同步算法中。

集中式的多跳LTS算法基于单一的参考结点,这个结点是网络内所有结点最大生成树的根结点。为了使同步准确性最高,树的深度必须最小。鉴于结点对之间两两同步会使产生的误差不断累加,因此误差会随跳数的增加而增加。在LTS中,同步算法每执行一次,树的生成算法(例如广度优先算法)就执行一次。树一旦生成,参考结点就与它的子结点通过双向消息交换方法实现两两同步,从而实现整个网络的时间同步。

分布式的多跳LTS不需要建立最大生成树,同步的实施从参考结点转移到传感器结点自己。这种模式假定无论何时,当某个结点需要同步时,总存在一个或几个结点能与它通信。这种分布式的方案允许结点自己确定再同步周期。也就是说,结点根据合适的准确度、到最近参考结点的距离、自己的时钟漂移,以及上次同步的时间来决定再同步周期。最后,为了消除潜在的低效性,分布式LTS尽量满足邻居结点的要求。为此,在挂起一个同步要求时,一个结点可以询问它的邻居结点,如果邻居结点有同步要求,这个结点与自己的一跳邻居结点同步,而不是与参考结点同步。

2) 传感器网络的时间同步协议

2003年11月,Saurabh Ganeriwal提出了传感器网络的时间同步协议(Timing sync-Protocol for Sensor Network,TPSN),目的是采用层次网络结构提供全网范围内结点的同步。TPSN同步分为级别探测阶段和同步建立阶段。考虑了传播时间和接收时间,利用双向消息发射端-接收端同步方式交换计算消息的平均延迟。

(1) 级别探测阶段。具体的建立过程如下。

① 将区域内最先探测到目标的结点作为根结点,如果有多个结点同时探测到目标,则随机选取一个。也可以在配置时就随机选择一个结点作为根结点(例如配备一个GPS),根结点的级别为0。

② 在根结点进行广播时,在接收范围内接收到广播的邻居结点作为下一级别的结点,在上一级别号的基础上加1,作为本层的级别号并给自己定义一个标识,每次发送时将自己的级别号包含在发送帧里。以此类推,实现级别探测。

③ 如果下层结点接收到级别号相同的多个层次建立请求,则将此结点作为上层这几个自治区域里结点同步的桥梁。

在同步建立后,如果有新的结点加入,需要首先等待给自己分配一个级别号,并启动等待定时器。如果在限定的时间内没有给自己分配一个级别号,就发出一个层次加入请求信息。在相邻结点接收到这个请求后,将自己所属的级别号发送给这个结点。新加入结点将这个级别号加1后作为自己的级别号。

(2) 同步建立阶段。在同步建立阶段,TPSN沿着在第一阶段建立起的分层结构的边缘采用双向同步机制,也就是每个i级结点会与处于$i-1$级的结点进行时钟同步。结点j在时间t_1发出一个同步脉冲信号,这个脉冲信号包含结点级别和时间戳。结点k在t_2收到这个信号,然后在t_3发出确认响应(包含时间戳t_1、t_2、t_3以及结点k的级别),最后,j在t_4收到这个数据包。假设,TPSN传播延迟D和时钟偏移在短时间内不会发生改变。t_1和t_4通

过结点 j 的时钟获取，t_2 和 t_3 通过结点 k 的时钟获取。这几个时间点存在以下关系：

$$t_2 = t_1 + D + \text{offset}$$
$$t_4 = t_3 + D - \text{offset}$$

基于这些参数，根据式(6-2)和式(6-3)，结点 j 可以计算偏移量和延迟 D。根据这个偏移量，结点 j 就可以修正自己的时钟与结点 k 的时钟保持一致。

在此基础上，特定区域内的所有传感器结点可以同步起来，同步过程如下：

① 初始化阶段，每个自治区域内的传感器结点按照各自的本地时间计时（包括根结点）。当这个自治区域内的某个点探测到目标信息后，就根据记录的簇头信息给本自治区域的簇头发送区域同步请求，然后由簇头在本自治区域内发送广播参考帧来使本区域同步。

② 如果没有相交的结点，则同步的方法与前面说的一样，只是在区域之间转换时要由本区域的簇头和与之相交的区域的簇头交换同步信息，使同步能平稳地从一个区域过渡到另一个区域。

③ 如果有同时属于两个自治区域的结点，则在目标移动到这个区域时就直接由这个结点发送广播参考帧，而不必由本区域的簇头发起，这样可以提高区域同步的连续性，减少通信开销。

3）Mini-Sync 协议和 Tiny-Sync 协议

Mini-Sync 协议和 Tiny-Sync 协议是由 Sichitiu 和 Veerarittiphan 提出的两种用于无线传感器网络的时间同步协议。Mini-Sync 协议和 Tiny-Sync 协议都是在无线传感器网络中形成一个层次结构，该协议假设每个结点的振荡器频率在特定的时间段内是恒定的，采用双向消息交换来估计结点的相对时钟漂移率和时钟偏差。假设任意两个结点在同一时刻的时钟读数 T_1 和 T_2 是线性相关的。

$$T_1 = a_{12} T_2 + b_{12} \tag{6-4}$$

其中，a_{12} 和 b_{12} 分别是两个结点之间的相对时钟漂移率和相对时钟偏移，如果这两个结点已经同步，则相对时钟漂移率就是1，相对时钟偏差就是0。如果结点1知道 a_{12} 和 b_{12} 的值，则由式(6-4)就可以估算出结点2的时钟。为此，结点1发送一个探测消息给结点2，标记发送时刻为 T_1，结点2接收这个探测消息，并标记接收时刻为 T_2，然后立即把消息发回给结点1，结点1记录接收消息的时刻为 T_3，如图6-9所示。

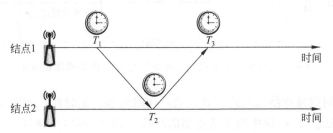

图 6-9　Mini-Sync 协议和 Tiny-Sync 协议探测消息的交换过程

结点1每次交换信息后都可以获得一个数据点，这个数据点由 T_1、T_2 和 T_3 组成，数据点有效地限制了变量 a_{12} 和 b_{12} 的值。因为结点的时间是单调递增的，因此可以得到以下不等式：

$$T_1 < a_{12} T_2 + b_{12} \tag{6-5}$$

$$T_3 > a_{12}T_2 + b_{12} \qquad (6\text{-}6)$$

上述测量将会重复多次,每次探测都会返回一个新的数据点,通过式(6-5)和式(6-6)对 a_{12} 和 b_{12} 的范围产生新的约束。至少需要两个数据才能够计算出 a_{12} 和 b_{12} 的上下界。结点 1 会收集多个数据点,当接收到一个新的数据点时,将这个数据点与现有的数据点比较,若新的数据点计算出的误差大于以前数据点计算的误差,则丢弃新的数据点;否则,采用新的数据点并丢弃现有数据集中的某个数据点,结点只保存能够提供最好曲线的数据点。

Tiny-Sync 协议使用最少的数据点,降低了能量的消耗,同时也降低了同步的精度。Mini-Sync 协议则使用较多的数据点以实现较高的同步精度,但是巨大的通信量导致能量消耗增加。Mini-Sync 协议是 Tiny-Sync 协议的扩展,解决了保留可能被 Tiny-Sync 协议忽略的,却可能在以后提供较好约束的数据点的问题。

3. 基于接收端-接收端的时间同步协议

2002 年 12 月,Jeremy Elson 等人提出了参考广播同步机制(Reference Broadcast Synchronization,RBS)。该机制利用了无线数据链路层的广播信道特性,一个结点发送广播消息,接收到广播消息的一组结点通过比较各自接收到广播消息的时刻,即采用接收端-接收端同步方法来实现它们之间的时间同步。当消息延迟时,发送时间和访问时间依赖于发送结点 CPU 和网络的瞬间负荷,所以随时间变化比较大且难以估计,是时间同步误差不确定因素的最主要部分。相对所有接收结点而言,广播消息的发送时间和访问时间都是相同的,因此 RBS 的关键路径比传统同步方式的关键路径短很多,如图 6-10 所示。RBS 通过比较接收结点间的时间,能够在消息延迟时抵消发送时间和访问时间,从而显著提高局部网络内结点之间的同步精度。

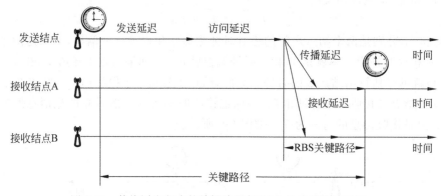

图 6-10 传统同步方式的关键路径与 RBS 的关键路径对比

RBS 算法是通过接收结点对的方式抵消发送时间和访问时间。如图 6-10 所示,发送结点广播一个信标分组,广播域中两个结点都能接收到这个分组,交换接收时间,两个接收时间的差值相当于两个接收结点间的时间差值,其中一个结点可以根据这个时间差值更改它的本地时间,从而达到两个结点的时间同步。

影响 RBS 机制性能的主要因素包括接收结点间的时钟偏差、接收结点不确定因素和接收结点的个数等。为了提高时间同步精度,RBS 机制采用了统计技术,即发送结点发送多个消息,取接收结点之间时间差的平均值。

RBS 机制可用于多跳网络,如图 6-11 所示。非邻居结点 A 和 B 分别发送 beacon 分组,由于结点 4 处于两个广播域的交集处,所以能够接收结点 A 和结点 B 两者发送的 beacon 分组,这使结点 4 能够同步两个广播域内结点间的时间。

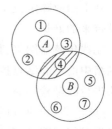

图 6-11 多跳 RBS 机制

为了得到网络中时间的全局时间信息,需要进行多跳网络中的时间转换。例如,考虑发生在结点 1 和结点 7 附近的两个事件,分别记为 E_1 和 E_7。假设结点 A 和结点 B 分别在 P_a 和 P_b 时间点发送 beacon 分组,结点 1 是在接收到结点 A 发送的分组后过了 2s 观察到的事件 E_1,而结点 7 是在观察到事件 E_7 后过了 4s 才收到结点 B 发送的 beacon 分组。假如其他结点可以从结点 4 知道结点 A 发送分组比结点 B 晚 10s,由此可以推出 $E_1 = E_7 + 16$。传统多跳网络的时间同步方法是结点重新广播它收到的时间信息,RBS 机制不依赖于发送结点与接收结点的时间关系,从消息延迟中去除所有发送结点的非确定因素,减少了每跳的误差积累。

目前,无线传感器网络时间同步主要采用 RBS 策略。RBS 策略的缺点就是结点之间交换的报文太多,增加了通信负担,特别是对于能量有限的传感器结点来说是更不利的。例如,在有 1 个参考结点和 3 个邻居结点的情况下,发送 1 次参考帧要经过 9 次报文交换才能达到相对的同步。当传感器网络结点数目很大时,这种开销对于能量有限的传感器结点来说是很致命的。而且在 RBS 同步中,只是 1 个自治区域内的邻居结点之间保持了相对的同步,它们并没有与参考结点保持同步。事实上,在 1 个自治区域内参考结点是任意选择的,它也应该作为 1 个普通结点与其他结点保持同步。

几种典型的时间同步协议性能比较如表 6-1 所示。

表 6-1 几种典型的时间同步协议性能比较

协议性能	RBS	TPSN	FTSP	Tiny-Sync/Mini-Sync
消息延迟	传播延迟和接收延迟	接收延迟	传播延迟	传输延迟和传播延迟接收延迟
扩展性	较差	很差	好	很差
同步范围	子网	全网	全网	子网
同步精度	一般	较高	高	低
复杂度	中等	中等	中等	高
通信开销	每个同步周期发送 1.5 个同步信息	每个同步周期发送 2 个同步信息	每个同步周期发送 1 个同步信息	每个同步周期发送 2 个同步信息
网络拓扑	多个参考结点,其他结点在各自的参考域内同步	分层树结构	只有一个 ID 最小的结点作为参考结点	分层结构

6.1.5 时间同步算法在煤矿电网输电线路故障检测中的应用

煤矿井下的工业生产主要由电网供电,为保障配电网络的稳定、安全运行,需要对其进行实时监控。稳定的配电网络能够是保障井下其他监测系统正常运行的基础,因此对电网进行健康状况检测有着重要的研究价值。鉴于无线传感器网络具有部署方便、灵活的优点,煤矿井下的故障定位系统可以基于无线传感器网络进行组建,从而减少因布线和采用人工测试带来的麻烦。

无线传感器网络,是一种典型的分布式系统网络,其中的结点是独立运行的,不存在传统网络中的中心结点控制问题,各结点本地时钟往往不同步。然而,在对煤矿井下电网输电线路进行故障检测时,只有保持各传感器结点的时间同步才能同步采集电流、电压等数据信息,才能准确、快速、可靠地对故障点进行定位。结点之间保持时间同步,能够控制不同数据的发送时间间隙,避免网络冲突的发生,满足电网输电线路故障检测系统传输数据的实时性和可靠性要求。

1. 电网输电线路无线传感器网络体系结构

无线传感器网络是一种分布式自组织网络,由大量的体积小、能量受限的传感器结点组成。Smart dust、Mica系列、Telos等是目前实用性较强、应用比较广泛的传感器结点。可根据检测对象的不同选择不同类型、不同功能的传感器结点。在对整个电力系统进行检测时,大量的传感器结点可以安装在电力传输线、变压器及电抗器等设备上,以检测变压器的油温、相电流和电抗器的工作状态等。根据电力系统的布置结构特点,分层分布式的网络拓扑结构适用于电力系统中电网输电线路的检测。如图 6-12 所示,这种分层分布式拓扑结构包括无线传感器层和传感器管理层,处于无线传感器层的无线传感器网络结点采集需要的数据然后传送至上层对应的传感器管理层。

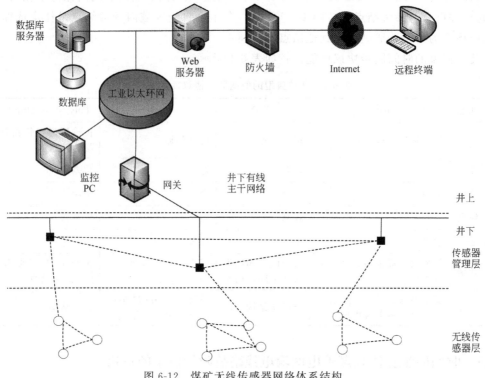

图 6-12　煤矿无线传感器网络体系结构

无线传感器层根据选用的同步算法可以选择树状或者簇状拓扑结构。管理层将具有路由功能的无线传感器网络结点称为汇聚结点,对从传感器层接收到的以及自己感测到的数据进行存储融合处理,实现对不同传感器管理层获得的数据信息进行协同处理的目的。当接收到用户发出的指令信息时,会将需求转达给无线传感器层的对应区域结点,并将数据的处理结果转发给具有计算处理功能的网关;再由网关传输至工业以太网,网关作为井下无线传感器网络的数据出口,实现无线传感器网络与井上有线局域网的连通,将井下无线传感器网络获得的数据传输至井上网络,并将井上用户的控制指令转达给井下无线传感器网络。

2. 煤矿电网输电线故障检测的无线传感器网络分层时间同步算法

针对不同的应用环境,无线传感器网络中的时间同步算法在精度、能耗、鲁棒性等方面都会有不同的侧重点。为了适用于煤矿电网这一特定环境下,闫玉萍结合 RBS 和 TPSN 算法提出了一种适用于电网输电线故障检测的分层树状时间同步算法(Reference Broadcast and Timing-sync Protocol,RBTP)。

RBTP 算法描述如下:无线传感器网络时间同步算法的研究主要分为提高同步精度和减少能耗两个方向。在提高时间同步精度上采用的主要措施如下:考虑时间漂移的非线性;利用数学建模来刻画传输延迟;利用经典的概率理论如信号统计和参数估计理论。典型的应用有最小二乘估计、最大似然估计、最小方差无偏估计、最佳线性无偏估计、卡尔曼滤波和 Cramer-Rao 等。

TPSN 和 RBS 算法应用广泛,但对于煤矿电网输电线路故障检测这一特殊场景,TPSN 和 RBS 算法的实际应用效果不佳。尽管 TPSN 和 RBS 算法具有计算复杂、能耗高的缺点,但是 TPSN 的层次性结构和双向同步思想与 RBS 的广播同步机制的优点依然值得借鉴。RBTP 算法采用最大似然估计以及最小二乘法同时补偿时钟相偏和频偏,降低了同步能耗,提高了同步精度。RBTP 算法分为层次发现及子结点收集和时间同步两个阶段。

(1) 层次发现及子结点收集阶段。层次拓扑结构在可扩展性及能量有效性上具备诸多优势。RBTP 算法的层次发现及子结点收集阶段通过广播消息包的形式实现分级。首先采用适当的头结点选择算法选取根结点,并设定它的级别为 0,具体的分级过程与 TPSN 算法相似,最终全网结点实现分级。

在分级完成后,即可计算各结点广播范围内下级结点的个数。如图 6-13 所示,i 级的结点 1 收到 $i+1$ 级中两个结点的同步应答报文,则 i 级的结点 1 对应的下级结点数为 2,同理可计算出 i 级的结点 2 包含 3 个子结点,与同级的其他结点相比,结点 2 的下层子结点数目最多,RBTP 算法将同级结点中下级结点数最大的结点确定为应答结点,因此结点 2 当选为 i 级的应答结点。以此类推,可以得到每一级的应答结点。

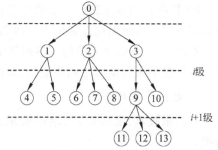

图 6-13 RBTP 算法的层次生成树

(2) 时间同步阶段。在此阶段,同步过程由根结点启动,根结点广播包含自身级别以及接收到的应答结点的 ID 和当前本地时间戳 T_1 在内的时间同步消息包。1 级子结点用本地时间记录收到此同步报文时的时间戳信息 T_2。若为应答结点,则向上级结点返回结点 ID、T_1、T_2,以及返回应答消息的本地时间 T_3,根结点记录接收到此应答报文时的本地时间戳信息 T_4,利用类似于 TPSN 算法的同步机制,并结合最大似然估计对数据进行处理,以此计算出两结点之间的时钟相偏 φ 和频偏 θ。随后,根结点广播一个含有根结点的级别、φ 和

θ 的消息包,对应的应答结点根据 φ 和 θ 调整自己的本地时钟;其他接收到此消息的子结点利用最小二乘法通过 φ、θ 和自身接收到同步报文的时间 T_2 计算出相对于根结点的时钟相偏和频偏,并以此调整各自的本地时钟与根结点同步。网络中的各级结点依次执行上述过程,直至所有结点都实现与根结点的同步。对于新加入网络的结点,选择距离自己最近的结点作为上一层结点。

6.2 定位技术

6.2.1 定位技术概述

在无线传感器网络中,结点的位置信息至关重要。这是由于许多应用只有在知道结点的位置信息后,才能向用户提供有用的监测服务,否则获得的监测信息毫无意义。例如,在森林火灾、天然气管道泄漏等事件发生时,人们首要关心的问题就是事件发生地点,此时如果只知道发生了火灾却不知道火灾发生的具体位置,就没有实际意义。因此,结点定位是无线传感器网络系统布设完成后面临的首要问题。

1. 结点定位的基本概念

在许多应用中,传感器结点被随机部署在某个区域,结点事先无法知道自身的位置,因此需要在部署后通过定位技术来获取各自的位置信息。结点定位是指通过一定的定位技术由有限个位置已知的结点确定无线传感器网络中其他结点的位置,在无线传感器网络的结点之间建立具有位置关联关系的定位机制。

在无线传感器网络中,需要定位的结点称为未知结点,即不知道自身位置的结点。未知结点又称盲结点或普通结点。而已知位置,并协助未知结点定位的结点称为锚结点,锚结点又称参考结点或信标结点。为了描述方便,本书中统称为锚结点(《CC2530 数据手册》称位置已知的结点为参考结点)。锚结点一般在网络结点中所占的比例很小,可通过手工配置或者 GPS 接收器配备来获取自身的精确位置信息。除此之外,还有一种结点称为邻居结点,邻居结点是指传感器结点通信半径内的其他结点。

在图 6-14 所示的无线传感器网络中,未知结点 S 通过与锚结点 M 或其他已经得到自身位置信息的未知结点之间的通信,根据一定的定位算法计算出自身的位置。

2. 定位算法的分类

从测量技术、定位形式、定位效果、实现成本等方面考虑,结点定位算法可进行如下分类。

(1) 根据是否需要测量结点之间的实际距离定位算法可分为基于测距的定位算法和与距离无关的定位算法。基于测距的定位算法需要测量邻居结点之间的距离或方位,然后利用测得的实际距离来计算未知结点的位置。与距离无关的定位算法不需要测量结点之间的距离和角度信息,它是利用网络的连通性等信息来估计结点位置的。后面会重点分析这两类定位算法。

(2) 根据定位过程中是否使用锚结点,将定位算法可分为基于锚结点的定位算法和无锚结点辅助的定位算法。基于锚结点的定位算法以锚结点作为定位中的参考点,各个结点定位后产生整体的绝对坐标系统。无锚结点辅助的定位算法的定位过程中无须锚结点参与

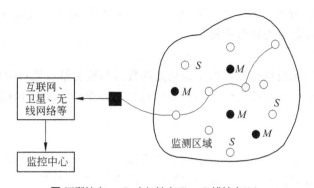

■ 汇聚结点　　○ 未知结点(S)　　● 锚结点(M)

图 6-14　无线传感器网络结点的定位

辅助,只需要知道结点之间的相对位置,然后各个结点先以自身作为参考点,将邻居结点纳入自己的坐标系统,相邻的坐标系统依次合并转换,最后得到整体的相对坐标系统。

(3) 根据定位过程中是否需要中心结点进行计算,可将定位算法分为集中式计算定位和分布式计算定位。集中式计算定位需要把信息传送到某个中心结点(如服务器),在中心结点完成结点位置的计算。集中式计算定位从全局角度统筹规划,计算量和存储量几乎没有限制,可以获得相对精确的位置估算。分布式计算定位也称并发式算法,依赖结点间的信息交换和协调,由结点自行计算自身位置。

(4) 根据定位过程中是否需要中心控制器的协调,定位算法可分为紧密耦合定位与松散耦合定位。紧密耦合定位是指锚结点不仅被仔细地部署在固定的位置,并且通过有线介质连接到中心控制器。松散耦合定位的结点采用无中心控制器的分布式无线协调方式。

(5) 根据部署的场合不同,定位算法可分为室内定位算法和室外定位算法。

(6) 根据信息收集的方式不同,定位算法可分为被动定位算法和主动定位算法。被动定位算法需要网络收集传感器数据用于结点定位,主动定位算法需要结点主动发出信息用于定位。

(7) 根据结点定位顺序,定位算法可分为并发式定位算法和递增式定位算法。并发式定位算法是将所有的结点进行同时定位。递增式定位算法在布置结点时必须根据先前已经部署完毕的结点的位置来确定自己的理想位置,该算法的目的是使网络的覆盖率最大化。

在这些定位算法的分类中,应用最广泛的分类方法是根据是否需要测量实际结点间的距离分类。本节主要对这两类算法中几个常用算法进行研究。

3. 定位算法的评价指标

1) 定位精度

定位精度是指提供位置信息的精确程度,分为相对精度和绝对精度。绝对精度是指以长度为单位度量的精度。相对精度由误差值与结点无线射程的比值 R 表示。例如,若某结点的无线射程是 20m,定位精度为 2m,则相对定位精度为 10%。由于有些定位方法的绝对精度会随着距离的变化而变化,因此使用相对精度可以很好地体现定位的精度。

2) 规模

不同的定位算法适用于不同的应用场合,定位算法可以定位的目标规模也不尽相同。

因此可以从定位规模方面评价一个定位算法：在一定数量的基础设施或在一段时间内,以定位算法定位的目标数量为评价指标。

3) 锚结点密度

锚结点密度使用无线传感器网络中锚结点的数目与所有结点数目的比值来表示。锚结点密度也是评价定位系统和算法性能的重要指标之一。锚结点密度相同时,定位的目标数量越多,算法越好。

4) 覆盖率

覆盖率是无线传感器网络定位算法的重要指标之一。覆盖率表示能够实现定位的未知结点与未知结点总数的比值。在保证一定精度的前提下,覆盖率越高越好。

5) 容错性和自适应性

在实际的应用中,由于环境、功耗和其他原因的影响,存在严重的多径传播、非视距、传播衰减或结点失效等干扰,因此定位系统和算法的软硬件必须具有很强的容错性和自适应性,能克服环境和功耗等方面的干扰,尤其是在少量结点发生异常的时候,能够通过自动调整或重构纠正错误,以适应环境的变化,从而减小定位误差。

6) 功耗

由于传感器结点一般使用电池供电,而电池的能量有限且不能进行补充,因此功耗是无线传感器网络设计和功能实现最重要的影响因素之一。由于不同的定位算法的通信开销、计算量、存储开销、时间复杂性等一系列关键性指标不同,所以使用不同的定位方法的传感器结点功耗差别也比较大。由于通信开销是传感器结点最主要的功耗,因此可以简单地用通信报文量来近似衡量定位算法的功耗。

7) 成本

定位系统或算法的成本可从以下 3 个方面来评价。

(1) 时间成本包括一个系统的安装时间、配置时间和定位所需的时间。

(2) 空间成本包括一个定位系统或算法所需的基础设施、传感器结点数量、硬件尺寸等。

(3) 资金成本包括实现一种定位系统或算法的基础设施和结点设备的总费用。

6.2.2 结点位置的计算方法

在传感器结点定位的过程中,如果未知结点获得了与其他邻居结点的距离或相对角度信息并满足结点定位的计算条件,就可以使用定位计算的基本方法来计算自身的位置。定位计算的基本方法包括三边测量法、三角测量法、极大似然估计法和最小最大法。

1. 三边测量法

当未知结点到至少 3 个结点的估计距离已知时,则可使用三边测量法。三边测量法以 3 个结点为中心的圆的交点作为未知结点的估计位置。

如图 6-15 所示,已知 A、B、C 这 3 个结点的位置,其

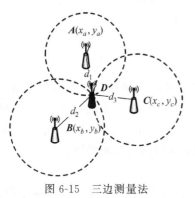

图 6-15 三边测量法

坐标分别为(x_a, y_a)、(x_b, y_b)和(x_c, y_c)，它们与未知结点 D 的距离分别为 d_1、d_2 和 d_3，根据几何运算可以获得结点 D 的坐标，即结点 D 的位置。

三边测量法的优点是简单、易于理解，但是在无线传感器网络中，由于结点的硬件和能耗限制，通常结点间测距误差较大，因此经常出现 3 个圆无法交于一点的情况，如图 6-16 所示。

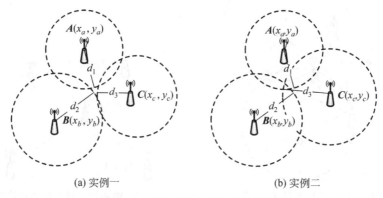

(a) 实例一　　　　　　　　　(b) 实例二

图 6-16　三边测量法无法定位的实例

如果这 3 个圆不能交于一点，则无法获得结点 D 的坐标，这时可以使用极大似然估计法来实现结点定位。

2. 三角测量法

三角测量法根据三角形的几何关系进行位置估算，其定位过程如下。

(1) 进行"点在三角形中"的测试，即任意选取三个锚结点组成三角形，以测试未知结点是否落在该三角形内。如图 6-17 所示，假设存在一个方向，结点 M 沿着这个方向移动时，会同时远离或接近定点 A、B、C，那么结点 M 位于△ABC 外，否则结点 M 位于△ABC 内。

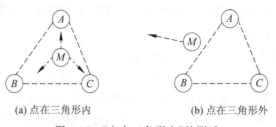

(a) 点在三角形内　　　　　　(b) 点在三角形外

图 6-17　"点在三角形中"的测试

(2) 如果点在三角形中，则根据已知的坐标和角度信息确定圆心坐标及相应的半径。

如图 6-18 所示，已知 A、B、C 这 3 个结点的坐标分别为(x_a, y_a)、(x_b, y_b)和(x_c, y_c)，结点 D 到 A、B、C 的角度分别为∠ADB、∠ADC 和∠BDC。进行几何运算后可以获得圆心 O_1、O_2、O_3 的坐标以及 r_1、r_2、r_3 的值，即圆心到未知结点的距离。

(3) 根据获得的圆心坐标和半径信息，使用三边测量法进行定位。

3. 极大似然估计法

极大似然估计法寻找一个使测距距离与估计距离之间存在最小差异的点，并以该点作为未知结点的位置。其基本思想是假设一个结点可以获得足够多的信息来形成一个由多个方程式组成并拥有唯一解的超限制条件或限制条件完整的系统,那么就可以同时定位跨越多跳的一组结点。如图 6-19 所示,结点 A_1、A_2、$\cdots$、A_n 的位置已知,D 为未知结点,其估计位置通过最小化测量值间的误差和残余项来获得。

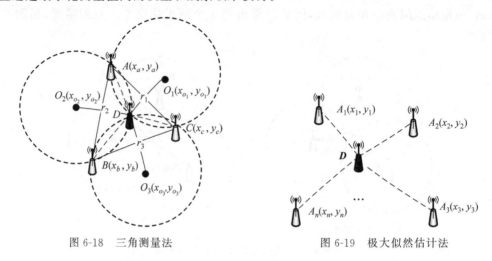

图 6-18　三角测量法　　　　　　图 6-19　极大似然估计法

极大似然估计法的缺点在于,需要进行较多的浮点运算,对于计算能力有限的传感器结点,其计算的功耗不容忽视。

4. 最小最大法

最小最大法的基本思想是,根据未知结点到各锚结点的距离测量值及锚结点的坐标构造若干个边界框,即以参考结点为圆心,未知结点到该锚结点的距离测量值为半径所构成圆的外接矩形,计算以外接矩形的质心为未知结点的估计坐标。

如图 6-20 所示,已计算得到未知结点 D 到锚结点的估计距离 d_i,锚结点 A、B、C 的坐标为 $(x_i,y_i)(i=1,2,3)$,加上或减去测距值 d_i,得到每个锚结点的限制框,即 $[x_i-d_i,y_i-d_i]\times[x_i+d_i,y_i+d_i]$。

这些限制框的交集为 $[\max(x_i-d_i),\max(y_i-d_i)]\times[\min(x_i+d_i),\min(y_i+d_i)]$,在图 6-18 中,限制框的交集为 $[\max(x_2-d_2),\max(y_1-d_1)]\times[\min(x_1+d_1),\min(y_3+d_3)]$。3 个结点共同形成交叉矩形(图 6-20 中的阴影部分),取该矩形的质心为所求结点的估计位置。最小最大法在不需要进行大量计算的情况下能得到较好的效果。

6.2.3　基于测距的定位算法

基于测距的定位算法通过测量邻居结点之间的距离或角度信息,使用结点位置的计算方法来估算网络结点的位置。基于测距的定位过程包括以下 3 个阶段。

(1) 测距阶段,未知结点测量到邻近锚结点的距离或角度。常用的测距技术有 RSSI、TOA、TDOA 和 AOA。

(2) 定位阶段,计算出未知结点与 3 个或 3 个以上锚结点的距离或角度后,利用结点定位方法计算未知结点的坐标。

(3) 校正阶段,对计算得到的结点的坐标进行循环求精,减少误差,提高定位算法的

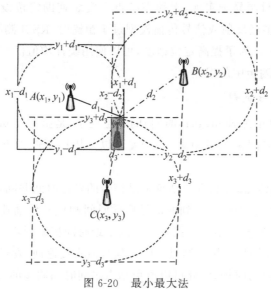

图 6-20 最小最大法

精度。

1. 基于 RSSI 的定位机制

基于 RSSI(Received Signal Strength Indicator,接收信号强度指示)的定位。已知发送结点的发送信号强度,通过测量接收信号强度,计算信号的传播损耗,根据理论或经验信号传播衰减模型将传播损耗转化为距离。

(1) 当未知结点一跳内的锚结点的个数大于或等于 3 时,可以使用三边测量法或极大似然估计法计算出未知结点的位置。

(2) 如果未知结点一跳内的邻居锚结点的个数为 2,如图 6-21 所示,则分别以两个邻居锚结点的位置为圆心,以与锚结点的通信距离 R 为半径画圆,在两圆相交的区域进行采样。当采样点满足条件时,采样点被保存,直到采样个数达到最大门限 N,然后对所有的样本求平均值作为未知结点的初始位置。

(3) 如果未知结点只有一个邻居锚结点,则还会用到一个距离未知结点两跳的锚结点进行采样,如图 6-22 所示。当采样点满足条件时,采样点被保存,直到采样个数达到最大门限 N,然后对所有的样本求平均值作为未知结点的初始位置。

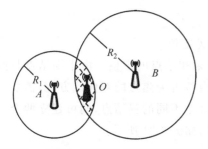
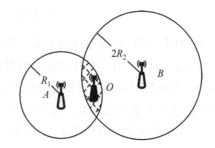

图 6-21 未知结点有两个邻居锚结点的定位　　图 6-22 未知结点有一个邻居锚结点的定位

基于 RSSI 的定位机制易于实现,无须在结点上安装辅助定位设备。当遇到非均匀传播环境,有障碍物造成多径反射或信号传播模型过于粗糙时,RSSI 测距精度和可靠性降低,有时测距误差可达 50%。为了提高定位精度,可以使用统计均值模型、高斯模型 RSSI 数据预处理模型消除 RSSI 测距中的误差。

2. 基于 TOA 的定位机制

基于 TOA(Time Of Arrival,到达时间)的定位机制,是指在已知信号传播速度的情况下,通过测量信号传播时间来测量距离。TOA 可以采用以下两种方式完成结点间距离的测量。

(1) 测量信号单向传播时间、发送结点记录信号的发送时间并同步告知接收结点、接收结点记录信号的接收时间,根据测量到的信号传播时间和信号传播速度计算得到结点间的距离。采用这种方法需要发送结点和接收结点的本地时间精确同步。

(2) 测量信号往返时间差,接收结点在收到信号后直接返回,发送结点测量收发的时间差,由于仅使用发送结点的时钟,因此可以避免结点之间时间同步的要求。这种方法的误差来源于接收结点的处理延迟,可以通过预先校准等来获得比较准确的估计。

这种测距方法适用于射频、声学、红外和超声波信号等多种信号。该方法的优点是定位精度较好,但由于无线信号的传输速度快,时间测量上的很小误差就会导致很大的误差值,所以要求传感器结点有较强的计算能力,此外,无线传感器网络对结点硬件尺寸、价格和功耗方面的要求也限制了 TOA 技术在无线传感器网络中的应用。

3. 基于 TDOA 的定位机制

基于 TDOA(Time Difference Of Arrival,到达时间差)的定位机制。TDOA 一般利用两种不同的信号到达同一结点所产生的时间差,或同一信号到达不同结点所产生的时间差来确定未知结点的具体位置。

1) 利用两种不同的信号到达同一结点所产生的时间差定位

在这种定位机制中,接收结点根据两种无线信号到达的时间差以及这两种无线信号的传播速度计算两个结点间的距离。

例如,在如图 6-23 所示的 Cricket 定位系统中,发射结点同时发射无线射频信号和超声波信号,接收结点记录下这两种信号的到达时间 T_1、T_2,在已知无线射频信号和超声波的传播速度为 c_1、c_2 的情况下,可以根据式(6-7)获得两点间的距离:

$$s = (T_2 - T_1) \times \frac{c_1 c_2}{c_1 - c_2} \tag{6-7}$$

2) 利用同一信号到达不同结点所产生的时间差定位

TDOA 还可以运用于不同的锚结点对同一个未知结点的定位。由未知结点与两个不同的锚结点之间的时间差值可以建立以两个锚结点位置为焦点的双曲线方程,需要定位的未知结点就在这对双曲线的某一条分支上。若有 3 个不同的锚结点,则可建立两个双曲线方程,求解双曲线的交点即可得到未知结点的位置,如图 6-24 所示。

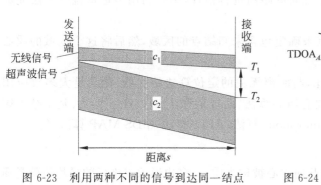 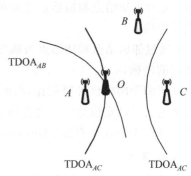

图 6-23 利用两种不同的信号到达同一结点所产生的时间差定位

图 6-24 利用同一信号到达不同结点所产生的时间差定位

在传感器结点进行同步时,TOA 定位需要锚结点与未知结点时间同步,而 TDOA 只需在传感器结点部署完成后,实现锚结点间的时间同步。由于锚结点在整个无线传感器网络中所占比例很小,因此基于 TDOA 的时间同步比基于 TOA 的时间同步代价要小。基于 TDOA 的定位算法定位精度高,易于实现,在无线传感器网络定位方案中得到较多应用。但 TDOA 定位算法对结点硬件的要求高,其对成本和功耗的要求对低成本、低功耗的传感器网络设计提出了挑战。

4. 基于 AOA 的定位机制

在基于 AOA(Angle Of Arrival,到达角度)的定位机制中,接收结点通过天线阵列或多个接收器结合来得到发射结点发送信号的方向,计算接收结点和发射结点之间的相对方位或角度,再通过一定的算法(如三角测量法)得到结点的估计位置。

基于 AOA 的定位机制需要天线阵列或多个接收器实现定位,硬件系统设备复杂,并不适用于对成本敏感的大规模无线传感器网络。基于 AOA 的定位机制需要两结点之间存在视线传输(LOS),即使在以 LOS 传输为主的情况下,无线传输的多径效应依然会干扰 AOA 的定位。

上述几种基于距离的定位算法的比较如表 6-2 所示。

表 6-2 基于距离的定位算法比较

算法名称	测距方法	优 点	缺 点
RSSI	信号衰减模型	成本相对较低	易受环境影响,定位结果不精确
TOA	到达时间	定位精度高	要求各结点间的时间精度完全同步,难度较大
TDOA	信号到达时间差	无须严格的时间同步	需要硬件支持
AOA	到达角度	仅根据角度就可实现定位	需要额外的硬件支持,计算量大

6.2.4 与距离无关的定位算法

与距离无关的定位算法无须测量传感器结点之间的绝对距离或方位,因此降低了对结点硬件的要求。目前与距离无关的定位方法主要有以下两类。

(1) 先对未知结点和锚结点之间的距离进行估计,然后利用多边定位等方法完成对其他结点的定位。

(2) 通过邻居结点和锚结点来确定包含未知结点的区域,然后将这个区域的质心作为未知结点的坐标。

与基于测距的定位机制相比,与距离无关的定位算法精度低,能满足大多数应用的要求。与距离无关的定位算法主要有质心算法、凸规划算法、DV-Hop 算法、基于结点密度感知的算法、DV-Distance 算法、Amorphous 算法、APIT 算法、MDS-MAP 算法等。

1. 质心算法

在计算几何学里,多边形的几何中心被称为质心,多边形顶点坐标的平均值就是质心结点的坐标。假设多边形顶点位置的坐标向量表示为 $\boldsymbol{p}_i = (x_i, y_i)^T$,则这个多边形的质心坐标计算方法如下:

$$(\bar{x}, \bar{y}) = \left(\frac{1}{n} \sum_{i=1}^{n} x_i, \frac{1}{n} \sum_{i=1}^{n} y_i \right) \tag{6-8}$$

质心算法是一种基于网络连通性的室外定位算法,属于自身定位方法。未知结点以所有在其通信范围内的锚结点的几何质心作为自己的估计位置。

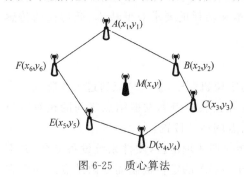

图 6-25 质心算法

质心算法首先确定包含未知结点的区域,在计算这个区域的质心后,将其作为未知点的位置。在质心算法中,锚结点周期性地向邻居结点广播信标分组,信标分组中包含锚结点的标识号和位置信息。当未知结点接收到来自不同锚结点的信标分组数量超过某一门限或接收一定时间后,就确定自身位置为这些锚结点所组成的多边形的质心。

如图 6-25 所示,已知锚结点 A、B、C、D、E、F 的坐标分别为 $(x_i, y_i), i = 1, 2, \cdots, 6$,则未知结点 M 的坐标为

$$(x, y) = \left(\frac{1}{6} \sum_{i=1}^{6} x_i, \frac{1}{6} \sum_{i=1}^{6} y_i \right) \tag{6-9}$$

质心算法的优点是计算简单、通信开销小,易于实现,缺点是仅能实现粗精度定位,并且需要锚结点具有较高的密度,各个锚结点部署的位置也对定位效果有影响。

2. 凸规划算法

凸规划算法是一种完全基于网络连通性诱导约束的定位算法,其基本思想是把整个网络模型转化为一个凸集,将结点之间点对点的通信连接视为结点位置的几何约束,这一系列相邻的约束条件就隐含着结点的位置信息,将这些约束条件组合起来,就可以得到此未知结点可能存在的区域,从而将结点定位问题转化为凸约束优化问题,然后使用线性矩阵不等式、半定规划或线性规划方法得到一个全局优化的定位解决方案,确定结点位置。

根据未知结点 D 与锚结点 A、B、C 之间的通信连接和结点的无线通信半径,可计算得到如图 6-26 所示的 3 个圆相交的部分,即为未知结点可能存在的区域,使用相应的计算方法得到包含 3 个圆公共部分的矩形区域(阴影部分),然后计算该矩形区域的质心作为未知

结点的估计位置。

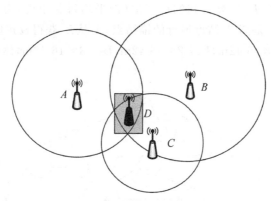

图 6-26 凸规划算法

作为一种集中式定位算法，凸规划算法可以通过在网络边缘部署结点的方法提高结点的工作效率，避免出现估算的质心位置向网络中心偏移的情况。

3. DV-Hop 算法

DV-Hop 算法的工作过程包括最短路径形成、AHS 值转发与更新以及位置估算。

1) 最短路径形成

每个结点（包括锚结点和未知结点）都保存一个锚结点表，其中包括各个锚结点的 ID、位置坐标、与之相距的跳数等信息。

算法初始阶段，各个锚结点主动广播跳数消息，此消息中包括锚结点 ID、位置坐标、跳数（最初为 0）等字段。其他结点接收到此消息后，将其与自身的锚结点表做比较，看是否存在这个 ID。如果此 ID 不存在，则可将其跳数加 1，插入自己的表中，并将消息转发给其他邻居结点。如果此 ID 已存在，则看它是否提供了更短的路径，如果是，则将跳数加 1，更新表并将消息转发，否则就丢弃掉这条跳数消息。

当各个结点都建立了完整的锚结点表后，此过程结束。

2) AHS 值转发与更新

AHS(Average Hop Size)即平均一跳距离，由各锚结点来计算。一个锚结点获知了其他所有锚结点的信息（包括坐标和相距的跳数）后就可以计算 AHS 值。

当锚结点表有所更新时，也会触发 AHS 值的重新计算。锚结点会将此值以 AHS 消息的形式发送出去，未知结点会保留并转发其接收到的第一个 AHS 值，忽略后来的 AHS 值，以避免 AHS 值无尽更新。锚结点不会转发来自其他锚结点的 AHS 消息。

当所有未知结点都获得一个 AHS 值后，此过程结束。

3) 位置估算

当一个未知结点获取了一个 AHS 值，并且知道自身距离某个锚结点的最短跳数时，就可以估算与它的距离，即

$$估算距离 = AHS 值 \times 跳数$$

当一个未知结点估算了与至少 3 个锚结点的距离时，就可以通过三边测量法或极大似然估计法计算自身的位置坐标。

如图 6-27 所示，已知锚结点 L_1 与 L_2、L_3 之间的距离和跳数，由于 L_2 与 L_3 间的跳数为 5，L_2 与 L_1 间的跳数为 2，L_2 计算得到的校正值（即平均每跳距离）为 $(40\text{m}+75\text{m})/(2+5)=16.42\text{m}$。假设 L_2 是离 A 结点最近的锚结点，A 从 L_2 获得校正值，则它与 3 个锚结点间的距离分别为 L_1：$3\times16.42\text{m}$，L_2：$2\times16.42\text{m}$，L_3：$3\times16.42\text{m}$，然后使用三边测量法即可确定结点 A 的位置。

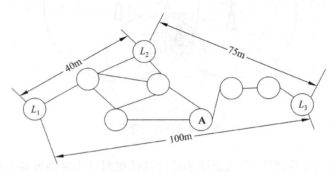

图 6-27 DV-Hop 算法

4. 基于结点密度感知的算法

通过 DV-Hop 算法的工作过程可以看出，这种方法得以高效工作的条件就是全网具有一个稳定的、变化不大的 AHS 值，即要求整个网络都是比较均匀的。此时，以 AHS 值和跳数的乘积来估算的距离才更加接近真实值。但在某些条件下，DV-Hop 算法会有一定的局限性。例如，如果两个结点密度明显不同的网络连通在一起，在它们各自独立时，结点密集网络比结点稀疏网络的 AHS 值要小，但把它们作为一个网络来看待，DV-Hop 算法会使用同一个 AHS 值，这显然会造成较大的误差。基于结点密度感知的定位机制则可以解决该问题。

基于结点密度感知的定位机制的工作过程可以分为如下阶段。

1）感知周边结点密度

在此阶段，各结点通过与邻居交换信息来获知自己的两跳邻居结点数量。各结点首先广播寻找邻居消息，邻居收到后回复包含自身 ID 的应答消息，结点由此获知自身的一跳邻居。各结点再广播寻找两跳邻居消息，邻居收到后回复包含自身 ID 和它的邻居 ID 的应答消息，所有结点由此可确定自己的两跳邻居数量。各结点根据这个数量来判断自己所处网络的结点密度。

2）路径形成

路径形成过程与 DV-Hop 算法的路径形成过程类似，不同的是，锚结点广播的跳数消息中，除了 ID、位置、跳数外，还包括一个结点密度项，各结点的锚结点表也增加了这一表项。

3）锚结点筛选

各结点检查自身的锚结点表，首先将它们分为两类：一类与自己的结点密度相近，称为同型结点；另一类与自己的结点密度差别很大，称为异型结点。然后，锚结点会进一步从同型结点中筛选出与自己处于同一个分区的同区结点。筛选的具体方法如图 6-28 所示。

本结点先将所有的同型结点都假设为是同区结点。本结点与所有的同型结点进行连线，生成的线段称为同型线。本结点再与所有的异型结点连线，生成的线段称为异型线。本

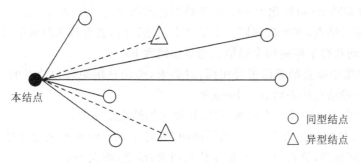

图 6-28 锚结点筛选

结点计算所有的同型线和异型线的长度和角度。接下来按照角度从小到大的顺序,遍历每一根同型线。如果该同型线满足如下两个条件则认为该同型线对应的同型结点不属于同区结点,需将其剔除出去。

(1) 该同型线角度的左右两边一定角度范围内,各存在至少一条异型线。

(2) 该同型线的长度大于上述两条异型线各自长度一定距离。

遍历完所有同型线后,剩下的就是本结点的同区结点。

4) AHS 值计算与转发

锚结点求取了自身的同区结点之后,它对 AHS 值的计算将只依托于这些同区结点。AHS 值计算完后,锚结点将广播 AHS 消息。

未知结点会保存并转发收到的第一个同区锚结点的 AHS 消息,后续收到的其他锚结点的 AHS 消息不再保存或转发。

5) 测距与定位

未知结点选出自己的同区锚结点作为计算锚结点,计算出自己与这些计算锚结点的距离,计算公式为

$$距离 = AHS \times 跳数$$

当一个未知结点获得了与至少 3 个计算锚结点的距离时,就可以通过三边测量法或者极大似然估计法计算自身位置坐标。

5. DV-Distance 算法

DV-Distance 算法与 DV-Hop 算法类似,不同的是 DV-Distance 算法是通过结点之间使用射频通信来测量出结点间的距离,即利用 RSSI 来测量结点间的距离,然后再应用三角测量法计算出结点的位置。

DV-Distance 算法对传感器结点的功能要求比较低,不要求结点能够存储网络中各个结点的位置信息,同时还较大幅度地减少了结点间的通信量,也就降低了结点工作的能源消耗。不足之处在于,因为它直接测量结点间的距离,对距离的敏感性要求较高,尤其对测距的误差很敏感,因此算法的误差较大。

6. Amorphous 算法

Amorphous 算法由 DV-Hop 算法改进得来,Amorphous 算法的工作过程可以分为以下 3 个阶段。

(1) 获得未知结点与每个锚结点之间的最小跳数。锚结点向邻居结点广播数据包,包

括 ID、自身位置和跳数(初始化为 0)。收到数据包的结点记录每个锚结点的信息,将跳数加 1,并且转发给邻居结点,多次收到同一个锚结点的信息时,丢弃较大跳数的数据包。通过该方法,全网结点均获得了距离每个锚结点的最小跳数 $hops_i$。

(2) 假设网络中结点的通信半径相同,设为 R,平均每跳距离为结点的通信半径,未知结点计算到每个锚结点的距离 $d_i = hops_i R$。

(3) 利用三边测量法或极大似算法,计算未知结点的位置。

Amorphous 算法的优点是简单,无须测距,容易实现。但该算法完全依靠网络的连通性,结点部署密度越高,分布越均匀,则定位越精确;反之,则误差较大。

7. APIT 算法

APIT(Approximate Point-in-triangulation Test)算法的全称为近似三角形内点测试法。APIT 算法是一种适用于大规模无线传感器网络的分布式无须测距的定位算法。APIT 算法的基本思想是,未知结点首先收集邻近锚结点的信息,然后确定多个包含未知结点的三角形区域,它们的交集是一个多边形,将其质心作为未知结点的位置。

APIT 算法中,锚结点定时广播自己的坐标信息,结点与邻居结点相互交换接收到的锚结点定位信号强度并以此来判断结点是否在锚结点组成的三角形内,从而估计结点可能位于的区域。如图 6-29 所示,APIT 经过大量三角形的交叠来缩小结点可能位于的区域的面积,最终计算将重叠区域的质心作为结点的近似位置。

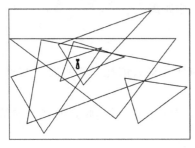

图 6-29 APIT 算法

8. MDS-MAP 算法

MDS-MAP 算法采用集中式计算,可在测距和非测距两种情况下运行,并可根据锚结点数量实现相对定位和绝对定位。MDS-MAP 算法由 3 个步骤组成。

(1) 首先从全局角度生成网络拓扑连通图,并为图中每条边赋予距离值。当结点具有测距能力时,该值就是测距结果。当仅拥有连通性信息时,所有边赋值为 1,然后使用最短路径算法,如 Dijkstra 算法或 Floyd 算法,生成结点间距矩阵。

(2) 对结点间距矩阵应用标准 MDS 技术,生成整个网络的二维或三维相对坐标系统。

(3) 当拥有足够的锚结点时,通过线性变换把相对坐标系统转化为绝对坐标系统。

MDS-MAP 算法是比较典型的不基于锚结点的定位算法,但需要集中式计算,同时会出现部分结点在计算中能量耗尽而失效。另外,MDS-MAP 算法在不规则的网络拓扑中,定位精度下降得很快。

8 种与距离无关的定位算法比较如表 6-3 所示。

表 6-3 与距离无关的定位算法比较

算法名称	定位方法	优 点	缺 点	适用范围
质心算法	几何中心	容易实现且简单	误差大	均匀分布的无线传感器网络
凸规划算法	包含重叠区域的矩形的质心	锚结点比例高时,定位精度高	锚结点的位置会影响定位精度	锚结点部署在网络边缘的无线传感器网络

续表

算法名称	定位方法	优 点	缺 点	适 用 范 围
DV-Hop 算法	三边测量法或极大似然估计法	成本低且易实现	精度不够高	各种无线传感器网络
基于结点密度感知的算法	三边测量法或极大似然估计法	成本低且易实现	功耗大	分布不均匀的无线传感器网络
DV-Distance 算法	三边测量法或极大似然估计法	成本低功耗小	误差较大	各种无线传感器网络
Amorphous 算法	三边测量法或极大似然估计法	成本低功耗小	可扩展性差	锚结点比例高的网络
APIT 算法	重叠区域的质心	可用于结点不均匀区域	受网络连通性限制	锚结点比例高的网络
MDS-MAP 算法	多维标度技术	成本低	受网络连通性限制	受锚结点数量限制

6.2.5 定位算法在智能公交系统的应用与比较

1. 智能公交系统

所谓智能公交系统,就是通过网络采集整个系统过去和目前的信息与状态,并估计未来某个时刻整个公交网络的运行情况,例如车来了.App,如图 6-30 所示。

图 6-30 车来了.App

目前,公交系统的智能化主要体现在两个方面:一是从用户(乘客)角度来讲,需要随时了解自己所需求的公交路线当前的状况,例如下一辆车何时到达,该公交线路是否拥挤,到达目的地的路径是否最短等信息,来决定选择哪一条公交线路;二是从公交公司角度来讲,需要随时了解整个公交系统当前的运行情况和具体公交车辆目前的位置、出勤情况、车辆有无故障等信息来监控整个公交网络。为了实现这些需求,对车辆位置信息的掌握是必不可少的。

从智能公交系统的特点来说,采用有线网络无法满足车辆位置时刻变化的要求,因此以无线的方式构建整个网络是目前最可行的方式。在当前的技术条件下,通过无线传感器网络来搭建智能公交系统网络是最经济、最实用的方法之一。

(1) 无线传感器网络终端便宜,可以大量应用于每辆公交车。

(2) 在通过无线传感器网络对车辆定位时,只需要增加无线传感器网络的传感器数量即可传送除车辆位置信息以外的其他信息。

(3) 整个网络不容易受到外界的干扰,可以稳定地运行。

2. 智能公交系统中使用的定位算法

采用合适的无线传感器网络结点的定位算法对公交系统的智能化有非常重要的意义。结点定位算法的好坏是决定基于无线传感器网络的智能公交系统性能优劣的关键因素。智能公交系统中使用的几种定位算法的比较如表 6-4 所示。

表 6-4 智能公交系统中使用的几种定位算法的比较

算 法		优 点	缺 点	适用条件
基于距离测量的定位算法	信号强度测距法	原理简单,算法实现容易,所需硬件设计简单,有利于结点的微型化	易受到外界复杂环境的干扰使信号强度有不同程度的衰减,从而产生误差;定位比较粗糙	适用于外界环境不复杂、对精度要求不高的城市交通系统
	到达时间测距法	所受外界环境干扰相对较小,算法实现相对容易,定位比较准确	必须维持精准的时钟同步,硬件实现相对困难。会受到多径效应的影响而产生误差	适用于多径效应不明显的城市环境
	时间差测距法	只要外界主要建筑没有明显变化,此方法基本不受到外界干扰,同时也不需要维持精确的时钟同步	在算法上相对复杂,给编程和硬件设计带来一定的麻烦	可以适应比较复杂的城市环境,比前两种方法更加先进
不基于距离测量的定位算法	质心算法	不需要知道距离参数,仅基于网络的连通性。几乎没有盲区,有利于未知结点的无缝接入	测量精度不高,所需锚结点密度较大,因此带来投入费用的增加	适用于锚结点密度较大和精度要求不高的城市公交系统
	DV-Hop算法	所需距离参数不是由测量得来,因此可以排除外界干扰,获得未知结点无线射程以外的锚结点的距离,提高定位精度	所需要锚结点的密度较大,仅在各向同性的密集网络中适用,具体实现起来比较困难	适用于各向同性的密集网络

6.3 数 据 融 合

数据融合是关于协同利用多传感器信息进行信息采集、信息估计和信息评估,获取信息特征、状态和态势的一种多级自动信息处理过程,它将不同来源、不同地点的信息进行融合,最终获得信息的精确描述。数据融合从根本上去除了冗余信息。

数据融合利用计算机技术对按时序获得的多传感器观测信息在一定的准则下进行多级别、多方面、多层次信息检测、相关估计和综合,以获得目标的状态和特征估计,产生比单一传感器更精确、完整、可靠的信息。这种信息是任何单一传感器所无法获得的。

数据融合技术有多种分类方法:根据融合前后的信息含量分类,可以分为有损融合和无损融合;根据数据融合和应用的关系分类,可以分为独立数据融合、依赖应用的数据融合或两者兼有的融合;根据融合级别分类,可以分为数据级融合、特征级融合和决策级融合。

数据融合技术也会带来以下一些损失。

(1) 融合过程会带来网络延迟。

(2) 数据融合会带来数据的损失,导致数据鲁棒性下降。

(3) 数据融合会对网络产生安全隐患。

数据融合是信息融合的一个子集,是对多份信息或数据进行处理,组合出更加有效、更加符合用户需求的数据的过程。特别是对于无线传感器网络,数据融合的目的至少有两个:一是节省能量,二是提高精确度。

6.3.1 数据融合技术

1. 无线传感器网络数据融合技术概述

数据融合是无线传感器网络研究领域的一项热门技术。无线传感器网络数据融合是将多个源结点产生的数据信息进行汇聚并清洗冗余,它既能减少结点能量消耗,又能提高收集数据的精度,得到更贴近需求的数据。

在数据融合过程中,传感器结点有以下 3 种。

(1) 一般结点:分布在传感器网络的末端,直接接触周边环境。

(2) 融合结点:处于中间地位,通过相关数学运算,融合一般结点发送来的信息,然后把运算结果传输到目的结点。

(3) 目的结点:分布在传感器网络的末端,是传输的目的地,拥有强大的资源能力。

无线传感器网络未使用数据融合技术和使用数据融合技术两种网络状态:第一种状态采用树状结构,目的结点接收信息多,处理难度大,中间没有融合结点,如图 6-31(a)所示;第二种状态有融合结点,目的结点处理难度小,融合器融合底层结点传来的数据,并将结果传给汇聚结点,这样就减轻了汇聚结点的处理负担,如图 6-31(b)所示。

数据融合技术可以带来以下几方面的好处。

(1) 提高信息的可信度。利用多传感器能够更加准确地获得环境与目标的某一个特征或一组相关特征,与任何单一传感器所获得的信息相比,整个系统所获得的综合信息具有更高的精度和可靠性。

(2) 扩展系统的空间、时间覆盖能力。多个传感器在空间上交叠,在时间上轮流工作,扩展了整个系统的时空覆盖范围。

(3) 减小系统的信息模糊程度。由于采用多传感器信息进行检测、判断、推理等运算,降低了事件的不确定性。

(4) 改善系统的检测能力。多个传感器可以从不同的角度得到结论,提高了系统发现问题的概率。

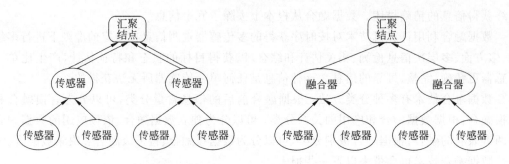

(a) 汇聚结点接收大量信息　　　　　(b) 汇聚结点接收少量的融合信息

图 6-31　无线传感器网络未使用数据融合技术和使用数据融合技术的网络状态

(5) 提高系统的可靠性。多个传感器互相配合，系统因此有冗余，某个传感器的失效不会影响整个系统，降低了系统的故障率。

(6) 提高系统决策正确性。多传感器工作增加了事件的可信度，决策级融合所得结论也更可靠。

(7) 节省能量。在部署无线传感器网络时，需要使传感器结点达到一定的密度，以增强整个网络的鲁棒性和监测信息的准确性，有时甚至需要使多个结点的监测范围互相交叠。由于监测区域相互重叠，也会导致邻居结点报告的信息存在一定程度的冗余。数据融合在转发传感器数据之前进行，在此过程中，首先对数据进行综合，去掉冗余信息，在满足应用需求的前提下将需要传输的数据量最小化。

(8) 提高数据的收集效率。在无线传感器网络中进行数据融合可以在一定程度上提高整个网络收集数据的整体效率，减少需要传输的数据量，可以减轻网络的传输拥塞，降低数据的传输延迟。即使有效数据量并未减少，但通过对多个数据分组进行合并减少数据分组的个数，可以减少传输中的冲突碰撞现象，所以也能够提高无线信道的利用率。

2. 数据融合技术的分类

1) 根据处理融合信息方法的不同进行分类

根据处理融合信息方法的不同，数据融合技术可分为集中式、分布式和混合式 3 种。

(1) 集中式。各个传感器的数据都送到融合中心进行融合处理，实时性能好、数据处理精度高，可以实现时间和空间的融合，但融合中心的负荷大、可靠性低、数据传输量大，对融合中心的数据处理能力要求高。

(2) 分布式。各个传感器对自己测量的数据进行单独处理，然后将处理结果送到融合中心，由融合中心对各个传感器的局部结果进行融合处理。与集中式数据融合技术相比，分布式数据融合技术对通信带宽要求低，计算速度快，可靠性和延续性好，系统生命力强。分布式数据融合技术的缺点是数据融合精度没有集中式高，在每个传感器各自做出决策的过程中会增加融合处理的不确定性。

(3) 混合式。混合式数据融合是以上两种系统的组合，可以均衡上述两种系统的优缺点，但系统结构会变得复杂。

2) 根据融合处理的数据种类不同进行分类

根据融合处理的数据种类不同，数据融合技术可分为时间融合、空间融合和时空融合。

（1）时间融合。时间融合是对同一传感器在不同时间的测量值进行融合。

（2）空间融合。空间融合是对不同的传感器在同一时刻的测量值进行融合。

（3）时空融合。时空融合是对不同的传感器在一段时间内的测量值不断地进行融合。

3）根据信息抽象程度的不同分类

根据信息抽象程度的不同，数据融合技术可分为数据级融合、特征级融合和决策级融合。

（1）数据级融合。数据级融合是直接在采集到的原始数据上进行的融合，在传感器采集的原始数据未经处理之前就对数据进行分析和综合，这是最低层次的数据融合，如图6-32所示。这种融合技术的主要优点是能保持尽可能多的原始现场数据，提供更多其他融合层次不能提供的细节信息。由于这种融合是在信息的最底层进行的，传感器的原始信息存在不确定性、不完全性和不稳定性，所以要求各个传感器信息具有精确到同一校准精度，即各传感器信息必须来自拥有同样校准精度的传感器。

数据级融合通常用于多源图像复合、图像分析和理解、同类（同质）雷达波形的直接合成、多传感器遥感信息融合等。

（2）特征融合。特征级融合是在中间层级进行的融合，如图6-33所示。它先对来自传感器的原始数据提取特征信息。通常来讲，提取的特征信息应是像素信息的充分表示量或充分统计量，然后按特征信息对多传感器数据进行分类、汇集和综合。特征级融合的优点在于实现了可观的信息压缩，有利于实时处理。由于所提取的特征信息直接与决策分析有关，因而融合结果能最大限度地给出决策分析所需要的特征信息。特征级融合分为目标状态数据融合和目标特性融合两类。目标状态数据融合主要用于多传感器的目标跟踪领域。目标特性融合多用于多传感器的目标识别领域。

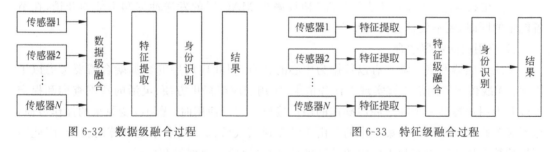

图 6-32 数据级融合过程　　　　图 6-33 特征级融合过程

（3）决策级融合：决策级融合是在最高层级进行的融合，如图6-34所示。决策级融合是一种高层次的融合，在融合之前，每个传感器的信号处理装置已完成决策或分类任务。信息融合是根据一定的准则和决策的可信度做最优决策，因此具有良好的实时性和容错性，即使系统在一种或几种传感器失效时也能工作。决策级融合的结果是为决策提供依据，因此决策级融合通常是从具体的决策问题出发，充分利用特征级融合时提取的对象特征信息，采用特定的融合技术得到结果。决策级融合是直接针对具体决策目标的，之前得到的融合结果对决策的水平有直接影响。

决策级融合的主要优点如下。

① 具有很高的灵活性。

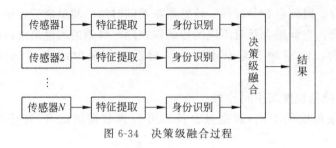

图 6-34　决策级融合过程

② 系统对信息传送的带宽要求较低。
③ 能有效反映环境或目标各个侧面的不同类型的信息。
④ 当一个或几个传感器出现错误时,通过适当数据融合,系统仍能获得正确的结果,所以具有容错性。
⑤ 通信量小,抗干扰能力强。
⑥ 对传感器的依赖性小,传感器可以是同质的,也可以是异质的。
⑦ 融合中心处理代价低。

决策级融合需要对传感器采集的原始信息进行预处理并获得各自的判决结果,因此预处理代价很高。

3. 数据融合技术的实现

在无线传感器网络中数据融合技术可以结合网络的各个协议层的要求进行工作。

(1) 在应用层,可以通过分布式数据库技术对采集的数据进行初步筛选,达到融合效果。

(2) 在网络层,可以结合路由协议减少数据的传输量。

(3) 在数据链路层,可以结合 MAC 协议减少 MAC 层的发送冲突和头部的开销,在节省能量的同时,还不失信息的完整性。

1) 应用层的数据融合

无线传感器网络通常具有以数据为中心的特点,因此应用层的数据融合需要考虑以下因素:无线传感器网络能够实现多任务请求,应用层应当提供方便、灵活的数据查询和提交手段并为用户提供一个屏蔽底层操作的用户接口。用户使用时,无须改变原来的操作习惯,也不必关心数据是如何采集上来的。由于结点通信代价高于结点本地计算的代价,因此应用层的数据形式应当有利于网内的计算处理,减少通信的数据量和能耗。

2) 网络层的数据融合

在网络层,数据融合通常与路由的方式有关。以地址为中心的传统路由不考虑数据融合,数据仅按照最短路径进行传输。无线传感器网络是以数据为中心的,所以路由也是以数据为中心的路由(Data-Centric Routing, DCR)。数据在转发的过程中,融合结点会根据数据的内容,将来自多个源结点的数据进行融合。DCR 可以减少网络的数据量,因此有很好的节能效果。两种不同的路由方式如图 6-35 所示。

在网络层中,数据融合的关键就是数据融合树的构造。在无线传感器网络中,基站或汇聚结点收集数据时是通过反向组播树的形式从分散的传感器结点处将数据逐步汇聚起来的。当各个传感器结点监测到突发事件时,传输数据的路径形成一棵反向组播树,这个树就

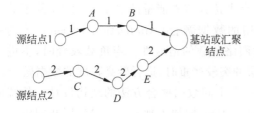 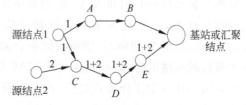

(a) 以地址为中心的路由　　　　　　　(b) 以数据为中心的路由

图 6-35　以地址为中心的路由与以数据为中心的路由

称为数据融合树,如图 6-36 所示。数据融合树的中间融合结点若能收到所有子结点的数据并进行数据融合处理,就能最大限度地融合,即最优融合。无线传感器网络就是通过融合树来报告监测到的事件的。

数据融合树可以通过以下方法构建。

(1) 以最近源结点为中心(Center at Nearest Source,CNS)。这种方法是由离基站或汇聚结点最近的源结点充当融合中心结点,所有其他数据源将数据发送到该结点,然后由该结点将融合后的数据发送给基站或汇聚结点。一旦确定了融合中心结点,融合树就确定下来了。

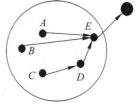

图 6-36　数据融合树

(2) 最短路径树(Shortest Paths Tree,SPT)。使用这种方法时,每个源结点都各自沿着到达基站或汇聚结点最短的路径传输数据,这些来自不同源结点的最短路径可能交叉、汇集在一起形成融合树。交叉处的中间结点都可进行数据融合。当所有源结点各自的最短路径确立时,融合树就形成了。

(3) 贪婪增长树(Greedy Incremental Tree,GIT)。使用这种算法时,融合树是依次建立的,先确定树的主干,再逐步添加枝叶。最初,贪婪增长树只有基站或汇聚结点与距离它最近的结点存在一条最短路径;之后,每次都从前面剩下的源结点中选出距离贪婪增长树最近的结点连接到树上,直到所有结点都连接到树上。

上面 3 种算法都比较适合基于事件驱动的无线传感器网络,可以在远程数据传输前进行数据融合处理,从而减少冗余数据的传输量。在数据可融合程度一定的情况下,上面 3 种算法的节能效率由高到低通常为 GIT、SPT、CNS。当基站或汇聚结点与传感器覆盖监测区域的距离不同时,可能会造成以上算法在节能方面的一些差异。

3) 数据链路层的数据融合

无论是与应用层还是与网络层相结合的数据融合技术都存在不足。为了实现跨协议层的理解和交互数据,必须对数据进行命名。采用命名机制会导致来自同一源结点的不同类型的数据彼此不能融合。由于打破了传统的网络协议层的独立和完整性,所以上下层协议不能完全透明。虽然采用网内融合处理,而具有了提高数据融合程度的可能性,但会导致信息丢失过多。

独立于应用的数据融合机制(Application Independent Data Aggregation,AIDA)可直接对数据链路层的数据包进行融合然后转发,不需要了解应用层数据的语义,保持了网络协议层的独立性。AIDA 的核心思想是根据下一跳地址进行多个数据单元的合并融合,通过减少数据封装头部的开销和 MAC 层的发送冲突来达到节省能量的效果。AIDA 并不关心数据内容是什么,主要是为了避免依赖于应用的数据融合(Application Dependent Data Aggregation,ADDA)的弊端,增强数据融合对网络负载的适应性。当负载较轻时,不进行融合或进行低程度的融合;负载较高或 MAC 层冲突较严重时,进行较高程度的数据融合。

在介绍 AIDA 的工作流程之前,首先比较一下不同数据融合方法的结构设计。传统的 ADDA 存在网络层和应用层之间的跨层设计,而 AIDA 增加了独立的 MAC 层和网络层之间数据融合协议层。当然,也可以将 AIDA 和 ADDA 综合应用,如图 6-37 所示。AIDA 的提出就是为了适应网络负载的变化,可以独立于其他协议层进行数据融合,能够保证不降低信息完整性和网络端到端延迟的前提下,减轻 MAC 层的拥塞冲突和能量消耗。

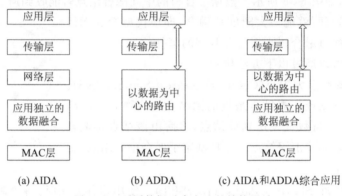

图 6-37 不同数据融合方法的结构设计

AIDA 的工作流程主要包括发送和接收两个方向的操作。

(1) 发送主要是指从网络层到 MAC 层的操作,网络层发来的数据分组进入汇聚融合池,AIDA 功能单元根据所需的融合程度将下一跳地址相同的网络单元(数据)合并成一个 AIDA 单元并送到 MAC 层。何时调用融合功能单元以及融合程度如何确定都由融合控制单元来决定。

(2) 接收操作主要是从 MAC 层到网络层,MAC 层传送来的 AIDA 单元被拆散为原来的网络层分组单元并送交网络层。这样可以保证协议的模块性,使网络层可以对每个数据分组进行重新路由。

4. 路由协议中的数据融合

路由协议负责将数据分组从源结点通过网络转发到目的结点,主要包括两方面的功能:一是寻找源结点和目的结点间的优化路径;二是将数据分组沿着优化路径正确转发。

在无线传感器网络中,路由协议需要高效利用能量。由于传感器数量很多,结点只能获取局部拓扑结构,这就要求路由协议能在局部网络信息的基础上选择合适的路径。无线传感器网络的路由协议常常与数据融合技术结合使用,通过减少通信量达到降低功耗的目的。

无线传感器网络的数据融合是在数据从传感器结点向汇聚结点汇聚时发生的。数据沿着所建立的数据传输路径传送并在中间的融合结点上进行融合。越早进行数据融合就越能更多地减少网络内的数据的通信量。在网络中有大量的数据融合结点的组合,如何找到一个最优的组合方式来达到最小的数据传输量就显得非常困难。

1) 基于定向扩散路由的融合

定向扩散(Directed Diffusion)路由中的数据融合包括路径建立阶段的任务融合和数据发送阶段的数据融合,这两种融合都是通过缓存机制实现的。定向扩散路由中的任务融合得益于它基于属性的命名方式,类型相同、监测区域完全覆盖的任务在某些情况下就可以融合成一个任务。定向扩散路由的数据融合采用的是"抑制副本"的方法,即对转发过的数据进行缓存,发现重复的数据将不予转发。这种方法不仅简单,而且与路由技术相结合时还能够有效地减少网络中的数据量。

2) 基于层次路由的融合

LEACH 与 TEEN 都是基于层次的路由,它们的核心思想是使用分簇的方法把数据融合的地位突显出来,包括周期性的循环过程。LEACH 的操作以"轮"进行,每一轮具有两个运行阶段,包括簇建立阶段和数据通信阶段。为了减少协议的开销,稳定运行阶段的持续时间要长于簇建立阶段。

LEACH 协议的特点是分簇和数据融合,分簇有利于提升网络的扩展性,数据融合可以节约功耗。LEACH 协议对于结点分布较密的情况有较高的效率,因为结点密度过大会导致在小范围内冗余数据较多,因此 LEACH 协议可以有效地消除数据的冗余性。然而 LEACH 协议仅强调了数据融合的重要性,并没有给出具体的融合方法。TEEN 是 LEACH 的一种改进,应用于事件驱动的传感器网络。TEEN 与定向扩散路由一样通过缓存机制抑制不需要转发的数据,但是它利用阈值的设置使抑制操作更加灵活,对于前一次监测结果差值较小的数据也进行了抑制。

6.3.2 数据融合的方法

在无线传感器网络中,数据融合要依靠各种具体的融合方法来实现。这些数据融合方法在对系统所获的各类信息进行有效处理或推理后,形成一致的结果。无线传感器网络数据融合目前尚无通用的融合方法,一般需要根据具体的应用而定。

总之,信息融合方法主要有直接对数据源操作的方法、基于对象的统计特性和概率模型的方法、基于规则推理的方法。

1. 直接对数据源操作的方法

1) 加权平均法

加权平均法是最简单、直观的,是一种实时处理信息的融合方法,其基本过程如下:假设用 n 个传感器对某个物理量进行测量,第 i 个传感器输出的数据为 x_i,其中 $i=1,2,\cdots,n$。对每个传感器的输出测量值进行加权平均,加权系数为 ω_i,得到的加权平均融合结果为

$$\overline{X} = \sum_{i=1}^{n} \omega_i x_i \tag{6-10}$$

加权平均法将来自不同传感器的冗余信息进行加权平均,结果作为融合应用,该方法必须先对系统和传感器进行详细分析,以获得正确的权值。该方法能实时处理动态的原始传感器数据,缺点是调整和设定权系数的工作量很大且带有一定的主观性。

2) 神经网络法

神经网络与数据融合具有一个共同的基本特征,就是可通过对大量数据的运算和处理,得到能够反映这些数据特征的结论性的结果。

神经网络法基于三层感知器神经网络模型,对应无线传感器网络中的一个簇。其中,输入层和第一隐层位于簇成员结点中,而输出层和第二隐层位于簇头结点中。假设无线传感器网络中一个簇内有 n 个簇成员结点,每个簇成员结点采集 m 种不同类型的数据,那么该神经网络模型共有 $n\times m$ 个输入层结点、$n\times m$ 个第一隐层神经元。第二隐层神经元的数量和输出层神经元的数量 k 可以根据实际应用的需要进行调整,与簇成员结点的数量 n 并没有联系。对于不同类型的数据,第二隐层的数量可以不同。输入层与第一隐层之间、第一隐层与第二隐层之间没有采用全连接,只是对不同类型的数据分别进行处理;而第二隐层与输出层之间是全连接的,可以对不同类型的数据进行综合处理。基于神经网络的无线传感器网络数据融合如图 6-38 所示。

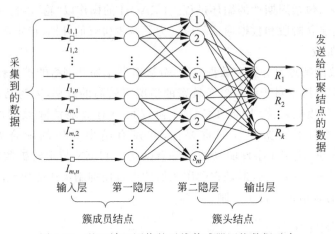

图 6-38　基于神经网络的无线传感器网络数据融合

根据这样一种三层感知器神经网络模型,数据融合算法首先在每个传感器结点处对所有采集到的数据使用第一隐层神经元函数进行初步处理;然后将处理结果发送给其所在簇的簇头结点,簇头结点再根据第二隐层神经元函数和输出层神经元函数进行进一步处理;最后由簇头结点将处理结果发送给汇聚结点。

2. 基于对象的统计特性和概率模型的方法

1) 卡尔曼滤波法

卡尔曼(Kalman)滤波法主要用于动态环境中冗余传感器信息的实时融合。该方法应用测量模型的统计特性递推地确定融合数据的估计,该估计在统计意义下是最优的。滤波器的递推特性使它特别适合在不具备大量数据存储能力的系统中使用。当系统是线性模型且系统与传感器的误差均符合高斯白噪声模型的时,卡尔曼滤波可为融合数据提供唯一的统计意义上的最优估计;当系统和测量不是线性模型时,可采用扩展卡尔曼滤波;当系统模型有变化或者系统状态有渐变或突变时,可采用基于强跟踪的卡尔曼滤波。

卡尔曼滤波法包括时间更新和测量更新两个过程。测量更新过程根据本次测量值和上次的一步预估值的差,对一步预估值进行修正,得到本次的估计值。卡尔曼滤波器实现数据融合的实质就是各传感器测量数据的加权平均,权值大小与其测量方差成反比。改变各传感器的方差值,相当于改变了各传感器的权值,从而得到一个更精确的估计结果。

2) 贝叶斯估计法

贝叶斯估计法是进行静态数据融合时常用的方法,其信息描述是概率分布,适用于具有加性高斯噪声的不确定信息处理。每一个源的信息均被表示为一个概率密度函数。贝叶斯估计法利用设定的各种条件对融合信息进行优化处理,它使传感器信息依据概率原则进行组合,测量的不确定性以条件概率表示。当传感器组的观测坐标一致时,可以用直接法对传感器测量数据进行融合。在大多数情况下,传感器是基于不同的坐标系对同一环境物体进行描述的,这时传感器测量数据要以间接方式采用贝叶斯估计法进行数据融合。

贝叶斯估计法包括采用一致传感器的贝叶斯估计法和多贝叶斯估计法。在采用一致传感器的贝叶斯估计法中,首先要去除可能有错误的传感器数据信息,再对剩下的一致传感器提供的信息进行融合处理,其信息不确定性描述为概率分布,需要给出各传感器对目标类别的先验概率。采用一致传感器的多贝叶斯法将环境表示为不确定几何物体的集合,对系统的每一个传感器做一种贝叶斯估计,将各单独物体的关联概率分布组合成一个联合后验概率分布函数,通过队列的一致性观察来描述环境。

3) 统计决策理论

统计决策理论将信息不确定性表示为可加噪声,从而使适用范围更广。在用统计决策理论进行数据融合时,先对多传感器数据进行鲁棒假设测试,以验证一致性,再利用一组鲁棒最小最大决策规则对通过测试的数据进行融合。

3. 基于规则推理的方法

1) D-S 证据理论

在数据融合系统中,传感器提供的信息往往是不完整、不精确的,具有某种程度的不确定性及模糊性,有时甚至是矛盾的,而数据融合时为达到监测目标状态和决策制定的目的,不得不依据这些不确定的信息进行推理。D-S 证据理论是不确定性推理的一种重要方法。

D-S 证据理论的核心是证据,这里的"证据"并不是通常意义上的事实证据,而是人们知识和经验的一部分,是人们对有关问题所做的观察和研究结果。决策者的经验、知识以及对问题的观察和研究都是进行做决策的证据。D-S 证据理论要求决策者根据自己拥有的证据,在假设空间(或称识别框架)上产生一个概率分配函数,即 mass 函数。mass 函数可以看作某领域专家凭借自己的经验对假设所做的评价,这种评价对于该领域的最终决策者就是证据。

D-S 证据理论适用于传感器提供的信息和它们输出决策的确定性之间概率不相关的情况。该方法是贝叶斯估计法的扩充,与贝叶斯估计法相比,D-S 证据理论无须知道先验概率,但要求各证据之间相互独立。该方法首先计算各个证据的基本概率赋值函数、信任度函数和似然函数,然后用 D-S 组合规则计算所有证据联合作用下的基本概率赋值函数、信任度函数和似然函数,最后根据一定的决策规则选择联合作用下支持度最大的假设。

2) 产生式规则法

"产生式"一词是美国数学家 Post 于 1943 年首先提出的。他根据串替代规则提出了一种称为 Post 机的计算模型,模型中的每一条规则称为一个产生式。产生式规则法中的规则一般需要通过对所用传感器的特性及环境特性进行分析后归纳出来,不具有一般性,即当系统改换或传感器数量变化时,其规则就要重新产生,所以这种方法的系统扩展性较差。由于该方法推理较明了,易于系统解释,所以也有广泛的应用。

3) 模糊集理论法

模糊集的概念是 L.A.Zadeh 于 1965 年首先提出的。模糊集理论法将多传感器数据融合过程中的不确定性直接表示在推理过程中,是一种不确定推理过程。此方法首先对多传感器的输出进行模糊化处理,将然后测得的物理量进行分级并用相应的模糊子集表示,之后确定这些模糊子集的隶属函数。由于每个传感器的输出值对应一个隶属函数,所以在使用多值逻辑推理和根据模糊集理论法的演算时可将这些隶属函数进行综合处理,使结果清晰化,从而得到非模糊的融合值。

4) 粗糙集理论

基于贝叶斯估计法需要事先确定先验概率;基于 D-S 证据理论需要事先进行基本概率赋值;用神经网络法进行数据融合存在样本集的选择问题;用模糊集理论法进行信息融合时,模糊规则不易确立,隶属度函数难以确定。当上述的融合方法需要的条件都无法满足时,采用基于粗糙集理论的融合方法可以解决这些问题。

粗糙集理论是波兰华沙工业大学 Pawlak 教授于 1982 年提出的一种研究不完整数据和不确定性知识的数学工具,在数据融合技术中也有应用。其优点是不需要预先给定检测对象某些属性或特征的数学描述,就可直接从给定问题的知识分类出发,通过不可分辨关系和不可分辨类确定对象的知识约简,导出问题的决策规则。

在粗糙集理论中,传感器每次采集的数据被视为等价类,利用化简、核和相容性等概念,就可对大量的传感器数据进行分析,去掉相同的信息,求出最小不变的核,找出对决策有用的信息,得到最快的融合算法。

6.3.3 基于数据融合的室内环境监控系统设计

目前室内环境污染和安全问题日益严重,人们对室内环境的监控越来越重视,周彬彬等人结合数据融合技术实现了一种基于无线传感器网络的室内环境监控系统。采用 ZigBee 无线传感器网络实现对室内温度、湿度、可燃气体浓度等环境参数的采集及传输,采用自适应加权算法和 D-S 证据理论对采集到的数据进行二级数据融合处理,根据环境质量向控制结点发送命令来打开相应设备,实现实时控制室内的环境质量,远程监控客户端,通过局域网访问服务器查询室内环境质量及安全状况。

1. 系统硬件结构

本系统主要由嵌入式网关、无线传感器网络模块和远程监控设备组成,其中嵌入式网关主要由嵌入式处理器、网卡、报警电路、电源管理模块等部分构成,如图 6-39 所示。

嵌入式网关控制器核心采用基于 ARM920T 内核的 S3C2440A 微处理器,外接 2MB 的 NOR Flash(MX29LV160DBTI-70G)、256MB 的 NAND Flash(K9F2G08U0C)和 64MB 的 SDRAM(EM63A165TS),可以支持 Linux、PalmOS 和 WinCE 等操作系统的启动和运行。

在无线传感器网络中,协调器通过串口与网关进行通信。结点控制器芯片可选择 TI 公司的 CC2530。CC2530 支持 ZigBee 协议栈并集成了性能优良的射频收发器,能在成本较低的情况下建立强大的网络结点。采用 DHT22 数字温湿度传感器可实现室内温湿度信息的采集,DHT22 采用单总线数据传输方式,最大传输距离可达到 20m,每次传输的数据为 40 位,一次通信时间约为 5ms。采用 MQ-2 传感器可对室内烟雾浓度进行测量。采用 MQ-5 传感器对室内可燃气体浓度进行测量。

以太网模块采用 DM9000A 芯片,实现网关与 PC 客户端的通信,远程监控设备使用

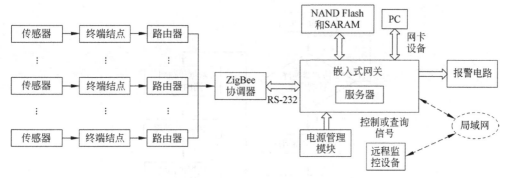

图 6-39 系统硬件结构

Android 系统的智能终端,通过局域网访问网关服务器获取室内环境数据或发送控制命令。

2. 系统软件设计与实现

本系统的软件由 ZigBee 网络模块、网关模块及远程监控设备 3 部分组成。ZigBee 网络模块主要完成网络的建立与维护、数据的传输、数据的采集和处理等。网关模块主要完成 Linux 操作系统、嵌入式数据库及 Web 服务器的移植、数据的处理、存储及通信。远程监控设备是基于 Android 系统的开发,主要实现数据的实时查询、室内空气质量调控与报警等功能。网关应用程序工作流程和环境数据采集流程分别如图 6-40 和图 6-41 所示。

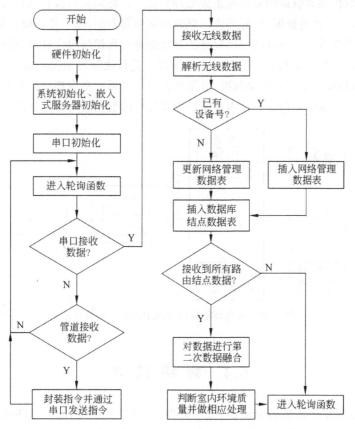

图 6-40 网关应用程序工作流程

第 6 章 无线传感器网络的支撑技术

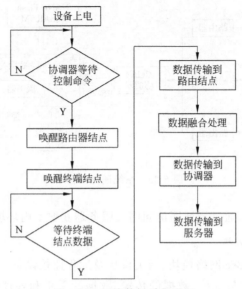

图 6-41　环境数据采集流程

3. 数据融合的算法

本系统中,对传感器数据的处理是重要的环节之一。终端结点接收到被唤醒的命令后,传感器会连续采集 8 次环境数据,计算环境信息的平均值和方差,然后将环境数据打包发送到区域路由器并,在路由器上采用自适应加权算法对数据进行数据级融合处理,最后将数据经过协调器发送到嵌入式网关,在网关上依据 D-S 证据理论进行决策级数据融合处理。系统基于这些数据判断室内环境舒适度及安全状况,并根据融合的结果对室内环境启动相应的调控措施,保证室内环境舒适、健康和稳定。室内环境控制系统中的数据融合算法如图 6-42 所示。

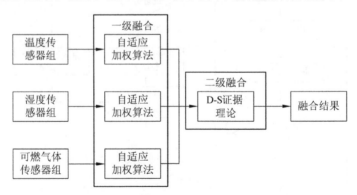

图 6-42　室内环境控制系统中的数据融合算法

6.4　容错技术

无线传感器网络中传感器数量多、分布范围广、信息处理量大、运行环境恶劣、受功能和成本的限制多,因此每个传感器结点的可靠性较低,易受各种不确定性因素影响。例如,

2002年大鸭岛项目中,20天内就有超过一半的传感器结点因恶劣的气候条件和有限的电池能量而失效。由此可知,为了保证无线传感器网络的正常使用,其容错研究是非常重要的。

无线传感器网络容错方面的研究不仅要考虑无线传感器网络本身传感器结点存储能力、计算能力及能量方面的限制,还需要考虑各种应用环境的不同对传感器结点造成的直接影响,以及不同应用领域对网络容错能力的不同要求。只有这样,才能在保证网络的生存周期的前提下,真正地提高网络的鲁棒性。

6.4.1 容错技术概述

1. 容错的概念

简单地说,容错就是当系统由于种种原因出现了数据、文件损坏或丢失时,能够自动将这些损坏或丢失的文件和数据恢复到发生事故以前的状态,使系统能够连续、正常运行。容错领域需要了解的基本概念如下。

(1) 失效是指某个设备失去了实现指定的功能的能力。

(2) 故障是指一个设备、元件或组件的一种物理状态,在此状态下它们不能按照所要求的方式工作。

(3) 差错是指一个不正确的步骤、过程或结果。

故障只有在某些条件下才会在输出时产生差错,这些差错由于出现在系统内部,不会很容易地被观测到。只有这种差错积累到一定程度或者在某种系统环境下,才会使系统失效。所以,失效是面向用户的,而故障和差错是面向设备的。

2. 无线传感器网络中的容错

由于应用环境的复杂性,无线传感器网络中的某些传感器结点会时常产生故障。无线传感器网络的容错是指当网络中某个结点或结点的某些部件发生故障时,网络仍然能够完成指定的任务,实际上就是在"容故障"。

不同的应用对容错的要求有所不同。例如,一个办公室有6个人,分别标记为A、B、C、D、E、F。在办公室门口布设一个无线传感器网络,要求能识别出这6个人。传感器结点包括感知身高的传感器和感知声音的传感器。身高由一串光感传感器测得,声音由每个人经过门口时对着声音采集设备发声从而实现识别。传感器将这些特征映射到一个二维图上,如图6-43所示。由于所有人的特征被映射在图6-43所示的不同方格中,所以无故障时系统能够区分出任意两个人。在图6-43(a)所示的情况1中,当身高传感器失效时,系统根据声音传感器仍然能够区分全部用户;当声音传感器失效时,由于用户C和D的身高相同,所以仅依靠身高传感器无法区分用户C和D。因此,在情况1中能够容忍身高传感器失效。在图6-43(b)所示的情况2中,由于用户C和D的声音非常相似且传感器有一定误差,所以传感器会判断用户C和D的声音相同。在这种情况下,当身高传感器失效时,由于用户C和D的声音相同,所以仅依靠声音传感器无法区分用户C和D。当声音传感器失效时,由于用户D和F的身高相同,所以仅依靠身高传感器无法区分用户D和F。因此,在情况2中不能够容忍任何传感器失效。

3. 容错的重要性

无线传感器网络的出现给容错技术带来了新的挑战。通常,无线传感器网络需要考虑

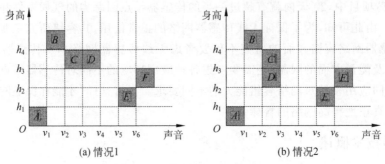

图 6-43 多模型传感器网络容错实例

以下情况。

(1) 技术和实现因素。传感器结点通常不像集成电路那样封装得很好,它常直接暴露在恶劣的环境中,因此更容易受到物理、化学、生物等外力的破坏,从而可靠性要差很多。此外,由成百上千的传感器结点组成的分布式网络,在受成本和能耗限制的同时,还需要完成感知、执行、通信、信号处理、数值计算等一系列的任务,这本身就是一个具有挑战性的任务。

(2) 无线传感器网络的应用模式。无线传感器网络通常运行在无人干预的模式,它们需要具有更强的容错能力,才能确保在某些部件或结点发生故障时网络仍然能完成预设的任务。

(3) 无线传感器网络是一个新兴的领域,处理特定问题的最优方法还在不断优化。无线传感器网络的技术和预期应用还在快速地变化着,所以在特定传感器网络中的容错处理还难以预见。

4. 容错设计目标

在无线传感器网络中,设计容错机制需要满足如下目标。

(1) 低能耗。无线传感器网络中结点携带的能量是受限的,大量结点的能量耗尽称为网络的死亡。对无线传感器网络进行容错设计会给网络带来额外的能量开销,应尽可能地减少容错算法所带来的额外能耗。

(2) 低复杂度。无线传感器网络的主要任务是采集环境中的数据并对数据进行处理,因此网络内的每个结点需要完成感知、路由、数据处理等多项任务。容错算法作为确保网络可靠性的一种手段,不应占用网络结点过多的计算资源。即使多媒体传感器结点具有较强的运算能力,但是在处理高数据量的多媒体数据时也需要充足的计算资源进行保障。

(3) 准确性。无线传感器网络结点的传感器结点失效和传输质量降低都会影响汇聚结点接收数据的准确性,容错算法需要尽可能地降低汇聚结点所接收数据与实际环境数据之间的偏差。

(4) 完整性。无线传感器网络中,部分传感器结点的失效将产生覆盖空洞,网络传输时的丢包也会使采集的环境数据产生缺失,这些都会降低传感器网络采集数据的完整性。因此,容错算法需要尽可能地确保汇聚结点接收数据的完整性,减少覆盖空洞,恢复缺损数据。

6.4.2 故障模型

无线传感器网络容错设计需要考虑故障模型、故障检测、修复机制 3 方面。

与一般的网络不同,无线传感器网络不仅可能出现链路中断、网络拥塞等网络级和系统级的故障,还有可能出现结点的故障。一个无线传感器结点通常由执行器、电源模块、射频模块、微处理器和若干传感器组成,随着使用环境和时间的不同,各组成部件本身会出现传感器老化、无线通信干扰、电池没电等问题。有时,传感器与结点之间的连线会因松动而造成接触不良而结点的故障。

传感器结点的故障一般可分为结点故障和部件故障两个层次。结点故障是指产生故障的结点与其他结点不能通信,部件故障是指产生故障的结点与其他结点能够通信但测量数据出现错误。产生结点故障的传感器结点不能与其他任何结点通信,在网络中彻底失去作用,对网络的连通性和可用性有着不同的影响。如图 6-44 所示,A_1、A_2 和 A_3 是 3 个失效结点,导致网络中 A_4、A_5 和 A_6 3 个结点不可用,而 B_1、B_2 和 B_3 3 个失效结点并没有影响网络中其他结点的连通。

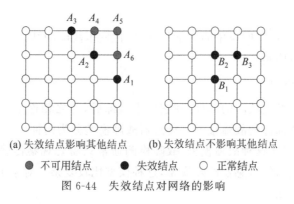

(a) 失效结点影响其他结点　　(b) 失效结点不影响其他结点

● 不可用结点　　● 失效结点　　○ 正常结点

图 6-44　失效结点对网络的影响

1. 结点故障模型

结点故障只有能连通与不能连通两种状态,所以可以简单地用二进制描述结点故障模型。例如,0 表示结点发生故障,不再与其他结点连通;1 表示结点能与其他结点正常连通。

2. 部件故障模型

部件故障模型比结点故障模型复杂一些。设结点所在地的真实值为 $\gamma(t)$,测量误差符合正态分布 $N(0,\sigma^2)$,σ 为噪声标准差。传感器发生故障时,测量值可以形式化为

$$f(t)=\beta_0(t)+\beta_1(t)\gamma(t)+\varepsilon(t)$$

其中,β_0 是偏移值;β_1 是缩放倍数;ε 是测量噪声。由此可以得到下面几种故障模型。

(1) 固定故障。传感器结点在任意时间采集的数据均为一个固定值,即使外界环境发生剧烈变化时,其采集的数据值仍不会发生任何变化。该类故障模型形式化为 $f(t)=\beta_0(t)$。

(2) 偏移故障。虽然传感器在任意时间采集的数据会随着外界环境的变化而产生波动,但是采样值总是与真实值之间存在一个误差。该类故障模型形式化为 $f(t)=\beta_0(t)+\gamma(t)+\varepsilon(t)$。

(3) 倍数故障。由于传感器的部分元器件损坏可能导致传感器采集的数据与环境变化之间形成一种非线性的映射,当环境产生微小变化时可能采样值会为实际值的几倍。该类故障模型形式化为 $f(t)=\beta_1(t)\gamma(t)+\varepsilon(t)$。如果没有对测量值的先验知识,仅从结果不

能分辨出偏移故障和倍数故障。

(4) 方差下降故障：这类故障通常是由于使用时间过长，感应器老化后变得越来越不精确而产生。设测量方差为 σ_m^2，故障方差 σ_f^2，当 $\sigma_f^2 > \sigma_m^2$，则误差演变为故障，包含故障的测量值为 $f(t) = \gamma(t) + \varepsilon(t)$。

当结点采集的数据呈现上述故障模型的特征后，无线传感器网络会产生漏警或者虚警的现象。例如，在火灾发生初期，如果附近的传感器有数值固定故障，那么网络不会对燃火现象产生报警；而当结点发生偏移故障或倍数故障时，可能很小的温度变化就会使网络产生火灾报警消息。

解决上述问题的办法就是利用结点间的空间相关性进行感应器的故障检测，然后用邻居结点的采样值覆盖感应失效结点的观测盲区。

6.4.3 故障检测

故障检测时，需要检测网络中的异常行为，定位发生故障的结点。故障检测可分为部件故障检测和结点故障检测。

1. 部件故障的检测

传感器是很容易发生故障的部件，在它发生故障后，与之相连结点也随即发生故障，所以本节重点介绍传感部件的故障检测。传感器故障模型分为两种：一种是传感器不起作用或者不能正常工作，对于这种故障模型，故障检测通常只需要观察传感器的输出；另一种有连续的或多级数字输出的传感器故障模型，这种模型比较复杂。对于第二种故障，下面介绍了几种典型的检测方法。

对于检测的效果，通常用识别率和误报率两个指标来衡量。识别率是指发生故障的部件被检测为有故障的概率，误报率是把正常的部件判断为发生了故障的概率。

1) 基于时间相关的故障检测

在实际应用中，无线传感器网络在较短时间内监测到的环境特征值一般不会发生较大变化，这就意味着同一个传感器结点在较短时间内的感知值是彼此相关的，而这种相关性可以为无线传感器网络的结点故障检测提供时间相关冗余信息。因此，可以利用时间相关冗余信息对传感器结点进行故障检测。

基于时间相关的结点故障检测算法，是通过利用被检测结点感知的当前值（Current Value）和与之具有时间相关性的历史数值集合的均值（Mean Value）比较后的二进制判决结果来确定结点的状态。二进制判决方法如下：设 m_n 和 m_f 分别为正常结点在非事件发生区域与事件发生区域内的期望值，基于最佳二进制判决门限为 $0.5(m_n + m_f)$ 进行二进制判决，"0"表示无事件发生；"1"表示有事件发生。设 $w(n)$ 为采集的与结点当前值具有时间相关性的前 n 个历史数据值集合的滑动窗口函数；P_i 为结点 i 依据当前值得到二进制判决值；T_i 为结点 i 依据均值得到的二进制判决值。具体检测流程如下：

(1) 传感器结点根据所处监测环境特征值的变化情况及其结点采集数据的间隔，确定 $w(n)$；

(2) 对当前值进行二进制判决，得到二进制判决值 P_i；

(3) 根据采集到的历史数据求其均值，然后对其进行二进制判决，得到二进制判决

值 T_i；

(4) 比较 T_i 与 P_i，如果 $T_i \neq P_i$，则判定结点 i 出现结点故障。

2) 基于空间相关的故障检测

无线传感器网络中邻居结点的同类传感器所测量的值通常很相近，这种特性称为空间相关性。一个结点通过周围邻居结点的同类传感器来检测自己的传感器是否发生了故障。根据故障检测时是否需要结点地理位置信息，可以分为以下两类。

(1) 需要地理位置信息。Ould Ahmed Vall 等人提出了一种分布式的基于事件模型的检测方法。该方法假设所有结点可以对自己进行精确定位，并且通过分布式的算法勾勒出邻居结点所围成的多边形。当一个特定事件发生时，每个结点都会广播一个事件报告消息。结点接收到邻居结点的事件报告广播后，记录发出广播结点的 ID 和地理位置坐标，然后对比自己是否侦测到同一事件。如果发现自己与超过一半的邻居结点报告事件行为产生不统一的现象，立即判断自己是否处于这些事件报告相异的邻居结点围成的多边形内，如果不在多边形内，则认为是正常结点，如果在多边形内，由邻居结点投票决定自己是否异常。如图 6-45 所示，如果结点 i 与结点 1～5 的事件报告产生不一致，则结点 i 存在失效嫌疑。

由于基于事件模型的检测方法中参与检测的结点数量过多，Ould Ahmed Vall 等人在此基础上提出了三角检测法。该方法利用三角几何法减少参与检测的结点数量。如图 6-46 所示，处于 O_1、O_2 和 O_3 位置的 3 个结点 n_1、n_2 和 n_3 均以位置坐标为圆心，以感知范围的半径做圆，同时做出两个圆的切线，其中每条切线必须垂直于 O_1、O_2 和 O_3 所构成三角形的边，切线交点 X_1、X_2 和 X_3 组成一个新的三角形。如果结点 n 处于 $\triangle X_1 X_2 X_3$ 中且汇报事件消息与 n_1、n_2 和 n_3 产生差异，则结点 n 将被判定为失效。

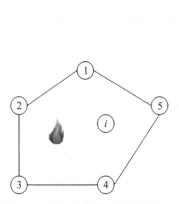

图 6-45 基于事件模型的检测方法

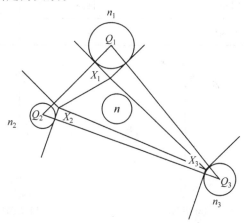

图 6-46 三角检测法

(2) 不需要地理位置信息。虽然部件故障检测时已考虑到结点测量值偏离了真实值，但是结点仍然能够与其他结点通信，所以可以通过邻居结点的测量值来判断自身测量值是否正确。判断策略可以分为多数投票策略、均值策略和中值策略等，它们都利用了无线传感器网络的空间相关性。

① 多数投票策略是通过与邻居结点测量值比较，得到与自身测量值相同或测量值在允

许误差范围内的邻居结点个数,如果个数超过邻居结点数目的一半,则认为自身测量值是正确的。

多数投票策略的故障识别率比较高,但是在空间相关性不是很大的应用中,这种方法会存在较大的误报率。如果邻居结点分布较散或离自己较远,则即使邻居结点的测量值与自己的测量值都正确,它们之间的差距也可能超出允许的范围。

② 均值策略需要首先计算邻居结点测量值的均值,然后将这个均值和自身测量值进行比较,如果差距在允许的范围内,则认为自身测量值是正确的。

由于邻居结点测量值可能存在错误,这些错误值偏离正确值较大时会使均值可信度降低,这样就可能导致误判。

③ 中值策略与均值策略的执行步骤基本一样,只不过中值策略是比较邻居结点测量值序列的中值,而不是均值。

判断策略性能的比较如表 6-5 所示。

邻居结点测量值可能存在错误,这些错误值会导致误判。如图 6-47 所示,A_0、B_0 同时有两个正常邻居结点和两个故障邻居结点,以多数投票策略为例,它们都被判断为有故障,这样 A_0 必然被误判;C_0 的邻居结点中有 3 个与自己不同,所以被判断为出现故障,而事实上 C_0 是一个正常的结点。

表 6-5 判断策略性能的比较

判断策略	识别率	误报率	时间复杂度
多数投票策略	较高	低	$O(n)$
均值策略	较高	较低	$O(n)$
中值策略	高	低	$O(n\lg n)$

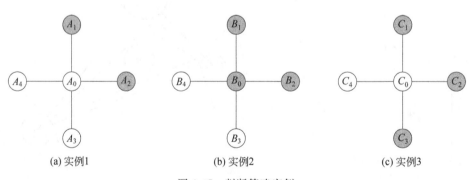

(a) 实例1　　　　　(b) 实例2　　　　　(c) 实例3

图 6-47 判断策略实例

在对检测精度要求较高的应用中,可以通过加权的方法来提高故障识别率。首先给每个传感器一个初值作为它的可信度,每当传感器的测量值被判断为错误时,就将它的可信度 -1。将可信度作为传感器测量值的权重参与运算将提高检测的精度。

3) 基于时空相关的故障检测

在基于空间相关的分布式结点故障检测算法中,邻居结点之间会因频繁地交换信息而导致能耗较大,而基于时间相关的结点故障检测虽然不会因频繁交换信息而产生能耗,但是容易受到环境因素影响而导致误判和漏判。所以为了均衡检测准确率及其能耗,王孝俭提出了基于时空相关的结点故障检测算法。具体执行过程如下。

(1) 传感器结点根据所处监测环境的特征值变化情况及结点采集数据的间隔确定 $w(n)$。

(2) 根据采集到的历史数据求其当前值,然后对其进行二进制判决,得到二进制判决值 T_i。

(3) 结点获取其结点可信邻域(BFN_i)内各个结点的二进制判决值 T_j。

(4) 统计与结点 i 具有相同二进制判决值 T_i 的可信邻域结点个数 c_i。

(5) 如果 $c_i < 0.5(|BFN_i|-1)$,则判定结点出现结点故障。

基于时空相关的故障检测具有较高的检测精度,但是也存在一定的不足。例如,对于网络边界结点,因为领域结点数目有限,所以容易出现空间冗余信息不足而导致使用基于空间相关的分布式检测算法造成的误判;对于事件边界尤其是准事件边界结点,领域结点所感知的环境特征正好相反,那么这时候算法的执行结果将受到领域结点的干扰而导致检测精度下降。

4) 基于事件驱动的故障检测

为了克服结点的空间冗余信息不足及准事件边界结点的领域结点信息彼此干扰而导致检测精度下降问题,王孝俭提出了基于事件驱动的结点故障检测方法。对空间冗余信息不足及准事件边界结点采用基于时间相关的结点故障检测方法,对其余结点则采用基于时空相关的结点故障检测方法,并结合结点可信度恢复机制,以提高结点故障的检测精度及能量利用效率,同时降低误判率。具体执行过程如下。

(1) 根据网络结点的平均密度和结点故障概率设定空间冗余信息不足阈值,即可信结点领域中结点数目的最小值 θ 及算法执行的周期 T。

(2) 如果结点根据可信领域信息判断其为空间冗余信息不足(即 $|BFN_i| < \theta$)或准事件边界结点,则对该结点的检测采用基于时间相关的结点故障检测方法;否则,采用基于时空相关的结点故障检测方法。

(3) 根据检测结果执行结点信息可信度恢复机制。

基于事件驱动的故障检测的流程如图 6-48 所示。

5) 基于贝叶斯信任网络的故障检测

除了利用不同结点上的同类传感器测量值,同一结点上的不同部件间也可以用来检测部件故障。这种故障检测方法主要利用了部件间的信任关系,这种关系通过贝叶斯信任网络可以很好地表述。

2. 结点故障的检测

结点故障检测方法可以分为集中式故障检测和分布式故障检测两类,如图 6-49 所示。

1) 集中式故障检测

集中式故障检测就是由处于地理或逻辑中心的中心结点(如管理结点、基站或汇聚结点)收集普通结点的状态(如地理位置、邻居 ID 和剩余能量等)、读数等信息(如表 6-6 所示),并对这些信息加以分析来确定网络是否有故障发生,如图 6-50 所示。

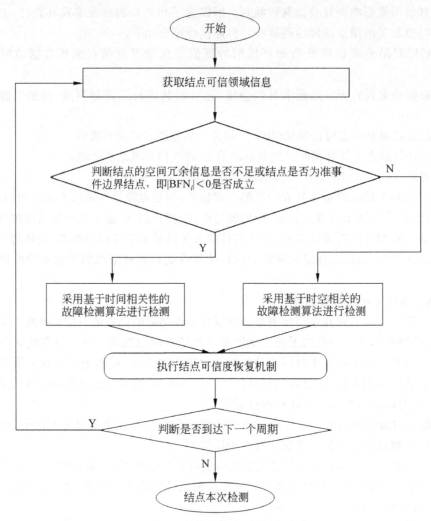

图 6-48 基于事件驱动的故障检测流程

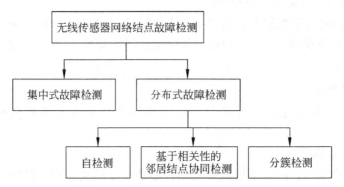

图 6-49 无线传感器网络结点故障检测

表 6-6 中心结点收集到的信息

名 称	描 述
结点位置	结点的地理位置信息(利用 GPS 定位装置和其他定位技术)
邻居结点列表	由邻居结点 ID 组成的列表(邻居表)
结点能量水平	结点的剩余能量水平
结点下一跳	结点路由的下一跳结点(路由表)
链路质量	从结点到中心结点链路质量的一种表征(路由表),用一个 0~100 的数来表示
数据包	结点发送和接收到的数据包数量(通信量)

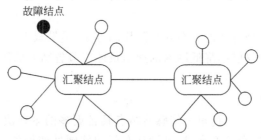

图 6-50 汇聚结点对故障结点的集中式检测

集中式故障检测具体过程如下。

(1) 汇聚结点首先收集所管辖结点的邻居结点列表、链路质量、数据包及路由表。在网络运行过程中,汇聚结点向其他结点发送收集信息的指令,其他结点收到指令后向汇聚结点上报消息,这样汇聚结点能够利用这些信息判断发生了什么事件,如表 6-7 所示。

表 6-7 事件列表

事 件 名	描 述	用来识别事件的信息
结点丢失	没有出现在任何结点的邻居结点列表中	所有邻居表
孤立结点	没有任何邻居结点	此结点的邻居表
路由改变	比较当前路由表与上次路由表的变化	此结点的路由表信息
邻居表改变	比较当前邻居表与上次邻居表的变化	此结点的邻居表
链路质量改变	与邻居结点的链路质量低于统计定义的门槛值,把当前的和以前的链接质量写入日志	此结点的邻居表

(2) 在网外设置管理结点,此结点利用所收集到的普通结点的地理位置信息和剩余能量水平构建网络/点的拓扑映射和能量映射,采用主动检测模式定期发送一个 GET 操作来获取结点状态,若结点没有应答此操作,管理结点会转而查看能量映射表以检查此结点的剩余能量水平,若其剩余能量在设定值以上则认定检测到故障结点。

(3) 在结点定期向基站传送的测量值中附加一个邻居结点 ID 信息,经过一些时间,基站便可根据这些结点的邻居结点列表构建整个网络的拓扑模型,从而达到跟踪故障结点的目的。

（4）通过汇聚结点收集和分析最小数量的信息集来检测故障,这些信息可分为3类:连通性信息(如路由表、邻居结点列表)、流量信息(如结点发送和接收的数据包)和结点信息(如结点正常运行时间)。

集中式故障检测方法能够很好地掌握网络的整体情况,允许资源较丰富的基站(或汇聚结点)执行更多的功能。但是针对大规模无线传感器网络来说,集中式故障检测方法明显地存在一些不足。

（1）多跳通信会造成基站(或汇聚结点)对故障的响应延迟。

（2）中心结点很容易成为故障检测的唯一数据流中心,造成其附近邻居结点能源的快速消耗。

（3）当结点群起响应中心结点时,为了实时传输数据还会造成额外的通信开销和数据包冲突。

因此,有必要开发一种有效的分布式故障检测方法,尽量减少结点与基站(或汇聚结点)之间的数据交换,这样不仅能够降低网络的通信量还能节省结点的能源消耗,也有助于延长网络生命周期。

2）分布式故障检测

分布式故障检测的本质是让单个传感器结点具备更多的本地决策能力,只在必要时才咨询中心结点。从结点自身角度来讲,可设计专门的软硬件架构使结点具备自检和自校功能;从结点的空间信息冗余角度来讲,可以通过邻居结点协同检测可疑结点;从网络拓扑结构角度来讲,利用分簇方法将检测任务分配到每一簇中,簇头结点负责簇内结点数据的收集和故障分析,簇头之间也可以互相交换数据,互相检测。

（1）自检测。为了尽可能使无线传感器网络具有自我管理的功能,需要结点能够对自身的一些元器件进行自监视和自检测。例如,可以在结点周围设计一种柔性电路作为感知层来感知结点的物理状态。柔性电路由一些小型的加速器组成,软件接口则由 TinyOS 操作系统中的 AdcC、Generic comn、TimerC 组成,当代码运行起来后,定期采样就开始了。此方法主要针对结点物理故障(如传感器与结点间连线损坏等)的检测,对于结点电池没电、编程错误等故障无效。

（2）基于相关的邻居结点协同检测。

① 很多事件驱动的检测都是基于二元决策预测(也称0/1决策预测)的,即每个传感器的测量值与其内设的阈值进行比较,如超出阈值则 $u_i=1$,反之 $u_i=0$。兴趣事件或传感器读数故障都有可能使传感器读数异常高(或低),如果结点因故障使传感器误报(正常事件没有发生,但传感器却报告发生)或漏报(正常事件发生,但传感器却没有报告),则可能会造成很大的事故。因此,一个很具挑战性的工作就是如何消除传感器读数中事件和故障的异常。基于传感器测量值之间的这种空间相关性,采用邻居结点协同(利用多数投票、加权中值等比较策略)确定传感器测量是正常事件还是有故障发生。

② 针对二元决策预测的不足,可以利用传感器真实测量值进行事件边界和传感器故障的检测。将传感器测量值与其邻居结点数据的中值进行比较,如果差值超出给定的范围则认为此传感器测量值可能是错误的。该方法的缺点是故障传感器的数量必须很小,如果有一半或一半以上的邻居结点都有故障,则此算法达不到预期的检测效果。此外,算法需要利用 GPS 装置或其他定位技术获取结点的位置信息。

③ 融合邻居结点测量值的故障检测方法。采用此方法时，没有直接计算邻居结点测量值的数据中心，而是先给每个邻居结点测量值加上不同的权重，即使有一半的邻居结点都发生故障，仍能检测到大部分故障传感器。

(3) 分簇检测。分布式容错机制将每个簇看成一个单独的整体，簇内所有成员都参与簇内链路的监测和簇头及邻居结点的侦听。如果结点在一定时间内没有侦听到任何标识其簇头或邻居结点存活的短数据包，那么它就会启动故障检测以判断是簇头失效还是链路故障，该算法能够检测到所有的簇头故障。

为了检测电池没电故障，簇内结点向其一跳成员邻居结点发送一个包含其位置信息、能量和 ID 的 Hello-msg 消息，此消息传达了结点当前的能量状态，如果结点的能量低于某个设定阈值就被判定为失效结点。假定结点在电池完全没电之前会发送 fail_report_msg 消息，这个失效报告可作为启动故障恢复过程的指示信息。

6.4.4 故障修复

理想情况下，在确定了故障原因并定位到故障结点后，应该在传感器网络重组或重新配置时实施故障恢复，这样故障结点就不会再对网络性能有任何影响。在现有方法中，大多数都是通过选择新的路由路径直接绕过故障结点进行数据的再传输。此外，对于混合网络可利用移动结点或机器人技术进行故障结点的替换以弥补网络连接和覆盖问题。

1. 基于连接的恢复

1) 平面结构的网络

无线传感器网络的拓扑结构可分为平面结构和层次结构两种。针对平面结构网络可通过部署 k-连通拓扑结构进行故障恢复。所谓 k-连通，是指即使网络中有 $k-1$ 个结点都失效了，但是仍能保证网络是连通的。如图 6-51 所示，在非 k-连通拓扑结构中，若结点 S_5 失效网络会被分割成 3 部分。图 6-52 所示的 3-连通拓扑结构中，即使有两个结点失效，网络仍然是连通的。对于 k-连通拓扑结构来说，网络的连通度越大，则容错性越好，所能容忍的故障结点数越多，但是结点数目的增多会使网络成本上升，网络进行路由维护和管理所需的费用也增大，这种方法不适合大规模无线传感器网络。

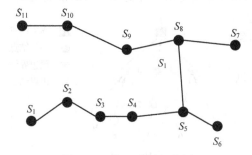

图 6-51 非 k-连通拓扑图

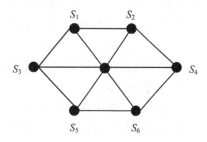

图 6-52 k-连通拓扑图($k=3$)

2) 层次结构的网络

在层次结构的网络中，簇头的状态监测非常重要。当簇头结点出现故障时，会导致整个簇内的数据无法转发出去。解决这个问题的方法如下。

(1) 为每一簇均配置冗余簇头,簇内每个结点都能与簇头结点间保持 2-连通,但是实际应用中使用冗余簇头替换故障簇头的方法实时性很差。

(2) 重新进行分簇,但是重新分簇会使网络的建立和启动变复杂,簇头必须停止数据的处理和传送而参加分簇,新的通信方案要再分配到每个结点。此外,频繁的分簇还会造成网络能源和执行时间的大量浪费。

(3) 周期性地监测簇头状态,当检测到簇头结点因为链路或自身完全失效等原因而无法与外界通信时,会造成该簇头结点管理的簇成员都无法与基站通信,如图 6-53 所示。这时可利用分簇时建立的备份信息将簇内结点重新加入其他簇中,如图 6-54 所示。当然如果结点与多个备选簇的通信距离都一样,则建议结点加入通信能源损耗最小的簇中。此法的不足之处在于,当一个簇头失效后,其所在簇就要解散,所有的簇结点都要重新加入其他簇中,这样所耗费的时间会很长。

图 6-53 基站收不到某些结点的信息

图 6-54 重新路由

(4) 为了解决方法(3)中恢复耗时较长的不足,可以使用一种更加有效的恢复机制。

① 将簇内结点分成 4 类,如图 6-55 所示。

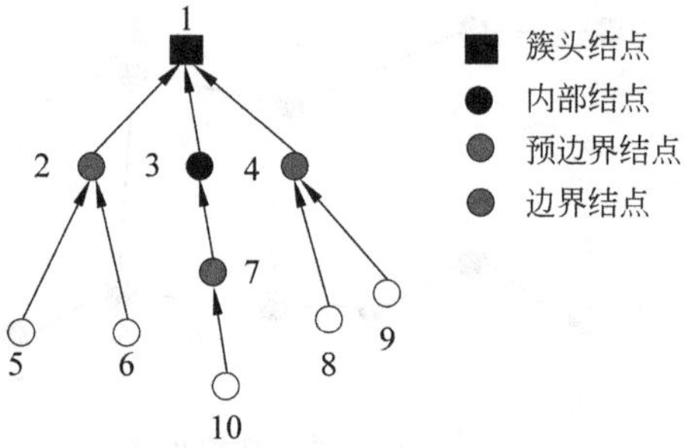

- 边界结点。无任何子结点的结点,如结点 5、6、8、9、10。
- 预边界结点。子结点均为边界结点的结点,如结点 2、4、7。
- 内部结点。至少有一个预边界结点或一个内部结点作为其子结点,如结点 3。
- 簇头结点,如结点 1。

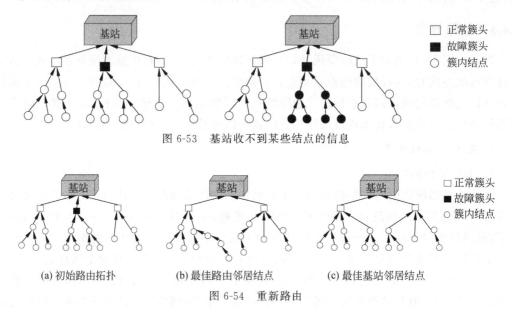

图 6-55 簇内结点分类

② 针对每类结点分别给出恢复算法。其中,针对簇头故障的恢复措施是簇内的结点相互交换能量水平,具有最大剩余能量的健康子结点将被选为新的簇头,这种恢复机制在恢复簇

连接方面的用时只是方法(3)的1/4。

2. 基于覆盖的修复

在利用无线传感器网络监测环境时,结点失效会造成某些区域出现覆盖空洞,这时就需要采取措施来弥补。结点覆盖区域定义为它的整个感知区域除去与其他结点重叠的部分。如图 6-56 所示,结点 A 的感知区域为粗线围成的区域。失效结点的覆盖区域需要其他结点来弥补。

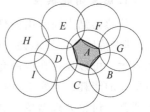

图 6-56　结点 A 的感知区域

假设网络中的结点具有移动能力,则覆盖修复过程分为以下 4 个阶段。

(1) 初始化阶段。结点计算自己的覆盖区域,以及每个覆盖区域对应的移动区域。

(2) 恐慌请求阶段。垂死结点广播求助消息。

(3) 恐慌回应阶段。垂死结点的邻居结点收到求助消息后,计算自己移动到垂死结点的移动区域是否会影响自身的覆盖区域,如果不影响则给求助结点返回消息。

(4) 决策阶段。垂死结点根据收到的回应信息决定让哪个结点移动。

3. 其他恢复方法

所谓单跳,是指每个结点都可直接与网络中其他结点通信,这种网络的特点是不需要路由协议。在单跳无线传感器网络中,可以使用主动式恢复方案。在该方案中,一个结点的数据存储空间存储了自身的感知数据和另一个结点的冗余数据副本,每个结点会定期发送更新信息来更新存储在其他结点内的冗余数据副本。冗余数据可用来恢复失效结点的感知数据。这种方法需要额外的结点内存开销,只有结点具备足够的可用数据内存空间来存储冗余数据时恢复机制才能启动。另外,结点间相互交换数据更新消息也使通信开销加大。

6.5　能　量　管　理

6.5.1　能量管理概述

无线传感器网络通常运行在沙漠、海洋、野外等人们无法接近的恶劣或危险环境中,因此无法直接通过电网供电,其中又有大部分传感器结点是可移动的,如果采用电池供电的方式会带来更换不便、成本高昂的问题。如何设计有效的策略延长网络的生命周期是无线传感器网络的核心问题之一。

无线传感器网络中的节能问题一直以来都是人们关注的问题。目前,受电池制造技术的限制,在保持电池重量不变的条件下,电池容量很难有突破性地提高。随着网络终端性能的提高和功能的加强,对能量的需求越来越强烈。因此,人们不得不求助于各种降低终端能耗的方法来延长终端的连续工作时间。在 Ad-Hoc 等其他无线网络中,节能也是一个重要但不是首要的因素,这是因为笔记本计算机等是终端结点的能量可以再生。在传感器网络中,一般网络由大量微型传感器在一定区域内布设而成,这种微型传感器在布设后就不再更换,因此能量效率成为首要问题。

要解决能量问题,理论上有两种途径:一是利用新的能量收集方法改进结点供电单元;

二是对网络能量进行有效管理,提高能量利用率。本书重点介绍如何采用第二种方法解决能量问题。无线传感器网络的能量管理主要体现在传感器结点电源管理和有效节能通信协议上。

1. 能量消耗模型

传感器结点通常由处理器单元、无线传输单元、传感器单元和电源管理单元4个部分组成,其中传感器单元能耗与应用特征相关,采样周期越短、采样精度越高,则传感器单元的能耗越大。可以通过在应用允许的范围内适当延长采样周期、降低采样精度的方法降低传感器单元的能耗。事实上,由于与处理器单元相比,传感器单元的能耗低到几乎可以忽略,因此通常只讨论处理器单元和无线传输单元的能耗问题。一般情况下,无线传输单元能耗占总消耗的50%以上,而处理器单元能耗占总能耗的30%以上。

1) 处理器单元的能耗

处理器单元包括微处理器和存储器,用于数据存储与预处理。结点的处理能耗与结点的硬件设计、计算模式紧密相关。目前对能量管理的设计都是建立在应用低能耗器件的基础上的。在操作系统中,使用能量感知方式可进一步减少能耗,延长结点的工作寿命。处理器通常采用多工作状态,这样非常有利于控制。

(1) 在正常模式下,处理器的所有设备被充分供电。

(2) 在空闲模式下,指令的执行被挂起,处理器、存储器系统、相关控制器和内部总线不再消耗功率。任何终端都可以将芯片从空闲模式唤醒。CPU时钟控制器关闭,外围设备的时钟正常工作。一旦有任何中断发生,系统将恢复正常状态。

(3) 在掉电模式下,晶体振荡器关闭。这时芯片没有任何内部时钟,所有的动态操作都挂起,芯片的功耗降低到几乎为零,只有外部中断、RTC中断和BOD中断能够将CPU从掉电模式唤醒。

2) 无线传输单元的能耗

无线传输单元用于结点之间的数据通信,是结点中能耗最大的部件。表6-8列出了传感器结点的典型操作及消耗电量的关系。

表6-8 传感器结点的典型操作及消耗电量的关系

传感器结点操作	消耗电量/nAh	传感器结点操作	消耗电量/nAh
发送一个数据包	20.000	进行一次传感器采样(数字)	0.347
接收一个数据包	8.000	读取ADC采样数据一次	0.011
侦听信道(1ms)	1.250	读取Flash数据	1.111
进行一次传感器采样(模拟)	1.080	向Flash写入或清除数据	83.333

由表6-8可以看出,传感器结点的电能主要用于向Flash写入或擦除数据,以及发送和接收数据包,发送数据包的电能消耗为接收数据包的2.5倍。因此,可以在通信中考虑对收发状态进行管理或采取数据融合方式进行处理。

2. 能量管理面临的挑战

在传感器结点中,传感器模块的能耗比计算模块和通信模块低得多,因此通常只对计算模块和通信模块的能耗进行讨论。最常用的节能策略是采用休眠机制,即把没有感知任务的传感器结点的计算模块和通信模块关掉或者调整到更低能耗的状态,从而达到节省能量的目的。此外,动态电压调节和动态功率管理、数据融合、减少控制报文、减小通信范围和短距离多跳通信等方法也可以降低网络的能耗。在降低无线传感器网络能耗的同时,网络的数据采集和监测能力必须得到保证,这给无线传感器网络的能量管理提出了以下挑战。

(1) 无线传感器网络的能量管理并不是一个独立的,必须将其与网络的其他性能结合考虑,例如,如何在节能的同时保持网络连通性和探测覆盖率。

(2) 在尽量降低网络能耗的前提下,当某些传感器结点出现故障时,如何使网络具有容错能力,即网络要有较强的鲁棒性。

(3) 由于能量管理是网络协议各层都要考虑的问题,单独在各层设计能量管理机制并不一定能取得较好的网络整体节能效果,因此必须针对具体应用对能量管理进行跨层优化。

6.5.2 节约电能的方法

目前无线传感器网络采用的节能策略主要有休眠机制、数据融合等,广泛应用于计算单元和通信单元的各个环节。

1. 休眠机制

根据网络结构的不同,可以将传感器网络分为平面结构的网络和层次结构的网络,下面分别介绍不同结构网络的休眠调度机制。

1) 平面结构网络的分布式休眠调度机制

平面结构网络所用路由协议的逻辑视图是平面的,各结点的地位是平等的,网络内不存在特殊结点,各结点协同工作共同完成感知任务。本节列出了9种可应用于平面结构的路由协议的休眠机制。

(1) ASCENT。自适应自配置传感器网络拓扑算法是一种在高密度传感器网络中通过局部测量对网络的拓扑结构进行自动配置的休眠调度算法。结点可以处于活动、测试、侦听和休眠 4 种状态。其中,测试状态是一个暂态,参与数据包的转发,并进行一定的运算,判断自己是否应该变为活动状态,所有结点的初始状态都是测试状态。虽然结点之间可进行数据传输表明网络具有一定的连通性,但 ASCENT 并不能保证整个网络的连通度。网络的连通度必须合理配置,连通度太低会阻碍数据传输,连通度太高又会使相邻结点互相干扰,从而导致数据的碰撞率变大。

(2) RIS。随机独立调度机制(Random Independent Scheduling,RIS)考虑各传感器结点之间可以实现时间同步并在此基础上进行周期性地休眠调度。一个周期开始后,各结点自主决定以概率 p 工作还是以概率 $1-p$ 进入休眠。网络生存期由 p 决定,p 越小,网络生存期越长。在已知网络的期望生存期、覆盖面积、覆盖度和感知半径的条件下,可以计算出为实现渐进 k-覆盖所需部署的初始结点数目,以及在对网络进行动态配置以改变网络的覆盖度时需要额外增加的结点数和新的概率值 p,但这些结论仅适用于 RIS 机制。

(3) NSSS。结点自调度休眠机制(Node Self-Scheduling Scheme,NSSS)是一种能在延长网络生存期的同时保持传感器覆盖度的机制。只有当结点的感知区域完全被其邻居结点的感知区域覆盖时,该结点才能休眠。邻居结点被称为该结点的休眠赞助结点(Off-duty Sponsor),该结点和其邻居结点感知区域的交集在邻居结点感知区域中的扇形部分称为赞助扇区(Sponsored Sector)。由于 NSSS 机制只考虑了半径为 r 的感知区域内的邻居结点的赞助扇区,而忽略了该结点感知区域外($r,2r$)的圆环内的邻居结点对该结点感知区域的覆盖,从而可能导致本来可以休眠的结点没有进入休眠。

(4) LDAS。结点分布感知轻量级休眠调度机制(Lightweight Deployment-Aware Scheduling, LDAS)由具体网络的传感器覆盖度指标确定某一阈值,当结点的活动邻居结点数目超过这个阈值时,该结点随机选择某些活动邻居结点,并向它们发送支持它们休眠的选票,当某一结点获得邻居结点足够多的选票时,在经过一段随机退避时间后,进入休眠状态。由于缺乏具体位置信息,所以很难确定某个结点的感知区域是否被其他结点的感知区域完全覆盖,从而 LDAS 机制只能提供一个统计意义上的传感器覆盖度。

(5) MSNL。传感器网络生命最大值(Maximization of Sensor Network Life, MSNL)即以电池寿命和传感器覆盖度为约束条件获得网络生命的最大值。在保持 k-覆盖的前提下,传感器网络生命最值算法为集中算法和分布式算法。

在 MSNL 的分布式算法中,结点可处于活动、空闲或传感状态,其中,传感状态是一个过渡状态,传感器结点在发现自己的感知区域不能被活动结点或其他能量较多的传感器结点覆盖后,进入活动状态;反之,进入空闲状态。结点在进入传感状态或能量即将耗尽时发送一个消息,触发邻居结点进入传感状态,并最终决定成为活动结点或空闲结点,通过这个过程的重新配置选出新的活动结点集合。

(6) PEAS。探测环境与自适应休眠(Probing Environment and Adaptive Sleeping, PEAS)算法的鲁棒性较好,它由环境探测算法和自适应休眠算法组成,前者负责在部分结点失效的情况下保持网络中工作结点的数量,后者负责根据应用需求动态调整工作结点的数量。传感器网络的特点使它特别适合部署在恶劣环境下,此时,结点的失效十分频繁且具有随机性,同步休眠机制在这种情况下行不通。鉴于结点大规模部署的特点,每个结点维护一个很大的邻居结点表也不可取。为了在能耗和鲁棒性之间取得平衡,使用 PEAS 算法时,结点通过自适应地调整探测频率来控制总的通信开销,通常,总的通信开销可随结点失效率的增长而加快。如果结点密度和探测范围满足一定的条件,该机制能保证网络的渐进连通性。

(7) PECAS。探测环境与协作自适应休眠(Probing Environment and Collaborating Adaptive Sleeping, PECAS)算法是对 PEAS 做了改进的算法。两者的环境探测算法相同。PEAS 机制下,工作结点不能进入休眠状态,导致各结点之间能耗不均衡。PECAS 算法中结点工作时间超出某一阈值后开始休眠。结点在发送给邻居结点的 REPLY 消息中捎带剩余工作时间信息,使邻居结点在休眠前即明白何时结束休眠,防止出现监测的盲区。

不难看出,PEAS 是 PECAS 工作时间阈值趋于无穷大时的特例。与 PEAS 相比,PECAS 以牺牲网络整体节能效果的代价换取了结点间能耗的均衡和监测质量的提高。

(8) OGDC。最优地理密度控制(Optimal Geographic Density Control, OGDC)算法在保证 1-覆盖和 1-连通的前提下使休眠结点数最大化。当需要休眠结点跳出休眠以保证传感器覆盖度时,结点的具体选择规则如下:

① 结点的工作能使该结点和工作结点的感知区域重叠部分的面积最小化。

② 结点的感知区域覆盖了两个工作结点感知区域的一个交点。

结点利用自己和工作结点的位置信息即可检验是否满足上面两个条件。当没有结点满足这两个条件时,距离最优位置最近的结点跳出休眠。

(9) CCP。覆盖配置协议(Coverage Configuration Protocol,CCP)是在保持 k-覆盖和 k-连通的前提下使休眠结点数最大化。CCP 不能保证网络的连通度,为满足覆盖度和连通度这两个指标,可以将 CCP 和能保持网络连通度的调度机制 SPAN 结合起来,结点只有同时满足 CCP 和 SPAN 的休眠规则才能休眠。

2) 层次结构网络的分布式休眠调度机制

在层次结构网络所用的路由协议中,网络通常按簇划分,每个簇由一个簇头和多个簇成员组成。簇头结点负责协调簇内各结点的工作,并进行簇内数据的融合和转发工作。分层路由协议的特点使其适用于大规模部署的传感器网络,具有较好的可扩展性。下面介绍 6 种分层路由协议的休眠机制。

(1) LEACH。低功耗自适应集簇分层(Low Energy Adaptive Clustering Hierarchy,LEACH)算法通过随机循环地选择簇头,将网络的能量负载均衡分配到各结点,从而达到降低网络能耗、提高网络生存期的目的。LEACH 的执行过程是周期性的,每轮循环分为簇的建立阶段和稳定的数据通信阶段。在簇的建立阶段,邻居结点动态地形成簇,随机产生簇头。在数据通信阶段,簇头对来自簇内结点的数据进行融合,并将结果发送给汇聚结点。为了节省资源开销,稳定阶段的持续时间要长于建立阶段的持续时间。

(2) LEACH 的改进算法。能量高效的混合分布式成簇算法(Hybrid Energy Efficient Distributed-clustering,HEED)以簇内平均最小可达能量(Average Minimum Reachability Power)作为衡量簇内通信成本的标准,将结点剩余能量作为算法的一个参数,使选出的簇头更适合承担数据转发任务,形成的网络拓扑更合理,能量负载更均衡。

(3) LDS。对于高密度的分层网络,基于线性距离的调度(Linear Distance-based Scheduling,LDS)机制能够在保持适当覆盖度的前提下减小能耗。LDS 机制中,普通结点的休眠概率与它到簇头的距离呈线性关系,结点通过改变发射功率来改变通信距离,使通信距离只需保证与簇头的正常通信即可,从而达到节能的目的。LDS 机制存在以下缺点:

① 簇结构是静止不变的,簇头必须是能量较大的特殊结点,否则将先于普通结点失效。

② 结点的传感器覆盖度和生存期不均衡,整个网络可能出现覆盖空洞。

③ 结点必须具有改变发射功率的功能,距离测量也需要另外的算法,整个机制的实现过程较为复杂。

(4) BSSS。能量平衡的休眠调度(Balanced energy Sleep Scheduling Scheme,BSSS)机制按照一个休眠概率公式对结点的工作和休眠进行调度,将感知和通信任务均匀地分布在各个簇成员中,使各簇成员的能量消耗基本相同,从而与簇成员到簇头的距离无关。这种机制简化了网络运行模式,从而节省了运行时间。然而,由于簇结构仍然是静止的,簇头和簇成员能耗不均衡的缺点并未得到克服。

(5) EESS。能量高效的监测系统(Energy Efficient Surveillance System,EESS)通过自适应地调整系统的灵敏度以取得能耗和监测性能的平衡。EESS 中的结点分为岗哨结点和非岗哨结点,其中岗哨结点的选举周期性地进行。当结点发现邻居结点中不存在岗哨结点时,就向外广播自己竞争岗哨结点的意图,在经过一个长度与结点剩余能量成反比的随机退避时间后,结点正式当选。非岗哨结点的休眠和工作交替进行,有前摄式和反应式两种机制。前摄式机制下,岗哨结点定时发送休眠信标,非岗哨结点接收到休眠信标后进入休眠,在休眠时间达到信标中指定的时间后开始工作。反应式机制下,岗哨结点不发送休眠信标,非岗哨结点的休眠和工作自动交替,但能够被岗哨结点发送的唤醒信标唤醒。显然,反应式机制的隐蔽性比前摄式机制要好,但其缺点是如果非岗哨结点出现时钟漂移,岗哨结点就不得不反复地向非岗哨结点发送唤醒信标。

(6) MCCHCN。分层分簇网络通信代价最小化(Minimizing Communication Costs in Hierarchically Clustered Networks,MCCHCN)算法是一种简单的志愿簇头选择机制,它通过合理地选择概率 p 达到减小通信代价的目的。如何合理地选择簇头以减小簇内结点和簇头间的通信代价,是分层网络节能机制研究的一个关键问题。簇头按照形成机制可分为志愿簇头和强制簇头。结点以概率 p 成为志愿簇头,当选志愿簇头后,在 k 跳范围内向邻居结点广播,非簇头结点在收到广播后加入距自己最近的簇头所在的簇。t 时间后,没有加入任何簇的结点成为强制簇头。

2. 数据融合

数据融合就是对冗余数据进行网内处理。数据融合的节能效果主要体现在路由协议的实现上,即中间结点在转发传感器数据之前,首先对数据进行综合,去掉冗余信息,只传输经过本地融合处理后的有用信息。数据融合在减少冗余数据以减小网络负载的同时,融合过程本身也要消耗能量,因此必须把通信代价和融合代价结合起来考虑。

6.5.3 动态能量管理

1. 空闲能量管理

空闲模式的有效动态能量管理(Dynamic Power Management,DPM)需要多种具有能量差异的状态以及各状态之间转换的最优操作系统策略。

1) 多种关闭状态

具有多种能量模式的设备有很多,例如 Strong ARM SA-1100 处理器有运行、空闲、睡眠 3 种能量模式。

(1) 运行模式。这种模式是处理器的一般工作模式,在此工作模式下,所有能量供应被激活,所有时钟均运行且所有资源均处于工作状态。

(2) 空闲模式。这种模式允许软件暂停未使用的 CPU 并继续侦听终端服务请求。虽然 CPU 时钟停止了,但保存了所有处理器的相关指令,当中断产生时,处理器返回运行模式并继续从暂停点开始工作。

(3) 睡眠模式。这种模式节省的能量最多,提供的功能最少。在此模式下,大部分电路的能量供应被切断。

多数能量感知设备支持多种断电模式(提供不同级别的能耗和功能)。具有多个此类设备的嵌入式系统可按照设备能量状态的各种组合拥有一系列能量状态。实际应用中,被称为高级设置和能量管理接口(Advanced Configuration and Power management Interface,ACPI)的开放式接口规范受到 Intel、Microsoft 和东芝(Toshiba)公司的共同支持,这些规范制定了操作系统与具有多种能量状态的设备连接并提供动态能量管理的标准。ACPI 控制整个系统的能耗和各设备的能量状态。遵守 ACPI 规范的系统具有 S_0(工作状态)以及 $S_1 \sim S_4$ 这 5 个全局状态。$S_1 \sim S_4$ 对应 4 种不同程度的睡眠状态。类似的,遵守 ACPI 规范的设备有 PowerDeviceD_0（工作状态），以及 PowerDeviceD_1～PowerDeviceD_3 4 种状态。睡眠状态的程度根据能耗、进入睡眠需要的管理消耗和唤醒时间来区分。

2) 传感器结点的构成

在基本传感器结点的构成中，各结点由嵌入式传感器、模版转换器、带有存储器的处理器和射频电路组成。每个部分通过基本设备驱动受系统所带操作系统（Operating System，OS）的控制，操作系统的一个重要功能是进行能量管理（Power Management，PM）。操作系统根据事件统计情况决定设备的开启和关闭。

对于传感器结点，表 6-9 列举了 5 种不同的状态下各部分相应的能量模式。例如，在激活状态中关闭存储器或关闭其他任何部分是没有意义的。

表 6-9 传感器结点的 5 种状态

状　态	Strong ARM	存储器	传感器	无线电
S_0	激活	激活	开	发送、接收
S_1	空闲	睡眠	开	接收
S_2	睡眠	睡眠	开	接收
S_3	睡眠	睡眠	开	关
S_4	睡眠	睡眠	关	关

(1) 状态 S_0 是结点的完全激活状态，结点可传感、处理、发送和接收数据。

(2) 状态 S_1 中，结点处于传感和接收模式，而处理器处于待命状态。

(3) 状态 S_2 与状态 S_1 类似，不同点在于处理器断电，当传感器或无线电接收到数据时会被唤醒。

(4) 状态 S_3 是传感的模式，其中除了传感前端外均关闭。

(5) 状态 S_4 表示设备的全关闭状态。

能量管理是根据观测事件进行状态转换的策略，目的是使能量有效性最大。可见，能量唤醒传感器模型类似。睡眠状态的程度通过消耗的能量、进入睡眠的管理花费以及唤醒时间来区分。睡眠状态越深，则能耗越少，唤醒时间越长。

3) 状态转换策略

假设传感器结点在某时刻 t_0 探测到一个事件，在时刻 t_1 结束处理，下一事件在时刻 $t_2 = t_1 + t_i$ 发生。在时刻 t_1，结点决定从激活状态 S_0 转换到睡眠状态 S_k，如图 6-57 所示。状态 S_k 的能耗为 P_k，而且转换到此状态的时间和恢复时间分别为 $\tau_{d,k}$ 和 $\tau_{u,k}$。假设结点睡眠状态中，对于任意 $i > j$，$P_j > P_i$，$\tau_{d,i} > \tau_{d,j}$ 且 $\tau_{u,i} > \tau_{u,j}$，睡眠模式间的能耗可采用状态间线性变化的模型。例如，当结点从状态 S_0 转换到状态 S_k，无线电、存储器和处理器这些单个部件逐步断电，状态间能耗产生阶梯变化。线性变化在解析上比较容易求解，并能合理地近似此过程。

现在获得一组与状态 $\{S_k\}$ 相应的睡眠时间阈值 $\{T_{th,k}\}$。若空闲时间 $t_i < T_{th,k}$，由于存在转换能量管理消耗，从状态 S_0 转换到状态 S_k 将造成网络能量损失。假设在转换阶段无须完成其他工作（例如，当处理器醒来时，转换事件包括 PLL 锁定、时钟稳定和处理器相关指令恢复的时间）。在图 6-57 中，灰色区域表示状态转换节省的能量，计算公式为

$$E_{\text{save},k} = (P_0 - P_k)t_i - \left(\frac{P_0 - P_k}{2}\right)\tau_{d,k} - \left(\frac{P_0 - P_k}{2}\right)\tau_{u,k} \qquad (6\text{-}10)$$

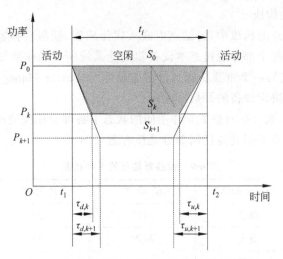

图 6-57　传感器结点睡眠状态转换策略示意

当且仅当 $E_{\text{save},k} > 0$ 时这种转换是合理的。于是,可得到能量增益阈值:

$$T_{\text{th},k} = \frac{1}{2}\left[\tau_{d,k} + \left(\frac{P_0 + P_k}{P_0 - P_k}\right)\tau_{u,k}\right] \qquad (6\text{-}11)$$

这意味着转换的延迟花费越大,能量增益阈值越高;P_0 与 P_k 间的区别越大,阈值越小。

表 6-10 中列出了图 6-57 所述结点的能耗,说明了现有组件在不同能量模式下相应的能量增益阈值。由此可见,阈值处于微秒量级。操作系统关闭策略以事件执行间隔和能量增益阈值为基础,可视为一个优化问题。若时间采用泊松过程模型,时刻 t_i 至少发生一个事件的概率为

$$P_E(t) = 1 - e^{\lambda t_i} \qquad (6\text{-}12)$$

此时,采用简单算法更新每单位时间的平均事件数 λ,计算阈值内事件发生概率 $T_{\text{th},k}$,并根据有效的最小概率阈值选择最深的睡眠状态。

表 6-10　睡眠状态能量、延迟和阈值

状态	P_k/mW	τ_k/ms	$T_{\text{th},k}$	状态	P_k/mW	τ_k/ms	$T_{\text{th},k}$
S_0	1040	—	—	S_3	200	25	25
S_1	400	5	5	S_4	10	50	50
S_2	270	15	15				

2. 有功能量管理

对于能量受限的传感器结点,操作系统可以对有功能耗进行管理。将工作频率和电压降低到正适合传感器应用的等级,性能不会有显著下降,但可以降低能耗。

动态电压调节(Dynamic voltage Scaling,DVS)对降低 CPU 能量是一种十分有效的技术。一些传感器系统具有时变的计算负荷,在活性较低的阶段,简单地降低工作频率会造成

能耗的线性降低,但不会影响每个任务的总体能耗。降低工作频率意味着工作电压同样也会降低,这是因为转换能耗与频率呈线性关系,并与供电电压的平方成正比,可获得二次能量降低。由于最佳性能不是时刻需要的,因此能显著降低系统能耗。这意味着处理器的工作电压和频率可根据瞬时处理需要进行动态调整。

总体来说,处理无线结点时,主要可以在电池管理、传输功率和系统功率3个方面对电池进行优化。

6.5.4 能量管理在精准农业中的应用

无线传感器网络在精准农业中的应用是将传感器结点部署在日光温室大棚、果园或中草药大田中,周期性地采集温度、湿度、光强、二氧化碳浓度等信息,汇聚至网关结点并最终通过互联网或卫星传送至管理结点。用户可通过管理结点查看农作物的生长信息,在专家系统的指导下采取相应的农作物管理措施,并能远程控制滴灌、风扇等设施改善农作物生长微环境。

无线传感器网络在精准农业应用中面临着新的挑战。在传感器网络中,结点一般依靠电池供电,其能源非常有限。因此,如何高效使用能量来最大化网络寿命便成了传感器网络的首要任务。

张荣雨等人通过研究结点层的能量管理机制,基于 TinyOS 下的动态能量管理策略设计了日光温室应用场景,其中 CPU 占空比分析机制(CPUSA)为进一步的能量优化提供依据。

1. TinyOS 中的动态能量管理策略

由于传感器结点上的不同设备具有不同的预热时间、能量状态和操作延迟,对所有设备采取统一的能量管理策略是不可行的。TinyOS 2.x 中针对设备属性的差异采用不同的能量管理策略,主要分为 CPU 的能量管理和外围设备的能量管理。

1) CPU 的能量管理

TinyOS 是事件驱动的嵌入式操作系统,采用任务、事件两级调度模式。其中,任务调度采用先进先出的方式,任务之间不可抢占,事件可以抢占任务。TinyOS 任务事件调度过程如图 6-58 所示。

当任务队列为空的时候,CPU 转入休眠状态。一般的微处理器都有多种休眠状态,例如 Atmega1281 共有 6 种休眠状态,由平台相关的组件根据外围设备及 CPU 寄存器的状态计算出最低能耗状态。CPU 在不同的休眠模式下有不同的唤醒延迟,时间敏感的组件可以根据需要改写最低能耗计算函数,将延迟控制在能接受的范围之内。当有外部中断到达时,CPU 唤醒并处理中断事件。TinyOS 下大多数的时钟都可以在低功耗模式下正常工作。

2) 外围设备的能量管理

外围设备一般只有打开和关闭两种状态,TinyOS 下外围设备的管理主要有显式能量管理和隐式能量管理两种模式。

在显式能量管理模式下,由一个仲裁器通过 StdControl、SplitControl 或 AsyncStdControl 接口控制某一个具体物理设备的打开与关闭,适用于状态转换依赖于外部逻辑部件的设备。当设备之间存在较为复杂的依赖关系时,如存储器和射频模块共享 SPI 总线,显式调用 StdControl.stop() 函数将会使另一个设备无法操作。

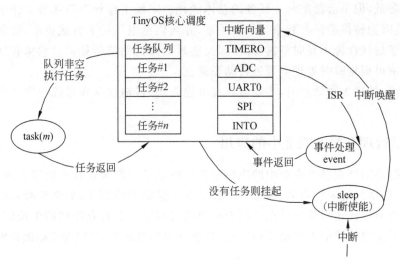

图 6-58　TinyOS 任务事件调度过程

在隐式能量管理模式下，由设备根据内部信息控制自身的打开与关闭，如共享设备 ADC 模块，它可以通过其对外提供的接口连接状态来判断目前是否有组件正在使用，并依此来控制自身的能量状态。TinyOS 2.x 中提供了共享设备的通用管理策略，由资源、能量管理组件和仲裁器 3 个组件组成。资源使用请求通过仲裁器连接到资源，能量管理组件是资源的默认拥有者，也通过仲裁器连接到资源上。当请求到达时，能量管理组件启动设备并释放资源，当连接到资源的所有请求者释放资源之后，能量管理组件关闭设备。

2. CPU 占空比分析

1) CPU 占空比

TinyOS 中，CPU 的动态能量管理是透明的，由系统根据任务队列状态将 CPU 置于休眠或工作状态。虽然这种应用程序透明的 CPU 动态能量管理机制能有效地降低处理器能耗，但是不利于应用程序的监控和能耗优化。

CPU 占空比计算公式为

$$\text{CPU 占空比} = \text{CPU 活动时间} / (\text{CPU 休眠时间} + \text{CPU 活动时间})$$

分析 CPU 占空比有利于实时了解 CPU 工作状态，方便程序调试、能量优化、结点状态分析等。

嵌入式系统是一个资源受限的系统，开发与调试通常需要在计算机上进行，然后通过交叉编译，将程序编译成可以运行在目标平台上的二进制代码，最后将代码下载到目标硬件上运行。软件设计中出现的逻辑或数值范围溢出等不易察觉的异常，会不断抛出任务使 CPU 一直处于忙碌状态，从而消耗大量的能量。CPU 占空比数据可以实时发现并快速定位问题，可反映真实环境下大规模网络部署中结点的行为，为能量优化提供依据。

2) CPUSA

针对日光温室中的无线传感器网络而设计的 CPU 占空比分析机制（CPUSA）。可以实时监测真实网络中各结点的 CPU 状态，为能量优化提供依据，更好地发挥动态能量管理在节能上的优势。CPUSA 的基本思路是，在 TinyOS 内核调度器中增加时间记录功能，记录

CPU 的工作和休眠时间，感知结点定期将时间数据写入 EEPROM；管理结点定期向网关发送时间数据提取命令；网关结点通过数据分发协议向传感器结点转发命令；感知结点从 EEPROM 中读取时间数据并通过数据收集协议随机延迟一段时间后多跳路由至网关结点；网关结点向管理结点上报时间记录数据；管理结点对数据进行分析处理。CPU 占空比分析机制整体框架如图 6-59 所示。

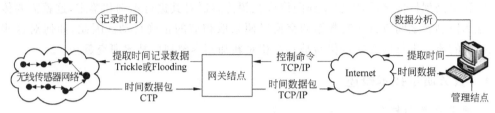

图 6-59　CPU 占空比分析机制整体框架

CPUSA 的具体实现主要包括普通感知结点、根结点软件和管理结点的数据分析。普通感知结点上有感知模块。根结点没有感知模块，其功能类似于网关结点或作为网关的一部分，协助完成传感器网络和管理结点之间的通信。在日光温室监测系统中，根结点与网关以串口相连，网关连接不同的网络实现了无线传感器网络与 Internet 的连接。根结点的主要功能是下行的命令解析与下发、上行的数据缓存与转发。根结点和普通感知结点 CPU 占空比分析的工作流程如图 6-60 所示。管理结点运行监控中心系统，远程监控网络状态并提供系统管理、系统配置、农户管理等功能。结点上报的时间数据由通信服务器进行解析并存入相应的数据库中，系统用户可以登录监控中心网站，查看原始数据，同时监控中心还提供了以图形化方式显示结点 CPU 状态动态变化的功能。

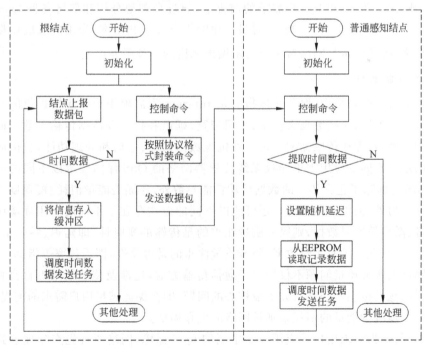

图 6-60　根结点和普通感知结点 CPU 占空比分析的工作流程

6.6 服务质量保证

在某些类型的传感器网络应用中,除了考虑节能问题,还要考虑服务质量(Quality of Service,QoS)的问题。例如在战地环境中,定位、探测和识别一个实时移动目标至关重要,在定位和探测到目标之后,需要用到图像或视频传感器对其进行识别和鉴定,这就需要传感器结点和控制者之间进行实时数据的交换以便采取相应的正确行动。因此,如何对这些有特殊需求的流量进行服务质量保障是一个相对新却不容忽视的技术研究领域。

6.6.1 服务质量技术概述

1. 服务质量的概念

在 RFC2386 文档,服务质量被定义为网络从源结点到目的结点传输数据分组时所需要满足的一系列服务需求。为了更好地理解 QoS 的含义,下面分别从应用层和网络层的角度

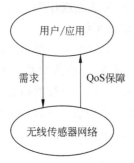

图 6-61 典型的服务质量模型

来对 QoS 进行分析。在应用层,QoS 通常是指用户或者应用所获取具体业务的服务质量。而在网络层,QoS 则定义为对网络提供给应用及用户的服务质量的量度,网络提供特定 QoS 的能力依赖于网络自身及其采用的网络协议的特性。图 6-61 所示为典型的服务质量模型。在这个模型中,需求用户或应用不需要关心网络通过何种方式调度管理何种资源来提供服务质量,只需要关心直接影响应用质量的网络服务。网络所要实现的最根本目标就是在充分理解用户需求的前提下,通过合理地分析和部署各种 QoS 保障机制,同时最大化网络资源的利用率,为用户或应用提供高质量服务。总之,服务质量是网络对用户需求做出承诺的一种服务保证。

2. QoS 性能指标

在传统的端到端网络中,服务质量指的是 Internet 为需求用户或应用提供的一系列可衡量的服务保障参数,包括数据丢包率、可用带宽、延迟和抖动等数据传输参数。而不同于传统的端到端网络,无线传感器网络是一种包含数据采集、通信和处理功能,且由应用驱动的任务型网络。不同的应用需求导致无线传感器网络的 QoS 保障技术以不同的形式表现出来,其 QoS 指标除了包含传统的数据传输性能参数外,还涵盖能量消耗、覆盖度和连通率等性能指标。另外,网络的服务质量还可能以不同形式存在于不同的应用环境中。若传输的是语音、图像等实时数据,则服务质量注重的是传输的实时性,即延迟、吞吐量等指标;若传输的是温度、湿度等非实时数据,服务质量注重的是可靠性,即丢包率等指标。此外,无线传感器网络的服务质量问题不仅局限于通信传输方面,还涉及传感器结点自身特点。例如能量消耗问题是传感器网络研究中最核心的问题,即在保证满足用户需求的前提下,如何才能最大限度地减少能量的消耗来延长网络的生存周期。

因此,如果要为需求用户或应用提供定制的 QoS 保障,网络要首先充分理解其需求并将这些需求量化成一系列具体的性能指标,判断该对哪些指标实施控制策略,接着通过合理

地配置可用资源来为用户或应用提供相应的 QoS 保障。根据图 6-61 所示服务质量模型可将目前大部分涉及服务质量研究的各项服务性能指标再细分为 3 个级别：用户/应用级、网络级和结点级，图 6-62 所示为无线传感器网络的服务质量指标分层模型。一方面，需求用户或应用向传感器网络提出一个 QoS 需求，接着用户（即用户级）和汇聚结点（即网络级的控制结点）针对这个需求进行协商，最终达成一致意见；另一方面，汇聚结点根据协商好的 QoS 需求控制传感结点（即结点级），传感器结点根据该控制策略进行相应的调度并将具体性能参数结构反馈给汇聚结点。

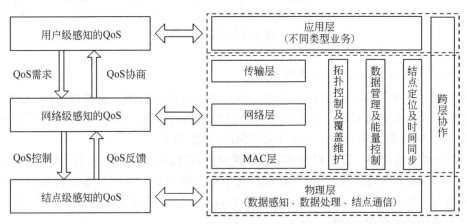

图 6-62 无线传感器网络的服务质量指标分层模型

1) 用户级感知的 QoS

无论无线传感器网络应用到何种环境，用户感知层面的 QoS 是最直观反应用户需求的标准，也是一个网络是否具有可用性的重要评价标准，例如网络生存期（网络从部署到失去可用性的时间）、信息完整性（事件发生的相关数据被完全监测记录的成功率）、网络吞吐量（每单位时间内从源结点到目的结点的数据量）、感知精度和响应延迟（事件发生到用户感知的时间，即实时性）等性能参数。

2) 网络级感知的 QoS

网络感知层面的 QoS 是评判部署区域内整个网络的结点协作服务的能力标准，是保障网络稳定运行的基础。虽然其对用户或应用是透明的，但是却客观反映网络能量总消耗、网络覆盖率和连通度（决定网络的监测区域及监测能力）、传输可靠性（目的结点未成功接收到来自监测区域源结点的数据包的比率，即丢包率）、处理精度、传输延迟（单位数据包从源结点到目的结点传输的时间）等用户的需求的性能参数。

3) 结点级感知的 QoS

结点感知层面的 QoS 受网络感知层面 QoS 的约束和控制，是对结点能量消耗、感知和通信半径、结点位置、休眠机制、功率控制、时间同步、采用参数、数据读写和处理速度、缓存空间大小、信道质量等结点底层硬件资源调配的标准。

图 6-63 所示为按层次分类的部分服务质量指标的关联，有连线的两项表示两者之间相互直接影响。通过这一细化的分层模型关联图，能有效地分析各底层性能参数是否影响高层性能参数，从而帮助用户定量地评估和调整相应的 QoS 指标，以取得所需求的 QoS 保障。

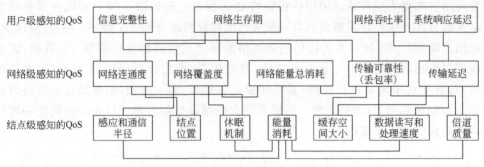

图 6-63 部分服务质量指标的关联

3. 无线传感器网络 QoS 面临的挑战

无线传感器网络 QoS 保障技术的设计和实施不仅需要解决度量选择、多业务并存、结点状态信息存储和实时更新等传统网络 QoS 已经面临的问题,还须考虑无线传感器网络特有的结点部署、资源限制和数据分发模式等问题,具体如下。

(1) 资源严重受限。传感器网络结点数量众多,受成本和体积的限制,其结点资源受到能量、带宽、内存和处理器性能等严重限制,其中结点能量是造成网络结点失效和网络生存期缩短的主要因素。因此,降低 QoS 保障技术的能耗是首要解决的问题。另外,资源受限也决定了算法必须简单、有效。

(2) 以数据为中心、非端到端的通信模式。传感器网络面向事件监控和属性测量,观测结点不关心数据来源的结点地址标识,往往是基于查询属性匹配的结点集一起进行数据传输。因此,传统端到端的 QoS 度量和保障机制难以直接应用,需要加以扩展或设计新的 QoS 体系。

(3) 数据高度冗余,流量非均匀分布。无线传感器网络中感知数据高度冗余,虽然提高了网络的可靠性,但会占用更多的网络资源,能耗也相当严重。数据融合是常用手段,但会引入传输延迟,使 QoS 度量选择更加复杂,从而增加了算法设计和实现的难度。另外,流量非均匀分布会造成网络能耗不平衡,严重制约网络生存期的提高,因此 QoS 机制还应该考虑支持能耗均衡。

(4) 结点密集分布无线多跳传输。无线多跳传输存在大量背景噪声和干扰,信道质量不稳定,使 QoS 分析、保障和管理更加复杂。

(5) 多用户、多任务并发操作,多类别数据流量。网络可能存在多个观测结点,可并发进行多个查询任务。网络结点的配备可能不同,导致数据流量类别不一致。

(6) 可扩展性。传感器网络结点数量众多,规模不等,QoS 保障技术应该具有自适应能力。

由此可见,由于传感器网络自身和应用的特性,对 QoS 机制提出了更多的挑战,不能直接采用传统网络的 QoS 机制。

6.6.2 服务质量保障技术

1. 各类应用对 QoS 的要求

无线传感器网络是与应用相关的网络,是与应用相关的设计方式,其优点是能够根据不同应用的要求对网络和结点软硬件资源进行最大限度地优化,其缺点是网络软件、硬件、拓扑、结构和路由等在不同应用下有不同的表现形式,每种应用对 QoS 的要求也不尽相同。在无线传感器网络中,根据数据传输模型的不同可以将应用类型分为基于事件驱动的、基于查询驱动的和持续不断传输的 3 种。

1) 基于事件驱动的应用

当传感器结点监测到网络中某一事件发生时,目标附近的传感器结点立即处于激活状态并将采集到的数据发送给汇聚结点,以便及时通知终端用户。该应用的特点是数据的流向是从一组负责感应该事件的传感器结点到汇聚结点,事件触发后,要求传感器结点能够迅速感知并及时、可靠地通知终端用户。

2) 基于查询驱动的应用

终端用户或应用通过兴趣消息发出查询任务,符合查询条件的数据被传感器结点逐跳转发至汇聚结点,其对数据的可靠性要求高。

3) 持续不断传输的应用

传感器结点不断采集数据,并以预先设定的速率发送给汇聚结点,主要分为有实时要求的数据和非实时要求的数据。实时数据对延迟、带宽需求以及丢包率有所限制,而非实时数据允许一定的延迟和丢包率。

表 6-11 概括了 3 种应用类型对性能参数的要求,可以得出如下信息:无线传感器网络所保障的 QoS 不再是传统网络中端到端的概念;带宽、丢包率也不再是单个传感器结点所关注的主要目标,而是在特定时刻内一组传感器结点突发性传输数据所必需的服务质量,这种保障强调以任务的关键性为中心。

表 6-11 3 种应用类型对性能参数的要求

性能参数	基于事件驱动的应用	基于查询驱动的应用	持续不断传输的应用
端到端		否	
交互性		需要	
允许一定的延迟	不容许	具体设定	容许
任务的关键性		是	

2. 无线传感器网络的 QoS 保障技术研究

无线传感器网络的 QoS 保障技术在延长网络的生命周期,提高网络各方面的服务质量的同时,也带来了管理、传输和计算等方面的代价开销,因此通过分析无线传感器网络性能指标的优劣来衡量所部署的控制策略是否具有有效性和可用性是极其重要的。目前,关于无线传感器网络 QoS 保障技术方面的研究主要可分为以下 3 类。

1) 传统的端到端传输 QoS 保障

该类研究大部分是基于传统端到端传输的应用,主要针对 QoS 感知的 MAC 层协议或路由协议,衡量的 QoS 指标有链路带宽、传输延迟、吞吐量和能量等性能表现。例如 SAR (Sequential Assignment Routing,有序分配)算法在路由选择上不仅考虑每条路径的能量消耗,还涉及端到端延迟和数据包传输的优先级问题,从而使数据在转发过程中总是选择一条效率最优的链路来传输。

2) 特殊应用 QoS 保障

由于无线传感器网络是一种面向应用的任务型网络,因此不同的应用需求导致无线传感器网络的性能指标以不同的形式表现出来。在该类研究中,QoS 被定义为某个特殊应用的性能指标,如覆盖度或空间分辨率等。

3) 可靠性 QoS 保障

该类研究基于传统端到端传输服务的可靠性传输保障机制,但与传统端到端传输不同,其 QoS 保障侧重于减少拥塞和丢包问题,从而提高数据的可靠性,且衡量的性能指标也不只是某一两个传输参数,而是综合考虑各传输参数。

6.6.3 服务质量体系结构

在一个系统化的 QoS 体系结构中,网络系统需要将 QoS 指标与其拥有的有效资源对应起来,通过资源分配和调度完成用户的应用。当系统无法完全满足应用的服务需求时,需要进行 QoS 重协商以确定是否容忍降级的服务。在这个过程中,对资源的分配和调度是 QoS 体系结构的核心,也是 QoS 控制和管理机制研究的重点问题。

常见的资源调度模式分为集中结构、层次结构和分散结构 3 种。

(1) 在集中结构中,系统的所有资源均由一个调度器进行调度,该调度器直接管理所有资源。其优点是部署简单、管理方便、具有联合分配资源的能力,缺点是可扩展性和容错性差,难以提供多个调度策略。

(2) 在层次结构中,系统中的资源由多个调度器进行调度,这些调度器分层进行组织。与集中结构相比,层次结构的可扩展性和容错性有所提高,不同层次的调度器可以采用不同的调度策略,同时保留了集中结构的联合分配等优点。

(3) 在分散结构中,系统中的资源由多个调度器进行调度,这些调度器处于平等地位。分散结构的优点是可扩展性和容错性好,不同调度器可采用不同的调度策略。但该结构也存在一些问题。例如,调度器需要能够通过某些形式的资源发现或者资源交易协议进行相互协调,这些操作的开销将影响整个系统的可扩展性。

在无线传感器网络中,分层的拓扑路由被广泛采用,因此本书中通过层次结构进行资源调度模型介绍层次化的 QoS 体系结构的参考模型,如图 6-64 所示。

1. QoS 映射和协商

由于网络系统不同层次的 QoS 指标不同,为了完成应用与系统之间的 QoS 协商,必须在不同层次的 QoS 指标之间进行功能的翻译,即 QoS 指标间的映射。例如,用户级感知的信息完整性指标与其相关的网络级感知的 QoS 指标有覆盖度、连通度和传输可靠性,而传输可靠性又涉及结点级感知的 QoS 指标通信功率、信道质量和速率控制。

在无线传感器网络的 QoS 映射机制中,首先由基站将用户级感知的 QoS 请求翻译成网络级感知的 QoS 参数,然后由中继结点把翻译的 QoS 需求发送给簇头结点。簇头结点将网络级感知的 QoS 参数进一步映射成结点级感知的 QoS 参数,并确定簇内成员是否能够支持这些 QoS 要求。

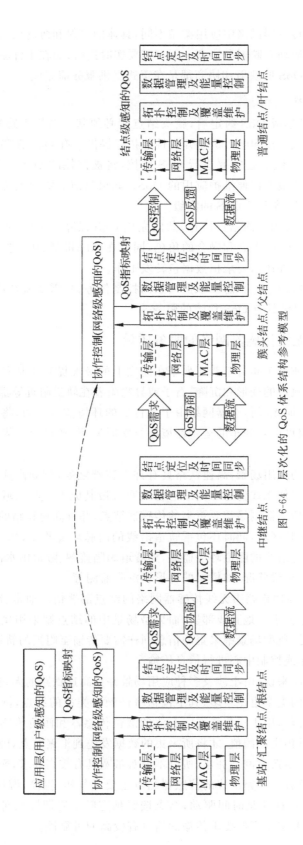

图 6-64 层次化的 QoS 体系结构参考模型

此外，由于在无线传感器网络中应用类型不同，具体的映射和协商也会有区别。在用户触发的应用中（如查询驱动），映射和协商一般都需要实时进行；而在事件驱动（如火灾监控）和时间驱动的应用中，QoS 的映射和协商都是在正式提供服务前完成。

2. QoS 控制和管理

当簇头结点与基站达成 QoS 约定后，簇头结点就必须基于网络级感知的 QoS 指标进行分配调度，控制簇内成员按照结点级感知的性能指标提供具有 QoS 保障的服务。为了保证应用的 QoS 需求，簇头结点还需要进行 QoS 监控，将被监控的 QoS 与期望的性能做比较，然后调整资源的使用策略以便维护应用的 QoS。如果当前的资源无法满足应用的 QoS 需求，那么 QoS 维护机制将引发 QoS 的降级。

簇头结点一般还需要和簇内结点协作，共同完成 QoS 保障。例如，簇头结点在数据聚集算法中一般担任数据压缩、聚合和融合的角色，同时在休眠机制、功率控制和移动控制中负责簇内成员的协作，此外还需要承担数据包转发工作。

和簇头结点相比，簇内结点不需要承担繁重的控制任务，只需要服从簇头结点的协调，根据 QoS 指标的要求提供具有 QoS 保障的服务。

6.6.4 高速铁路中无线传感器网络的服务质量

在铁路运营中，高速列车相对于普通列车在速度上的极大提升使其对列车运营环境的要求也大幅提高，例如轨道的变形和沉降、石子或异物附着在轨道附近等都会对列车的安全行驶构成极大的威胁。而无线传感器网络由于其良好的环境监测能力，将其应用于高速列车运营环境的监测不仅可以对列车的运营环境进行实时监测，还可以对未知性灾难的到来提供预警帮助。

然而，不同于其他的应用场景，高速铁路具有许多特殊之处，例如高速铁路涉及范围极其广泛，漫长的铁路干线使无线传感器网络的规模变得极其庞大。与区域型的应用场景相比，高速铁路中的无线传感器网络需要更多的传感器结点，并且高速铁路的环境监测不仅包括铁路轨道本身这一带状区域，同时还包括轨道沿线的山脉环境监测，如森林火灾监测、滑坡泥石流监测，以及轨道沿线的隧道环境监测，如隧道塌陷监测、隧道雨水沉积监测。此外，还需要监测轨道沿线的桥梁状况，如桥梁的变形和沉降监测等。

如图 6-65 中所示，高速铁路中无线传感器网络的结点部署情况通常分为两种：轨道沿线的结点主要沿轨道近似平行地直线部署，而典型场景中的结点则采用星形或混合型的部署方法。值得注意的是，典型场景中采集的信息同样需要传输至附近的轨边结点，再由轨边结点沿轨道沿线向列车或控制中心进行信息传输。

此外，对于高速铁路来说，由于涉及多种应用场景并且高速铁路的无线传感器网络相对较为复杂，因而传感器的类型也比较多，其中包括事件触发类型的结点，例如用于检测桥梁沉降和形变的位移传感器，用于检测滑坡泥石流的液位传感器和倾角传感器。当这些传感器结点检测的数值超过预定的阈值，才将所采集的数据发送到汇聚结点，因而这类数据的传输具有突发性且往往容易造成网络拥堵，所以不但对带宽具有较高要求，而且对及时性和可靠性也都要求较高。部署在铁路沿线的传感器结点主要是气压、温度、湿度、雨量和雪深等传感器，这些传感器结点往往是时间驱动，结点按照预定频率周期性地向汇聚结点发送数据，这类数据对实时性要求不高但要求传输的信息有较高的可靠性。

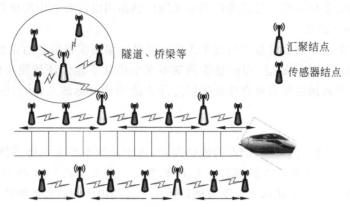

图 6-65　高速铁路中无线传感器网络的结点部署

1. QoS 指标的选取

无线传感器网络是针对具体应用的,不同的应用场景会有不同的 QoS 需求。

根据高速铁路无线传感器网络的部署特点、结点类型需求的多样性以及高速列车对不同数据类型信息可靠性和及时性要求的不同,适用于高速铁路中无线传感器网络的 QoS 指标主要有如下 10 个。

1) 延迟

延迟是无线传感器网络中信息传输实时性的重要衡量指标。对于高速铁路来说,列车时速一般约为 200km/h,而在有些路段可以达到 350km/h。由于列车运行快速使其对延迟极为敏感,延迟过大可能会导致列车经过传输结点时,结点收集的信息不能及时地传输给列车或传输的信息不完整,因而延迟是影响高速铁路无线传感器网络 QoS 性能的重要指标之一。

2) 丢包率

网络数据的丢包率直接影响信息传输的完整性和可靠性。高速铁路中的无线传感器网络对于丢包率的要求极为严格,信息传输不完整或传输的信息不准确、不可靠都会影响列车的实时调度和运行。

3) 吞吐量

无线传感器网络的吞吐量是衡量网络数据传输能力的关键性指标,可直接影响发生突发事件时数据传输的完整性和实时性。当滑坡泥石流或异物的突然侵袭等突发事件发生时高速铁路上的传感器结点通常都会传输大量的数据,而吞吐量过小会影响突发数据传输的实时性,会因延迟过大或丢包而导致传输数据不完整或失真,进而影响控制中心或列车终端根据数据做出合理的判断。

4) 网络生存期

网络生存期是无线传感器网络的关键性指标。对于高速铁路来说,由于线路较长,采用有线供电需要的成本较高,而其他新能源供电的研究还不够成熟,因此无线传感器网络结点通常选用电池供电。对于一个传感器结点来说,电池电量一旦耗尽就会退出网络,就会引起网络拓扑结构的变化,从而导致信息传输需要寻找新的路由,进一步地增加整个网络的工作复杂度,增加了能耗;如果位于关键位置的结点的能量耗尽,则有可能导致整个网络的瘫痪,因而如何延长网络生存周期也是高速铁路中无线传感器网络需要考虑的重点问题。

5）覆盖率和连通度

网络的覆盖率和连通度直接影响整个无线传感器网络所采集信息的完整程度。高速列车对周围环境的变化较为敏感，而信息监测的不完全也就不能保证预测和预警的准确性。结点的连通度达不到预定要求将直接影响信息是否能到达目标结点，从而影响整个网络的正常工作。

6）能量效率

结点能量的有效性直接影响结点的能量损耗，进而影响整个无线传感器网络的网络生存周期。高速铁路中，有些结点的部署极为困难，需要耗费大量的人力、物力和财力，如部署在隧道内壁、高架桥桥墩上或部署在斜坡面以下用于监测山体倾斜程度的传感器，这些位置结点的部署相对较为困难，因而结点的更换成本也较为昂贵，而结点本身使用电池供电，所以需要提高结点的能量效率从而延长结点的工作时间。

7）信噪比

无线传感器网络的信噪比会影响网络传输信息的准确性。高速铁路中对无线传感器网络的信噪比也有严格的要求，并且不同于一般的应用场景，高速铁路中无线传感器网络由于受列车高速移动的影响，信噪比分为两部分：一部分是无线传感器网络内部结点间信息传输的信噪比；另一部分是高速列车与基站或汇聚结点进行信息传输时的信噪比。

8）鲁棒性

鲁棒性是衡量无线传感器网络的稳定性和抗干扰能力的重要指标。高速铁路中的无线传感器网络基本都布置在露天的环境中，而周围环境的变化，如雨雪、狂风甚至更恶劣的天气都会对无线传感器网络的正常工作产生很大的影响，会干扰无线信号使之产生噪声，或是影响结点的数据收发甚至导致结点的失效。此外，高速列车行驶所产生的强磁场也会对无线信号的传输产生干扰，因而无线传感器网络的鲁棒性也是衡量网络服务性能的重要指标。

9）结点成本和结点部署环境

不同于一般的应用场景，高速铁路中的无线传感器网络相对较为庞大，需要的传感器结点的数量和类型都较多，并且结点的部署环境也多样化，结点的部署难度比一般的应用环境复杂。例如，隧道内壁、桥梁桥墩和桥身的结点部署都需要的人力、物力和财力也会相应增大。因而，从无线传感器网络的性价比角度来看，结点的成本和结点的部署环境都是需要考虑的因素，也是制约无线传感器网络服务质量的重要指标。

10）高速性

高速列车最主要的特征就是速度快，因此列车的高速运行对无线传感器网络的影响是设计高速铁路无线传感器网络需要首先考虑的问题。而高速性对无线传感器网络的影响主要体现在信噪比和网络丢包率上，因此需要对信噪比和丢包率指标继续划分，信噪比主要分为无线传感器网络内部的信噪比和车地传输的信噪比，同样，丢包率也分为无线传感器网络内部的丢包率和车地传输的丢包率。而车地传输的信噪比和丢包率主要受列车速度的影响，此处不失一般性的这里用列车速度替换这两个次级指标，具体关系如图6-66所示。

2. QoS 指标体系构建

通过 QoS 指标分析和描述，并根据所选取指标的相互关系，构建如图6-67所示的 QoS 评价指标体系。

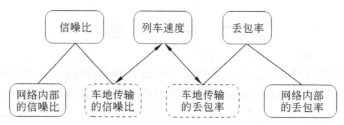

图 6-66 列车速度与信噪比和丢包率的关系

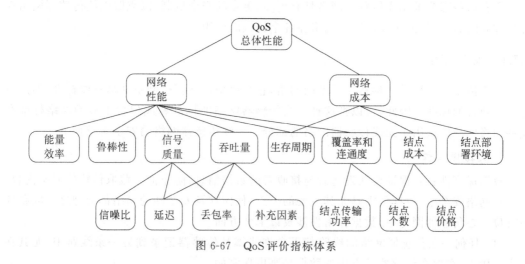

图 6-67 QoS 评价指标体系

QoS 评价指标体系主要从网络性能和网络成本两个角度考虑 QoS 总体性能,而网络成本主要针对高速铁路这一庞大工程中无线传感器网络的应用,具有一定的新颖性和实际意义,同时具有可借鉴价值。其中,补充因素主要是指一些次要因素和不可具体量化的因素。

需要指出的是,QoS 评价指标体系上下层指标间的关系并不是完全正相关的,例如网络生存周期与网络成本之间,以及网络成本与 QoS 综合性能之间的关系均为负相关,网络生存周期越小,则网络成本越大,而网络成本的增加则会造成网络 QoS 总体性能的下降。

层次分析法可以通过经验或专家群体的判断,将定性分析和定量计算结合起来,完成指标权重的计算。根据层次分析法计算得到的 QoS 指标权重如表 6-12 所示。

表 6-12 QoS 指标权重

指标名称	指标权重	指标名称	指标权重
能量效率	0.071	结点发射功率	0.0237
鲁棒性	0.0381	结点个数	0.1013
生存期	0.3103	结点价格	0.054
结点部署环境	0.0594	网络信噪比	0.0542
延迟	0.0847	列车速度	0.165
补充因素	0.0101	网络丢包率	0.0282

6.7 安 全 性

无线传感器网络自身的特点决定了其安全问题有别于传统网络,无线通信信道的不可靠性又使无线传感器网络的安全防范变得更加困难。此外,无线传感器网络结点还必须能够检测、鉴别不可信结点和入侵者来保护自身安全,抵御各种类型的攻击,保证整个系统的安全性和完整性。

所有这些都要求无线传感器网络具有更高、更强的安全机制,以克服无线传感器网络在安全方面的弱点,保证无线传感器网络在各个领域的应用。

6.7.1 安全需求

无线传感器网络是一种特殊类型的网络,它与典型的计算机网络共享一些标准,但是也有自己独特的标准。因此,可以把这种无线传感器网络的标准看成包含了典型网络标准和独特网络标准中适用于无线传感器网络的部分。无线传感器网络的安全需求如下。

1. 数据保密性

数据保密性就是保证合法发送者与接收者的数据信息,防止他人截取传输的明文内容。

在网络安全中,数据保密是尤其重要的一点,任何涉及安全性的网络都会把这一问题放在首位。在传感器网络中,数据保密性涉及以下 3 方面。

(1) 任何一条传感器网络的线路都不允许泄露其传感器记录到另一条线路中,尤其在军事应用中,存储在传感器结点中的数据是高度保密的。

(2) 在很多应用中,密钥分配等高度机密的数据都是通过结点来进行通信的,因此在无线传感器网络中建立一个安全路由是很重要的。

(3) 传感器标识与公开密钥等公共传感器信息,必须在一定程度上被加密以抵御通信分析程序的攻击。

用于保证数据安全性的标准就是用密钥将数据加密传给计划中的接受点,由此来达到保密性。

2. 数据完整性

由于数据保密措施的实施,攻击者不能窃取数据,但这并不意味数据就是安全的。攻击者还可以改变数据,使传感器网络陷入混乱。例如,一个恶意结点可能在分组报文中增加一些片段或者篡改数据,新的报文被送到原先的接受点。另外,恶劣的通信环境也可能造成与恶意结点无关的数据丢失或者损坏现象。因此,必须保证数据的完整性在传输过程中不受到破坏。

数据传送过程中,可采用循环冗余校验或者消息认证码检测数据包有无随机错误被篡改。

3. 数据时效性

即使数据保密性和完整性都得到了保证,还需要确认各数据是否得到及时更新。数据更新意味没有以前的信息被重复发送,当在设计中采用了密钥共享的算法时,这一点尤为重要。被共享的密钥必须随着时间改变,当然这也需要花时间使新密钥在整个网络中传播。

在这种情况下,攻击者很容易发起重复的攻击,而且如果传感器没有识别到新的密钥,就很容易干扰传感器的正常工作。

为了解决这个问题,可通过在报文中添加一个与时间有关的计数器、消息序列号、网络管理、访问控制、入侵检测等手段保证数据信息的时效性。

4. 认证

消息认证对于很多传感器网络应用(例如网络重新编程、控制传感器结点占空比之类的管理任务)都非常重要。攻击者并不局限于修改数据分组,还能够通过注入额外分组而改变整个分组流,所以接收结点必须确保决策过程中使用的数据来自正确的可信任源结点。接收结点通过数据认证验证数据确实是所要求的发送结点发送的。

对于点对点通信,可以采用完全对称的机制实现数据认证。发送结点和接收结点共享一个秘密密钥,秘密密钥用于计算所有通信数据的消息认证码。接收结点接收到一条具有正确消息认证码的消息时,就知道这条消息必定是与其通信的那个合法发送结点发送的。

在广播环境中,不能对网络结点做出较高的信任假设,因此完全对称的数据认证技术不适用于广播环境。假如一个发送结点需要给互不信任的接收结点发送消息,那么使用一个对称消息认证码是不安全的:其中任何一个不信任接收结点只要知道这个对称消息认证码,就可以扮演成这个发送结点,伪造发送给其他接收结点的消息。因此,需要非对称机制来实现广播认证。

5. 可用性

调整、修改传统加密算法而使其适用于无线传感器网络的做法不够方便且会引入额外开销。修改代码使其尽可能重复使用,采用额外通信实现相同目标,强行限制数据访问,都会弱化传感器和传感器网络的可用性,理由如下。

(1) 额外计算会消耗额外能量,若不再有能量,数据则不再可用。

(2) 额外通信也会消耗较多能量,而且通信量增加,通信碰撞概率也会随之增大。

(3) 假如使用中心控制方案,那么会发生单点失效问题,会极大地威胁网络可用性。

可用性安全要求不仅影响网络操作,而且对于维护整个网络的可用性非常重要。可用性应确保即使存在 QoS 攻击,所需网络服务仍然可用。

6. 高效性

通过调整传统的加密算法来适应无线传感器网络并不是高效的,它还会增加一些额外的开销,可以利用变址来尽可能重复地利用代码。额外的算法会消耗额外的资源,如果这些资源不存在了,那么这些数据也就没用了。额外的通信也会消耗资源,而且随着通信的过度增加,还会造成通信阻塞。高效性不仅关系到网络运营,对于维护整个网络也是非常重要的。

7. 自组织性

无线传感器网络是一种典型的特殊网络,它要求传感器结点具有独立性和足够的灵活性,能够根据不同的情况进行自我组织和自我修复。无线传感器网络中没有为了网络管理而设的固定基础设施,这一固有特征也给它的安全带来了巨大的挑战。在传感器网络中运用公开密钥加密技术时,高效的公开密钥分配机制也是有必要的。同样,分布式传感器网络必须自我组织以支持多路由,它们还必须自我组织进行密钥管理,在传感器之间建立信任关系。如果传感器网络缺乏自我组织,很容易处于危险境地。

8. 时间同步性

大多数传感器网络应用都依赖于某种形式的时间同步。为了节省资源,传感器结点装置可能会关闭一段时间。此外,传感器结点还需要通过数据包的传输来计算端到端的延迟时间。对于一个协作性较高的传感器网络来说,可能需要结点组的同步来实现所要达到的功能。

9. 安全定位

通常,传感器网络结点需要准确地自动查找每个传感器网络。无线传感器结点通常随机布置在不同的环境中,执行各种监测任务,以自组织的方式相互协调工作。最常见的例子是用飞机将传感器结点散布到指定的区域中,随机散布的传感器结点无法事先知道自身位置,因此传感器结点必须能够在布置之后实时地进行定位。传感器结点一般根据少数已知位置的结点,按照某种定位机制确定自身的位置。只有传感器结点自身正确定位后,才能确定传感器结点监测到的事件发生的具体位置,这需要监测到该事件的多个传感器结点之间相互协作,利用各自的位置信息,采用特定的定位机制确定事件发生的位置。在无线传感器网络中,传感器结点自身的正确定位是提供监测事件位置信息的前提。不幸的是,攻击者可以通过举报虚假信号强度、信号重放等来轻松地操纵不安全的传感器结点。

6.7.2 关键技术

无线传感器网络安全技术和传统网络安全技术有着较大区别,但是它们的出发点都是相同的,均需要解决信息的机密性、完整性、消息认证、组播/广播认证、信息新鲜度、入侵监测以及访问控制等问题。无线传感器网络是非常独特的,尤其是无线传感器网络的自身特点,使传感器网络安全存在巨大的挑战。无线传感器网络安全的关键技术主要包含以下几方面的内容。

1. 干扰控制

干扰控制主要针对攻击者的物理信号攻击。无线环境是一个开放的环境,所有无线设备共享这样一个开放的空间,所以若两个结点发射的信号在同一个频段上或者频段很接近,则会因为彼此干扰而不能正常通信。攻击结点通过在无线传感器网络工作频段上不断发送无用信号,可以使在攻击结点通信范围内的无线传感器网络结点都不能正常工作。当这种攻击达到一定密度时,整个无线传感器网络将瘫痪。

由于攻击者进行长期、持续的全频攻击有实施上的困难,所以通信结点可以采取跳频传输和扩频传输的方法来解决信号干扰攻击。

2. 密码技术

在无线传感器网络应用的过程中,可以通过设置密码减少安全隐患,并且运用先进的密码技术确保无线传感器网络通信传输的安全性。在应用密码技术时,主要是将密码技术中所涉及的数据信息或代码的长度不断延伸和扩大,从而有效地保证数据信息不会被轻易地泄露,达到保障无线通信信息传输的可靠性和安全性的目的。但是在密码技术中,由于某些密钥运算不仅具有明显的不对称性和良好的安全保护性能,还能够将密码设定简易化,因此在人们的生活和工作中得到了极大的推广和应用。通信装置的类型多种多样,必须应用密码技术加以保护。虽然密码技术具有良好的安全性能,同时又能够节约大量的能量,但是由于其价格非常昂贵而不能广泛应用。

3. 密钥管理

无线传感器网络各种安全目标的实现依赖于密码技术,其中密钥管理技术是无线传感器网络安全管理技术的关键,它涉及网络的多个层面,在网络数据认证和加密时都离不开。

1) 对称密钥管理与非对称密钥管理

根据无线传感器网络密码机制的不同,密钥管理技术可分为对称密钥管理和非对称密钥管理。对称密钥长度短,只需要一套密钥,方案简单、计算量小、资源使用少、应用广泛,又分为密钥动态分配管理方案及预分配管理方案。非对称密钥长度长且需要两套密钥进行工作,公钥对信息进行加密,私钥对接收的信息进行解密,安全性高、计算量大、资源占用多、应用受限。

2) 平面结构的密钥管理与层次结构的密钥管理

根据网络拓扑结构不同,密钥管理技术可分为平面结构的密钥管理和层次结构的密钥管理。平面式密钥管理中,每个结点的基本属性都相同,该方案对环境适应性好,应用范围广。采用层次结构的密钥管理时,结点被划分为包含簇头的多个簇,簇头结点负责密钥管理及信息交流,传输能耗低、效率高,但一旦簇头结点被攻击,整个网络有可能瘫痪。

3) 静态密钥管理和动态密钥管理

根据结点在投入使用后拥有的密钥是否需要更新,密钥管理技术可分为静态密钥管理和动态密钥管理。静态密钥是指使用过程中生成了通信密钥之后不再更新的密钥,其网络结点对能量和资源要求小,但黑客只要获取一个结点密码,就可能窃取大范围内的信息。动态密钥则会在使用过程中按照一定的时间段更新密钥,安全性大大提高,但同时要求的资源、能量等也会增多。

4) 确定性密钥管理和随机密钥管理

无线传感器网络的结点在网络中处于不同的状态,其结点间的连通概率是不一样的,根据连通概率的不同密钥管理技术分为确定性密钥管理方案和随机密钥管理方案。确定性密钥管理中,每个结点之间都可以直接进行信息交流,要求的存储空间小,但能耗变大,无线传感器网络扩展性变小,安全性也相对较差。随机密钥需要较大的密钥库,传输过程中,两个结点可以通过找到相同的密钥或第三方密钥建立通信,密钥的使用和管理方便,但冗余量大、通信效率低且速度慢。同时,一个密钥被攻击解锁后,其他结点的信息也容易被获取。

4. 防火墙技术

在具体的应用中,防火墙技术具备很强的 AAA(Authentication,Authorization,Accounting,认证、授权、计费)管理功能,把内部主机的 IP 地址翻译到外网中,使无线传感器网络共享 Internet,还可以促使外网隐藏到内网结构中:可支持多种 AAA 协议以拨入 ASA(Adaptive Security Appliances,自适应安全设备)的各种远程访问 VPN、登录 ASA 管理会话中来认证 AAA,并予以授权。在无线传感器网络中,通过防火墙技术,能够确保网络不会遭受蠕虫、黑客、病毒和坏件的攻击,而且还含有无客户端模式 VPN,保障无线传感器网络客户不用安装 VPN 客户端就可享受网络服务。在无线传感器网络中,可将无线网络与有线的核心网络有效隔离开,通过防火墙对一个或者几个无线网络进行分开管理,这样即使成功地将无线客户端破解了,也无法攻击核心网络。

5. 入侵检测技术

入侵检测技术用于识别未经授权而使用网络系统的非法用户和对系统有访问权限但滥用其权利的用户,故包含外部入侵检测和内部滥误用检测两方面的内容。无线传感器网络自身的许多特点决定了不能直接采用有线网络中的入侵检测技术。

采用入侵检测技术需监视用户和程序的活动,在有线网络中通常对交换机、路由器和网关收集到的数据进行实时分析,而无线传感器网络没有这样的数据集合点,每个结点只能在有限的无线传输距离内接收和发送数据包,收集到的只是局部的、不完整的信息。

6. 安全信息融合技术

无线传感器网络需要传输大量、复杂的数据,这些数据中,有的会被剔除,有的会进行融合,最后需要根据使用者的需求加以传输和共享。因此,在无线传感器网络传输数据的过程中,必须高度重视其安全信息的融合。在融合阶段中,需要对各个结点所涉及的数据进行细致的融合,再将融合后具有实际作用的数据传输到基本的供应站,最后对融合后的数据实施综合的评价和监测,从而使安全信息融合得到更好的安全保障并具有实际意义。

7. 身份鉴别技术

身份鉴别技术主要通过检测通信双方的口令、IC卡(Intergrated Circuit Card,集成电路卡)或者生物特征等来确定通信双方身份的合法性,无线传感器网络应提供多种身份鉴别机制,以确保网络访问用户身份和各类结点身份的真实性。

8. 安全路由技术

安全路由主要保证在传感器结点之间、传感器结点与中心结点之间通过多跳方式传输数据。无线传感器网络规模相对较大,每个结点都可以是路由结点,这就给攻击者提供了很多进行路由攻击的机会。因此,应制定合适的安全路由协议,保证数据安全到达目的结点,同时还可以尽可能少地损耗资源。无线传感器网络安全路由主要包括数据保密和鉴别机制、数据完整性和有效性校验机制、设备和身份鉴别机制等。

例如,在DD路由技术中,基本的协议就是运用洪泛来拦截和获取通信中的恶意信息,然后使用无线传感器网络将数据包传输出去,这不仅会对正常的通信造成影响或阻碍,同时还会使通信流程不能顺利地展开和进行。而使用TESLA路由技术和SNEP技术组合而成的SPINS路由技术以后,就能够有效地缓解泄露数据信息的现象,同时也能够极大地提高网络的风险防御能力,从而使整个无线传感器网络的安全性和可靠性都得到有效的保障。

9. 信任模型

信任模型是指建立和管理信任关系的框架。信任模型可以解决许多其他安全技术无法解决的问题,例如邻居结点的可信度评估、判断路由结点的工作正常与否等。然而由于无线传感器网络所受到的很多限制,无法假定除基站以外的任何结点是可信的,所以要建立一个好的信任模型存在一系列的困难。

6.7.3 面临的主要攻击手段与防御方案

对无线传感器网络进行攻击时,最经典的手段就是发射无线信号干扰无线传感器网络的信道，使结点信息拥塞达到破坏网络的目的。随着攻击手段的不断翻新，目前已可以从各个层面对无线传感器网络的安全造成威胁。以下是常见的攻击手段和相应的防御方案。

1. 物理层的攻击与防御

物理层完成频率选择、载波生成、信号检测和数据加密工作，通常受到以下攻击。

1) 拥塞攻击

攻击结点在无线传感器网络的信道上不断地发送无用信号，可以使在攻击结点通信范围内的结点不能正常工作。如果这种攻击结点达到一定的密度，整个网络将瘫痪。

拥塞攻击对单频点无线通信网络影响很大，采用扩频和跳频的方法可很好地解决这个问题。对于全频段持续拥塞攻击，转换通信模式是唯一能够使用的方法，光通信和红外线通信都是有效的备选方法。全频拥塞攻击实施困难，所以攻击者一般不采用。无线传感器网络还可以采用不断降低自身工作的占空比来抵御持续的拥塞攻击，也可以采用高优先级的数据包通知基站遭受局部拥塞攻击，由基站映射出受攻击地点的外部轮廓，并将拥塞区域通知整个网络，当进行数据通信时，结点将拥塞区域视为覆盖空洞，绕过拥塞区域将数据传到目的结点。

2) 物理破坏

由于无线传感器网络中的结点分布在一个很大的区域内，因此很难保证每个结点在物理上都是安全的。攻击者可能俘获一些结点，对它们进行物理上的分析和修改，然后利用它们干扰网络的正常运转。攻击者甚至可以通过分析网络内部敏感信息和上层协议，破坏网络的安全性。

针对无法避免的物理破坏，可在结点设计时采用抗篡改硬件，也可以采取以下防御措施。

(1) 增加物理损害感知机制，结点在感知到被破坏后，可以销毁敏感数据、脱离网络、修改安全处理程序，从而保护网络其他部分免受安全威胁。

(2) 对敏感信息采用轻量级的对称加密算法进行加密存储，通信加密密钥、认证密钥和各种安全启动密钥需要严密的保护，敏感信息尽量放在易失存储器上，若不能，则在数据传输之前首先进行加密处理。

2. 链路层的攻击与防御

MAC 层为相邻结点提供可靠的通信通道。MAC 协议分为确定性分配、竞争占用和随机访问 3 类，其中随机访问模式比较适合无线传感器网络的节能要求。

1) 碰撞攻击

在随机访问模式中，结点通过载波监听的方式确定自身是否能访问信道，因此易遭到分布式拒绝服务攻击(Distributed Denial of Service, DDoS)。一旦信道发生冲突，结点使用二进制数倒退算法确定重发数据的时机。攻击者只需产生 1B 数据的冲突就可以破坏整个数据包的发送，这时接收者回送数据冲突的应答 ACK，发送结点则倒退并重新选择发送时机。如此反复冲突，结点不断倒退，最终导致信道阻塞，很快耗尽结点有限的能量。

针对碰撞攻击，可采用纠错编码的信道监听与重传机制。纠错码的纠正位数与算法的复杂度、数据信息的冗余度相关，通常使用 1 位或 2 位纠错码。如果碰撞攻击者采用的是瞬间攻击，只影响个别数据位，则使用纠错编码是有效的。如果对方表示没有收到正确的数据包,需要将数据重新发送,则采用重传机制。

2) 耗尽攻击

耗尽攻击就是利用协议漏洞,通过持续通信的方式耗尽结点能量。例如,基于 IEEE 802.11 的 MAC 协议用 RTS、CTS 和 DATA ACK 消息来预定信道、传输数据,如果恶意结点持续地用 RTS 消息向某结点申请信道,则目的结点不断地用 CTS 消息回应,这种持续不断的请求最终会导致目的结点能量耗尽。

应对耗尽攻击的一种方法是限制网络发送速度,结点自动抛弃那些多余的数据请求,但是这样会降低网络效率。另一种方法就是在协议实现的时候,制定一些执行策略,对过度频繁的请求不予理睬或者对同一个数据包的重传次数进行限制,以避免恶意结点无休止干扰导致目的结点能量耗尽。

3) 非公平竞争

网络数据包在通信机制中存在优先级控制,恶意结点或被俘结点可能被用来在网络上不断地发送高优先级的数据包占据信道,从而导致其他结点在通信过程中处于劣势。

应对非公平竞争的一种办法是采用短包策略,即在 MAC 层中不允许使用过长的数据包,这样就可以缩短每包占用信道的时间;另一种办法就是弱化优先级之间的差异或者不采用优先级策略,而采用竞争或者时分复用方式实现数据传输。

3. 网络层的攻击与防御

路由协议是在网络层实现的。无线传感器网络中的路由协议有很多种,主要可分为以数据为中心的路由协议、层次式路由协议和基于地理位置的路由协议 3 类。大多数路由协议都没有考虑安全的需求,这使它们都易遭到攻击,从而造成整个无线传感器网络崩溃。在网络层,无线传感器网络受到的主要攻击有以下 5 种。

1) 虚假路由信息

恶意结点在接收到一个数据包后,除了丢弃该数据包外,还可能修改源地址和目的地址,选择一条错误的路径发送出去,从而导致网络路由的混乱。如果恶意结点将收到的数据包全部传送给网络中的某一个固定结点,该结点可能会由于通信阻塞和能量耗尽而失效。

这种攻击方式与网络层协议相关。对于层次式路由协议,可以采用输出过滤的方法,即对源路由进行认证,确认一个数据包是否是从它的合法子结点发送过来的,直接丢弃不能认证的数据包。

2) 选择性转发/不转发

恶意结点在转发数据包的过程中丢弃部分或全部数据包,使数据包不能到达目的结点。另外,恶意结点也可能将自己的数据包以很高的优先级发送出去,破坏网络通信秩序。

可采用多径路由来解决这个问题。即使恶意结点丢弃了数据包,数据包仍然可以通过其他路径到达目的结点。虽然多径路由方式增加了数据传输的可靠性,但是也引入了新的安全问题。

3) 贪婪转发

贪婪转发即黑洞(Sinkhole)攻击。攻击者利用收发能力强的特点吸引一个特定区域的几乎所有流量,创建一个以攻击者为中心的黑洞。基于距离向量的路由机制通过计算路径长短进行路由选择,这样收发能力强的恶意结点通过发送 0 距离(表明自己到达目标结点的距离为 0)公告,吸引周围结点所有的数据包,在网络中形成一个路由黑洞,使数据包不能到达正确的目标结点。

贪婪转发破坏性强，但较易被感知。通过认证、多路径路由等方法可以进行抵御。

4）女巫攻击

在女巫（Sybil）攻击中，一个结点以多个身份出现在网络中的其他结点面前，使其更易成为路由路径中的结点，然后与其他攻击方法结合达到攻击目的。女巫攻击能明显地降低路由方案对于分布式存储、分散和多路径路由、拓扑结构保持等功能的容错能力。它对基于位置信息的路由协议构成很大的威胁。这类位置敏感的路由为了高效地为用地理地址标识的数据包选路，通常要求结点与它们的邻居结点交换坐标信息。一个结点对于邻居结点来说应该只有唯一的一组合理坐标，但攻击者可以同时处在不同的坐标上。

对抗女巫攻击，通常采用基于密钥分配、加密和身份认证等方法。

5）虫洞攻击

虫洞（Wormholes）攻击通常需要两个恶意结点互相串通，合谋攻击。一个恶意结点在基站四周，另一个恶意结点离基站较远，较远的恶意结点声称自己和基站四周的结点可以建立低延迟高带宽的链路，吸引四周结点的数据包。虫洞攻击很可能与选择性转发或女巫攻击相结合。当它与女巫攻击相结合的时候，通常很难被探测出。

对于虫洞攻击可以采用以下的防御方案。

（1）基于多项式的预配置方案能有效地防止结点被捕获，扩展性强，但计算开销大，也不支持邻居结点的身份认证。

（2）利用结点部署信息的预配置方案是将结点按照地理位置关系分组，给处于相同组或相邻组的结点分配共享密钥，使结点的分组模式和查询更符合结点广播特征，提高密钥利用率，减少密钥分配和维护代价。

6）Hello 洪泛攻击

很多路由协议需要结点定时发送 Hello 包，以声明自己是其他结点的邻居结点。攻击者往往用足够大的发射功率广播 Hello 包，使网络中所有结点以为该结点是邻居结点，实际上却相距甚远。如果其他结点以普通的发射功率向它发送数据包，则根本到达不了目的地，从而造成网络混乱。

在路由设计中加入广播半径的限制可对抗 Hello 洪泛攻击。

7）哄骗应答攻击

有些无线传感器网络路由协议依靠间接或者直接的链路层应答，由于无线传感器网络传输媒介固有的广播特性，所以攻击者可以旁听传递给邻居结点的分组，并对其做出链路层哄骗应答。哄骗应答的目的包括使发送结点相信一条质量差的链路是一条质量高的链路、一个失效结点或被毁结点是一个活动结点。例如，路由协议可以运用链路可靠性选择传输路径的下一个转发，在哄骗应答攻击中，攻击者故意强迫使用一条质量差的链路或者一条失效的链路。因为沿着质量差或者失效链路传递的分组将会丢失，所以攻击者运用哄骗应答攻击能够有效地进行选择性转发攻击，鼓励目标结点在质量差或者失效链路上发送分组。

4. 传输层的攻击与防御

传输层负责管理端到端连接。传输层提供的连接管理服务可以是简单的区域到区域的不可靠任意组播传输，也可以是复杂、高开销的可靠按序多目标字节流。无线传感器网络一般采用简单协议，使应答和重传的通信开销最低。无线传感器网络传输层可能存在两种攻击：洪泛攻击和同步破坏攻击。

1）洪泛攻击

要求在连接端点维护状态的传输协议易受洪泛攻击，洪泛攻击会引起传感器结点存储容量被耗尽的问题。攻击者不断反复提出新的连接请求，直到每个连接所需的资源被耗尽或者达到连接最大限制条件为止。此后，合法结点的连接请求被忽略。假如攻击者没有无穷资源，那么攻击者建立新连接的速度快到足以在服务结点上产生资源饥饿问题是不可能的。

实际应用中，可以采用限制连接数量、客户端谜题等方法对抗洪泛攻击。

2）同步破坏攻击

攻击者不断地向一个或两个端结点发送伪造的消息，这些消息带有合适的序列号和控制标志，从而使端结点要求重传丢失的报文。

实际应用中，可以通过报文认证鉴别的方法对抗同步破坏攻击。

5. 应用层的攻击与防御

应用层提供了无线传感器网络的各种实际应用，因此也面临各种安全问题。对整个无线传感器网络的安全机制提供安全支撑的主要技术有密钥管理和安全组播。

第 7 章 无线传感器网络的接入技术

7.1 基于无线传感器网络的多网融合体系结构

多网融合的无线传感器网络是在传统无线传感器网络的基础上，利用网关接入技术，实现无线传感器网络与以太网、无线局域网、移动通信网等多种网络的融合。在多网融合的无线传感器网络中，网关的地位异常特殊，作用异常关键，承担网络间的协议转换器、不同类型网络的路由器、全网数据聚集、存储处理等重要任务，成为网络间连接的不可或缺的纽带。

处于特定应用场景中的高效自组织无线传感器网络结点，在一定的网络调度与控制策略驱动下，对其所部署的区域开展监控与感知；网关结点实现对其所在的无线传感器网络的区域管理、任务调度、数据汇聚、状态监控与维护等一系列功能。经网关结点融合、处理和相应标准化协议处理的无线传感器网络信息数据，在经过网关结点聚合后，根据其不同的服务需求及所接入的网络环境，经由使用 TD-SCDMA(Time Division-Synchronous Code Division Multiple Access,时分同步码分多址)和 GSM(Global System for Mobile communication,全球移动通信系统)技术的地面无线接入网、Internet 环境下的网络通路及无线局域网下的无线链路接入点等接入 TD-SCDMA 与 GSM 核心网、Internet 主干网及无线局域网等多类型异构网络，并通过各种网络下的基站或主控设备，将传感信息分发至终端，实现针对无线传感器网络的多网远程监控与调度。同时，处于 TD-SCDMA、GSM、Internet 等多类型网络终端的各种应用与服务实体，也将通过各自网络连接相应的无线传感器网络网关，并由此对相应的无线传感器网络结点实现数据查询、任务派发、服务扩展等多种功能，最终实现无线传感器网络与以移动通信网络、Internet 网络为主的各类型网络的无缝的、泛在的交互网关在传输层上实现网络互连。网关的结构也和路由器类似，不同的是互连层。网关是一种充当转换任务的计算机系统或设备，既可以用于广域网互连，也可以用于局域网互连。在使用不同的通信协议、数据格式或语言，甚至体系结构完全不同的两种系统之间，网关是一个翻译器。与网桥只是简单地传达信息不同，网关对收到的信息要重新打包，以适应目的系统的需求。同时，网关也可以提供过滤和安全功能。大多数网关运行在 OSI 七层协议的顶层——应用层。

基于无线传感器网络的多网融合体系结构如图 7-1 所示，传感器结点采集感知区域内的数据，进行简单的处理后发送至汇聚结点；网关读取传感器结点部署区域内的温度、湿度、加速度、位置坐标等数据并转换成用户可知的信息；接着通过以太网、无线局域网或移动通信网进行远距离传输。

图 7-1 基于无线传感器网络的多网融合体系结构

7.2 面向无线传感器网络的接入

7.2.1 无线传感器网络的网关

1. 网关研究现状

在无线传感器网络中,网关装置不仅充当外界网络协议转换器的角色,还具备网络路由器、数据聚集、存储和处理等功能。由于这些原因,网关成为不同网络协议间连接不可或缺的系统。无线传感器网络的网关装置(系统)主要有两个功能:一是经由网络汇聚结点获取无线传感器网络的数据并且进行转换等处理;二是利用外部的其他网络协议进行数据转发。另外,网关还可以添加存储器用于存储无线传感器网络的参数、提供报警功能等。无线传感器网络中的通信装置一般是一个小型的嵌入式装置,包含微处理器、采集参数装置和无线通信组网模块,它们通常用电池作为电源。由于采用电池供电,普通结点的数据收发、运算和存储能力都比较差。基于以上特性,无线传感器网络可以很好地替代传统的有线传感器采集网络,广泛应用于需要灵活组网、成本低、网络容量大的应用场合。网关是连通无线传感器网络和外界网络的桥梁。假设没有网关,则整个无线传感器网络将是一个封闭的局域网,不能和外界通信,其应用领域和场合将受到很大限制。通过网关可以把无线传感器网络和以太网(或者其他网络)很好地连接起来,实现对监测区域的远程监测和控制。例如在环境监测应用中,由于被监测区域很可能是远离监控端的郊区,地形特点很可能复杂多变,电力供应比较紧张,不易经常维护,无线传感器网络可以很好地应用于这些领域,可以通过网关远程查看和监控网络中结点的工作状态。

无线传感器网络网关的概念源于 Internet,它的基本功能是完成无线传感器网络数据的远程通信,在此基础上还可以开发远程控制、无线传感器网络预警、状态显示等辅助功能。目前,国内外针对无线传感器网络网关的应用研究已经开始。美国Crossbow公司曾推出具有以太网通信功能的无线传感器网络网关产品。哈佛大学的研究人员在位于厄瓜多尔境内的唐古拉瓦火山附近部署了小范围的无线传感器网络,其中的传感器终端结点采集次声波信号并传送至汇聚结点,再通过接入无线调制解调器将数据转发到9km外火山监控站的计算机上。英特尔研究中心的科研人员在大鸭岛上布置传感器结点可通过互联网对岛上的气候和海燕的生存环境进行研究。国内对无线传感器相关技术的研究起步较晚,硬件上自主研发的芯片较少,软件上没有核心无线传感器网络协议栈。软硬件环境的制约导致无线传感器网络网关方面的科研成果相对较少。但是,现在很多高效科研机构也已经开始对网关通信技术进行研究,已提出了基于GPRS(General Packet Radio Service,通用分组无线业务)、IPv6、Web等技术的网关解决方案。国内的很多厂商也为传感器网络的发展做出了突出贡献,很多面向应用的产品已经投入市场,取得了很多好评。

2. 网关分类

无线传感器网络网关可以按照无线传感器数据远程传输方式进行划分。

1) 以太网通信方式

通过以太网口直接与Internet相连,远程监控中心可以随时获取无线传感器网络的数据和状态。该种方式的网关应用最为普遍,适用于异地或远程监控、数据采集、故障检测、报警等。其缺点是很多无线传感器网络的应用环境不适合直接布线,对网关系统的硬件配置要求较高。

2) 无线通信方式

通过GPRS无线传输方式与远程监控中心进行交互。该方式适用于工作点多、通信距离远、环境恶劣且实时性和可靠性要求比较高的场合。这种网关避免了复杂的布线任务,节约了成本。其缺点是网络信号覆盖范围、信号的稳定性对无线通信影响很大。基于无线通信的无线传感器网络网关应用领域十分广泛,可用于森林火灾监测、军队指挥自动化建设等场合。

3) 公用电话网通信方式

采用公用电话网传输数据价格低廉、运行可靠,可以实时传输数据。其缺点是保密性不好、数据通信速率较慢,会受到连线的制约。

在实际应用中选择网关的接入方式时,首先应该考虑无线传感器网络的应用环境所能提供的网络接入方式。与现有网络相比,无线传感器网络是一种以数据为中心的网络,网关结点的上行数据量大而下行数据量小。因此,在考虑网关与外部网络的连接方式时,上行数据传输率是一个关键指标。另外,网关结点的成本与集成难度也是一个关键因素。通过有线方式接入其他网络给硬件设备的布置带来了许多不便,大大限制了网关设备的应用。GPRS接入方式上行数据传输率较低。CDMA接入方式涉及和通信运营商的交涉,开发较为不便。

综合考虑以上因素,无线局域网在网络覆盖、数据传输速率、网络的稳定性和设备性价比上都有优势。因此,无线传感器网络的网关设备通过USB 2.0接口加载无线网卡设备,选用无线局域网作为网关与监控中心的空中接口,克服了硬件设备布置的局限性,大大扩展了网关设备的应用范围。表7-1所示为无线传感器网络接入基础网络的方式对比。

表 7-1 无线传感器网络接入基础网络的方式对比

接入方式	上行数据率	网络覆盖	网关集成难度与成本
有线接入	最高(56kb/s～100Mb/s)	室内	
GPRS 接入	较低(115.2kb/s)	较广	易集成,成本低
CDMA 接入	较高(153.6kb/s)		
无线局域网接入	高(1～54kb/s)	热点区域	易集成,成本较低
卫星接入	最低,传输延迟大	最广	不易集成,成本低

7.2.2 面向以太网的无线传感器网络接入

以太网是总线拓扑结构局域网的典型代表,是美国施乐公司于 1975 年研制成功的,"以太"以前曾被认为是传播电磁波的介质。后来,数字设备公司(DEC)、英特尔公司和施乐公司在 1982 年联合公布了以太网标准,以太网是当今 TCP/IP 采用的主要局域网技术。以太网的成功在于它提供了低成本的高速传输,采用以太网产品的用户很容易将 10Mb/s 的以太网改造为高速数据系统而不需要增加太多费用。

1. 以太网接入无线传感器网络的方式

作为目前应用最为广泛的局域网技术,以太网在工业自动化和过程控制领域得到了越来越多的应用。随着互联网技术的发展,通过以太网接入互联网的无线通信方式成为自动化控制系统通信的主流。

μClinux 操作系统继承了 Linux 优异的网络性能,提供了通用的 Linux API 以支持完整的 TCP/IP,同时它还支持许多其他网络协议。因此,对于嵌入式系统来说,μClinux 无疑是一个网络功能完备的操作系统。

套接字(Socket)是一个支持网络输入输出(I/O)的结构。应用程序在需要与网络连接时,会创建一个套接字,然后通过套接字与远程应用建立连接并从中读取或写入数据。本地程序可通过套接字将信息传入网络。一旦信息进入网络,网络协议会显示引导信息供远程程序访问。类似地,远程程序可将信息输入套接字,然后通过网络返回到本地程序。

Linux 环境下的 Socket 编程是开发以太网通信应用程序的主要手段。网络的 Socket 数据传输是一种特殊的 I/O,Socket 也是一种文件描述符,具有一个类似文件的函数调用——socket()函数。该函数返回一个整型的 Socket 描述符,随后的连接建立、数据传输等操作都通过该 socket()函数实现。常用的 Socket 类型有两种:流式 Socket 和数据报式 Socket。两者的区别在于:前者对应 TCP 服务,后者对应 UDP 服务。流式 Socket 提供面向连接的、可靠的、双向的、有序的、无重叠且无记录边界的通信模式,有一系列的数据纠错功能,可以保证在网络上传输的数据及时、无误地到达对方。

在网关的设计过程中,考虑到对数据传输的可靠性要求较高,故采用基于 TCP 的流式 Socket。

2. 应用层以太网数据传输的实现

网关与远程终端之间的以太网数据传输程序采用的是面向连接的客户-服务器模型,其通信过程如图 7-2 所示。在服务器中,网关调用 socket()函数,建立一个套接字,指定 TCP 及相关协议;之后通过 bind()函数将本地创建的套接字地址(包括主机地址和端口号)与所创建的套接字绑定;在该端口号上通过 listen()函数进行监听,调用 accept()函数接收远程计算机发来的连接请求;通过 read()函数读取该请求并调用 write()函数转发封装好的信息。

在客户端,远程计算机调用一个 socket()函数,建立一个套接字,指定 TCP 及相关协议;调用 connect()函数将本地端口号和地址信息传送至网关请求建立连接;之后通过 write()函数进行服务请求的发送,通过 read()函数进行响应的接收,读取网关发送的信息。

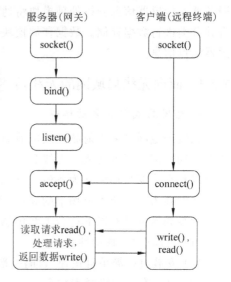

图 7-2 以太网通信方式下的网关与远程终端通信过程

3. 面向以太网的无线传感器网络网关示例

1) 硬件平台设计

网关设备由核心板和底板组成,核心板上集成 Atmel AT91RM9200 处理器、64MB 的 SDRAM 及 16MB 的 Flash 存储器。AT91ARM9200 微处理器芯片是 200MIPS 的工业级 ARM920T 内核,具有 16KB 的指令和 16KB 的数据高速级的处理器,内部有 128KB 的只读存储器,外部总线包括 SDRAM 接口、Burst Flash 接口和 SDRAM 控制器、USB 设备和主控制器接口、10/100Mb/s 以太网接口、电源管理器、实时时钟、系统时钟、同步串行控制器、6 通道的定时器/计数器、4 通道的 USART、两线制接口(I2C)、SPI 接口、多媒体卡接口和 GPIO 等。AT91ARM9200 微处理器是一个多用途的通用芯片,内部集成了处理器和常用外围组件,具有很高的性价比,特别适用于工业控制领域。

网关设备底板上提供了两个 4 线 RS-232 串行接口和一个 10/100Mb/s 自适应以太网接口。外围硬件接口的选择将决定整个系统通过何种方式接入网络。目前最常见的价格低廉且性能较高的接入方法是采用最成熟的以太网接口,能够满足局域网接入和绝大多数宽带网络接入的要求,因此建议无线传感器网络网关设备通过以太网接口接入 Internet,实现远程用户对无线传感器网络数据的查询,通过一个 RS-232 接口与汇聚结点相连,接收无线传感器网络结点采集的信息。另外,预留了一个串行接口作为今后扩展无线功能的接口。该设备具有体积小、耗电低、处理能力强等特点。

2) 软件平台设计

网关软件平台主要包括两部分:一是 Web Server 和 TCP/IP;二是无线传感器网络数据查询及管理部分,该部分包括远程管理模块、查询指令分析处理模块、数据存储模块和传感器信息分析管理模块。

远程管理模块用于接收远程用户的访问,在对其身份进行鉴别后,将来自用户 Web 浏览器的查询指令信息提取出来,发送给查询指令分析处理模块进行相应的处理,并将响应信息传回远程管理模块,最后通过 Web 服务器传递到远程客户端。查询指令分析处理模块分析用户的 Web 查询指令,将其转换成网关能够处理的指令,可以应用嵌入式数据库 SQLite

的 C 语言接口的一些库函数,通过通用网关接口程序进行处理,并将响应结果送回给 Web 服务器。传感器信息分析处理模块将通过汇聚结点传送过来的传感器结点信息进行分析综合并分类进行数据存储。数据存储模块存储通过传感器信息分析处理模块分析处理后的传感器结点信息。

7.2.3 面向无线局域网的无线传感器网络接入

1. 无线局域网的通信协议

无线局域网是采用射频无线电波通信技术构建的局域网,虽不使用缆线,但也能提供传统有线局域网的所有功能。无线数据通信不仅可以作为有线数据通信的补充及延伸,而且还可以与有线网络环境互为备份。近几年,这种无线建网与高速网络接入技术受到广泛的关注并发展为网络技术市场上的亮点。

无线局域网具有以下适合无线传感器网络接入的特点。

(1) 机动性高,移动性强。

(2) 安装过程简单且快速,省略一般有线网络的布线工程,容易改变网络组成。

(3) 可与有线网络紧密结合。

(4) 安全保密功能让数据传输更加有保障。

(5) 组网灵活,即插即用,不必改变现有网络的架构。

(6) 解决有线网络布设困难时的传输问题。

(7) 可以把网络应用延伸到室外。

鉴于无线局域网的强烈需求,美国的电气与电子工程师学会(IEEE)于 1990 年 11 月召开了 IEEE 802.11 委员会,开始制定无线局域网标准。承袭 IEEE 802 系列,IEEE 802.11 规范了无线局域网的物理层及 MAC 层。由于实际无线传输的方式不同,IEEE 802.11 在统一的 MAC 层下面规范了各种不同的物理层。目前 IEEE 802.11 中制订了 3 种介质的物理层,不但给未来技术提供了可扩充性,而且提供了多重速率的功能。在 IEEE 802.11 系列标准中,平时应用最多的应该是 IEEE 802.11a、IEEE 802.11b 和 IEEE 802.11g 这 3 个标准,目前均已得到相当广泛的应用。下面对 IEEE 802.11 系列标准做简单介绍。

1) IEEE 802.11

IEEE 802.11 是美国的电气与电子工程师学会最初制定的一个无线局域网标准,主要用于解决办公室局域网和校园网中用户与用户终端的无线接入,服务主要限于数据存取,速率最高只能达到 2Mb/s。该标准在速率和传输距离上都不能满足人们的需要。

2) IEEE 802.11a

IEEE 802.11a 标准是得到广泛应用的 IEEE 802.11b 标准的后续标准。它工作在 5GHz 的 U-NII 频带,物理层速率可达 54Mb/s,传输层速率可达 25Mb/s。可提供 25Mb/s 的无线 ATM 接口、10Mb/s 的以太网无线帧结构接口,以及 TDD/TDMA 的空中接口;支持语音、数据、图像服务;一个扇区可接入多个用户,每个用户可带多个用户终端。

3) IEEE 802.11b

IEEE 802.11b 即 WiFi,使用 2.4GHz 的频段。2.4GHz 频段被世界上绝大多数国家通用,因此 IEEE 802.11b 得到了最为广泛的应用。它的最大数据传输速率为 11Mb/s,不须沿直线传播。在动态速率转换时,如果射频情况变差,可将数据传输速率降低为 5.5Mb/s、2Mb/s 和

1Mb/s。在室外的传输距离为 300m,在办公环境中的传输距离为 100m。IEEE 802.11b 使用与以太网类似的连接协议和数据包确认,来提供可靠的数据传送和网络带宽的有效使用。

4) IEEE 802.11e

IEEE 802.11e 是 IEEE 为满足 QoS 要求而制定的无线局域网标准。在一些语音、视频等的传输中,QoS 是非常重要的指标。在 IEEE 802.11 MAC 层,IEEE 802.11e 加入了 QoS 功能,它的分布式控制模式可提供稳定、合理的服务质量,而集中控制模式可灵活支持多种服务质量策略,让影音能及时、定量地传输,保证多媒体的顺畅应用。

5) IEEE 802.11g

IEEE 802.11g 是为了提供更高的传输速率而制定的标准。它采用 2.4GHz 频段,使用 CCK 技术与 IEEE 802.11b 后向兼容,同时它又通过采用调频技术,支持高达 54Mb/s 的数据流,所提供的带宽是 IEEE 802.11a 的 1.5 倍。从 IEEE 802.11b 到 IEEE 802.1g,可发现无线局域网标准不断发展的轨迹:IEEE 802.11b 是所有无线局域网标准演进的基石,未来许多系统大多需要与 IEEE 802.11b 后向兼容,IEEE 802.11a 是一个非全球性的标准,与 IEEE 802.11b 后向不兼容,但采用调频技术,支持的数据流高达 54Mb/s,提供几倍于 IEEE 802.11b 和 IEEE 802.11g 的高速信道。

无线局域网各通信协议典型参数如表 7-2 所示。

表 7-2 无线局域网各通信协议典型参数

协议名称	802.11	802.11b	802.11a	802.11g	BlueTooth	HomeRF	HiperLAN
占用频率/GHz	2.4	2.4	5	2.4	2.4	2.4	5
最大带宽/MHz	2	11	54	54	1	1~2(可扩至 11)	54
非重叠信道数		3	8	3			
传输距离/m	<300	<300	<100	<300	<10	<100	<50
调制方式	直扩/跳频	直扩 CCK 补偿码键控	OFDM 正交频分复用	OFDM CCK	跳频	跳频	OFDM
服务类型	语音数据	语音、数据和图像			语音、数据	语音、数据	语音、数据和图像

2. 无线局域网的无线传感器网络接入技术

网关结点通过无线网卡以无线的方式接入无线局域网,从而实现无线传感器网络与 Internet 的互连互通。

所谓无线网络,就是利用无线电波作为信息传输介质构成的无线局域网。无线网络与有线网络的用途十分类似,两者最大的不同在于传输介质的不同,利用无线电技术取代网线可以和有线网络互为备份,但速度较慢。无线网卡是通过无线局域网上网使用的无线网络终端设备。具体来说,无线网卡就是使某一设备可以利用无线来上网的一个装置,即使有了无线网卡,也需要一个可以连接的无线网络,如果设备所在地有无线路由器或者无线接入点覆盖,就可以通过无线网卡以无线的方式连接无线网络。

无线网卡按照接口的不同可以分为以下 4 种。

(1) 台式机专用的 PCI 无线网卡。

(2) 笔记本计算机专用的 PCMCIA 接口网卡。

(3) USB 无线网卡。

(4) 笔记本计算机内置的 MINI-PCI 无线网卡。

根据无线传感器网络的实际应用要求,网关采用 USB 无线网卡,只需要安装驱动程序就可以使用。要注意的是,只有采用 USB 2.0 接口的无线网卡才能满足 IEEE 802.11g 或 IEEE 802.11g+ 的需求。

网关结点还可以通过 GSM 移动台空中接口、TD-SCDMA 移动台空中接口和相应的编码调制系统接入移动网络。

为了以无线的方式接入无线局域网,需要为网关设备的嵌入式 Linux 系统加载无线模块内核并移植无线网卡驱动到嵌入式 Linux 系统中。

7.2.4 面向移动通信网的无线传感器网络接入

本小节将分别以 GPRS 和 TD-SCDMA 为例,介绍面向移动通信网的无线传感器网络接入技术。

GPRS 是一种基于 GSM 系统的无线分组交换技术,提供端到端的广域无线 IP 连接。虽然 GPRS 是作为现有 GSM 网络向第三代移动通信演变的过渡技术,但是它在许多方面都具有显著的优势,是一种广泛应用的无线数据通信技术。GPRS 不但具有覆盖范围广、数据传输速度快、通信质量高、永远在线和按流量计费等优点,而且其本身就是一个分组型数据网,支持 TCP/IP,无须经过 PSTN 等网络的转接,可直接与 Internet 互通。通过在网关上连接 SIM100 模块电路来实现 GPRS 应用。GPRS 远程数据传输软件设计需要达到两个目的:一是通过短消息将无线传感器网络的信息发送至手机终端;二是通过 GPRS 数据传输程序将信息发送至远程终端。在程序设计时,主要通过向串口写入各种 AT 命令来实现上述目的。

1. 短消息收发方式

在 EST1 制定的 SMS(Short Message Service,短消息服务)规范中,与短消息收发有关的规范主要有 GSM 03.38、GSM 03.40 和 GSM 07.05。前两种着重描述 SMS 的技术实现(含编码方式),最后一种则规定了 SMS 的 DTE-DCE 接口标准(AT 命令集)。在手机中,有 Block 模式、Text 模式和 PDU(Protocol Data Unit,协议数据单元)模式 3 种方式发送和接收短消息。其中,Block 模式目前已经很少使用了。Text 模式即文本模式,可使用不同的 ASCII 字符集,从理论上说也可用于发送中文短消息,但国内手机基本上不支持,主要用于欧美地区。PDU 模式被所有手机支持,可以使用任何字符集,这也是手机默认的编码方式。由于通常一条短消息的内容长度有限制,所以在设计程序时,发送无线传感器网络数据的短消息采用 Text 模式(英文),发送网关温度报警的短消息采用 PDU 模式(中文)。设置短消息收发方式的 AT 命令为

at+cmgf=1(0)

其中,1 为文本方式,0 为 PDU 方式。

完成短消息收发方式设置后,就可利用 AT 命令来发送短消息了,采用 Text 模式和 PDU 模式发送短消息有较大区别,示例如下。

(1) Text 模式发送示例:

```
at+cmgs=手机号码<CR>
>输入所发送信息<Ctrl+Z>
```

(2) PDU 模式发送示例:

```
at+cmgs=TPDU 串的长度<CR>
>输入所发送信息的 PDU 编码<Ctrl+Z>
```

需要注意的是,在进行应用编程时,回车与换行对应的字符分别为'\r'和'\n',Ctrl+Z 对应的十六进制编码为 ox1a。

2. 短消息 PDU 编码

由于网关的报警短消息内容为中文,在发送前需要对短消息内容进行 PDU 编码。在这里对 PDU 编码进行介绍。

PDU 编码由短消息服务中心(Short Message Service Center,SMSC)地址和 TPDU(Transport Protocol Data Unit,传输协议数据单元)串两部分组成。SMSC 地址由 SMSC 地址信息的长度、SMSC 地址类型(TON/NPI)和 SMSC 地址的值三部分组成。

(1) SMSC 地址信息的长度占用 1B,这个值代表 SMSC 地址长度(一般为 7 位)与国际格式号码长度(一般为 1 位)之和,一般情况下 SMSC 地址信息的长度为 0x08。

(2) SMSC 地址的值即短消息服务中心号码,例如北京地区为 +8613800100500,但在 PDU 编码中需要将其转换为两两颠倒的格式,长度为 7B,如果组成号码的数字为奇数个,则补"F"凑成偶数个。例如,号码 +8613800100500 将转换成 0x683108100005F0,长度为 7B。

3. GPRS 数据传输程序设计

在进行 GPRS 数据传输之前,SIM10U 模块首先要建立 TCP 连接过程,利用指令

```
at+cipstart="tep"
"219.224.239.145"
"2020"\r
```

来实现,同时在服务器上运行名为 server 的软件,写入指令后,SIM100 模块将返回 OK 信息。注意,返回 OK 信息并不代表连接成功,只代表指令的输入正确。一般情况下,如果连接成功,模块会在 5~10s 内返回 CONNECT OK;如果不成功,原因可能是服务器端的 server 软件没有开启或者模块处在盲区,这时模块在 60s 后返回 CONNECT FAIL。建立连接后,便可以进行数据传输了。GRPS 数据传输流程如图 7-3 所示。

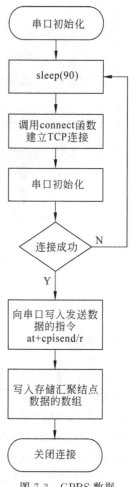

图 7-3 GPRS 数据传输流程

4. 协议栈结构

以无线传感器网络与目前主流的 TD-SCDMA 网络为例,其协议栈的衔接如图 7-4 所示。网关结点设备通过 ZigBee 射频获取来自无线传感器网络内的多元化采集信息(包括一般环境传感信息、多媒体传感信息等),并逐渐通过自下而上各协议层次的规范化数据解析。网关上的系统软件与支撑软件根据接入网络或服务对象的不同,设置服务与数据需求,然后根据传感数据的自身特性,开展处理、分析、融合与提取,得到满足条件的多类型传感信息,最后提供给建立于系统软件之上的 TD-SCDMA 协议体系作为初始服务源。网关结点将按照该协议的规范与标准完成服务类型确定、数据格式转换、数据帧封装等一系列操作,由 TD-SCDMA 射频实现最终的接入功能。

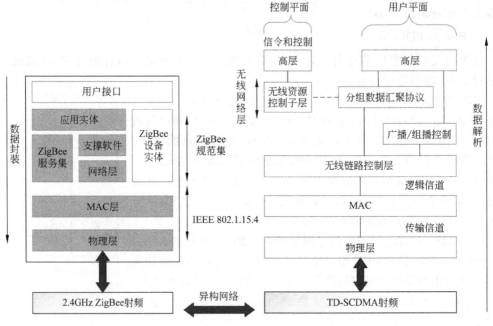

图 7-4 无线传感器网络协议栈与 TD-SCDMA 协议栈的衔接

7.3 无线传感器网络接入 Internet

7.3.1 概述

无线传感器网络具有直接监测物理世界的能力,在环境监测、医疗健康、航空探测、智能家居等多个领域具有广泛的应用前景。无线传感器网络由大量体积小、价格便宜、电池供电、具有无线通信和监测能力的传感器结点组成,被部署在监测区域,为用户提供实时环境监测等服务。由于无线传感器网络的自身特性,结点资源严格受限,不能直接应用现有的无线网络协议,而使用专用网络协议的无线传感器网络与其他网络之间的互联存在许多困难,Internet 上的用户难以直接使用无线传感器网络提供的服务。

Internet 是当今世界上规模最大、覆盖最广的计算机互联网络。Internet 作为一个巨大的资源库,是资源整合、资源共享、服务提供、服务访问和信息传输的载体。由于 Internet 缺乏与物理世界直接打交道的能力,因此解决无线传感器网络接入 Internet 的问题是用户查找、订购和使用无线传感器网络提供服务的前提。将各种无线传感器网络接入 Internet,使 Internet 真正延伸到世界的各个物理角落,人们就能够方便地了解自己所关心的温度、湿度、振动等物理区域状态。无线传感器网络接入 Internet 对推动网络技术的发展具有重要的意义。

由于传感器网络特殊的应用背景,通信条件和结点资源严格受限,Internet 使用的 TCP/IP 并不适用于无线传感器网络。无线传感器网络协议和传统的 TCP/IP 存在较大的差异。使用专用网络协议的无线传感器网络和其他网络之间的互连存在许多难题,所以 Internet 上的用户难以直接使用传感器网络提供的服务。

由于无线传感器网络的自身特性以及往往部署在无人照看的区域,它接入 Internet 面临以下挑战。

(1) 实现专用于传感器网络协议和 TCP/IP 之间的接口,这也是接入 Internet 必须要解决的问题。

(2) 在网络层地址分配上,无线传感器网络使用结点 ID 或者位置来标识结点,而不是使用唯一标识的 IP 地址,进行结点地址转换是传感器网络接入 Internet 必须解决的问题。

(3) 在传输层,TCP 和 UDP 在无线传感器网络中应用的主流方案是,传感器网络采集到的数据和其他无须强调可靠性的信息传输使用 UDP,而网络管理、接入互联网等需要满足可靠性和兼容性的应用则使用 TCP。即在汇聚结点和传感器结点之间主要使用 UDP,而在用户和汇聚结点之间使用 TCP 或 UDP。

(4) 无线传感器网络自身能量受限。通常情况下,传感器结点是由电池供电的,而且基本上不具备再次充电的能力。在这种情况下,网络的主要性能指标是网络运转的能量消耗。由于通信的能耗远高于计算的能耗,因此传感器网络协议设计必须遵循最小通信量原则,有时甚至要牺牲传输延迟和误码率等其他网络性能,这与传统的 IP 网络截然不同。

(5) 无线传感器网络是数据收集型网络,其数据传输模式不同于传统的点对点方式。在无线传感器网络中,每个传感器结点都被视为单独的数据采集装置,进而可以将整个无线传感器网络视为分布式数据库,因此一对多或多对一的数据流是其通信的主要模式,而传统的 IP 网络以点对点的数据传输为主。

(6) 传统 IP 网络遵循分层协议原则,传输层对上层应用屏蔽了下层的路由。无线传感器网络的情况正好相反,由于其特定的应用背景,因此其设计原则是网内处理。在某些数据流交汇的结点进行数据融合,以便过滤冗余信息,这在大部分无线传感器网络路由协议算法中得到充分体现。Internet 是围绕以地址为中心的思想设计的,网上流动的数据通常有对应的特定源和目的地址,而以地址为中心的思想并不适合无线传感器网络。

(7) 在 Internet 中,一般采用功能强大的服务器为用户提供服务,而这在无线传感器网络中是不现实的。针对无线传感器网络服务的研究,目前仍处于空白状态。

(8) 无线传感器网络是针对特定环境的专用网络,在不同的应用环境下,传感器网络的实现方式不同,因此难以统一无线传感器网络接入 Internet 的方法。

目前,无线传感器网络接入 Internet 的研究尚处于初级阶段,将其接入 Internet 的主要接入方式如下:利用网关或者赋予 IP 地址的结点屏蔽下层无线传感器结点,向远端的

Internet 用户提供实时的信息服务和互操作;利用移动代理技术在移动代理中实现传感器网络协议和传统 TCP/IP 的数据包转换,实现传感器网络接入 Internet。

7.3.2 无线传感器网络接入 Internet 的方法

目前,研究人员对无线传感器网络如何接入 Internet 没有达成共识。无论是采用同构网络结构还是异构网络结构,接入结点的设计以及无线传感器网络的服务提供方式都是非常重要的。现有的无线传感器网络接入 Internet 主要有以下几种方法。

1. 应用层网关

在无线传感器网络与 Internet 之间设置一个或多个网关结点,由网关在应用层进行协议转换,完成传感器网络与 Internet 之间的数据转发任务,是实现传感器网络与 Internet 互连最简便的方法。该方法只需要在接入网关处支持 TCP/IP,网关隔离了传感器网络与外部网络的环境,使传感器网络可以独立选择协议,甚至可以采用跨层设计的方式降低能源消耗。采用应用层网关实现无线传感器网络与 Internet 互连的体系结构如图 7-5 所示。

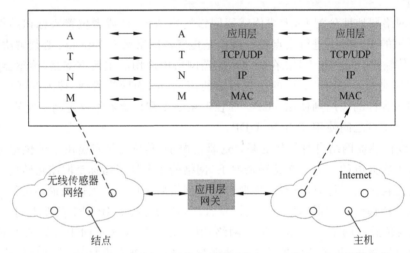

图 7-5 采用应用层网关实现无线传感器网络与 Internet 互连的体系结构

2. 延迟容忍网络

在应用层网关方法的基础上,美国 Intel 伯克利研究中心的 Kevin Fall 提出了无线传感器网络和 Internet 融合的延迟容忍网络(Delay Tolerant Network,DTN)体系结构。使用延迟容忍网络实现无线传感器网络接入 Internet 的主要思想是,在 TCP/IP 和非 TCP/IP 网络上部署 Bundle 层,实现传感器网络接入 Internet。此方法能够使各种异构传感器网络接入 Internet,但是需要在网络的协议栈上部署额外的层次,这对广泛使用的 Internet 来说也是不实际的。采用延迟容忍网络实现无线传感器网络与 Internet 互连的体系结构如图 7-6 所示。

3. 重叠方式

重叠方式是指在无线传感器网络与 Internet 采用不同协议的情况下,通过协议承载而不是通过协议转换实现彼此之间的互连。无线传感器网络与 Internet 之间的重叠方式可细

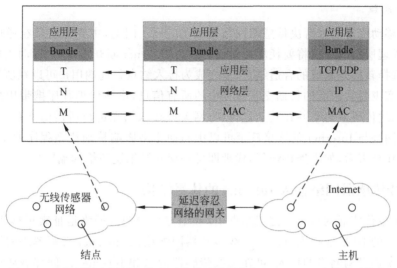

图 7-6　采用延迟容忍网络实现无线传感器网络与 Internet 互连的体系结构

分为 TCP/IP 上搭建的无线传感器网络(WSN over TCP/IP)和无线传感器网络上搭建的 TCP/IP(TCP/IP over WSN)两种。

1) TCP/IP 上搭建的无线传感器网络

该方式通过协议承载来实现无线传感器网络接入 Internet,类似于当前在 IP 网络上实现专用网络连接的 VPN(Virtual Private Network)方式。在 WSN over TCP/IP 方式下,Internet 上所有需要与无线传感器网络通信的结点以及网关结点称为无线传感器网络的虚结点,它们所组成的网络称为无线传感器网络的虚网络,虚网络可看作实网络(传感器网络)在 Internet 上的延伸。在实网络部分,每个传感器结点都运行适应特点的私有协议,结点之间的通信基于私有协议进行;在虚网络部分,无线传感器网络私有协议的网络层被作为应用承载在 TCP/UDP/IP 上。TCP/UDP/IP 以隧道的形式实现虚结点之间的数据传输功能。

2) 无线传感器网络上搭建的 TCP/IP

对于 Internet 用户而言,由于它们可能需要对无线传感器网络内部的某些特殊结点(如具有执行能力的结点、担负某些重要职能的簇头结点等)直接进行访问或控制,因而这些特殊结点往往也需要支持 TCP/IP。受通信能力的限制,这些结点与网关结点之间以及它们彼此之间可能并非一跳可达,为了实现它们之间的数据传输,需要通过一定的方式在已有的无线传感器网络私有协议上实现隧道功能,于是出现了 TCP/IP over WSN 的形式。在该方式下,无线传感器网络的主体部分仍采用私有通信协议,IP 只被延伸到一些特殊结点,因此从总体上讲,每个普通传感器结点支持 IP,但并不被提倡。

4. 基于 IPv6 的无线传感器网络

为了充分利用 IPv6 的新特性,近年来有学者提出构造基于 IPv6 的无线传感器网络。该方式通过移植微型 IPv6 到普通传感器结点中,再通过网关接入互联网。基于 Pv6 的无线传感器网络使传感器网络与 Internet 之间通过统一的网络层 IP 互连,每一个传感器结点均支持端到端的 IP 寻址,是一种传感器网络与 Internet 无缝互连的接入方式。

5. 移动代理

有人用移动代理技术解决传感器网络接入 Internet 问题，主要方法是在通信移动代理中封装，当代理所在的结点将要耗尽能量而导致与 Internet 断开连接时，移动代理可以携带有用信息，选择转移到附近的合适结点，使之成为接入结点。远端用户可以在所发出数据的移动代理中实现封装所需的长期交互过程中的所有信息，由该代理程序携带用户的查询请求，发送至无线传感器网络并在其上运行，与网关或接入结点进行所需的交互。在此期间，无线传感器网络与 Internet 的连接甚至可以中断而不会影响移动代理程序的工作，当移动代理程序工作结束后，如果连接恢复，代理即可将交互结果返还给远端用户。

7.3.3 无线传感器网络接入 Internet 的体系结构

目前，无线传感器网络主要使用结点 ID 和结点位置两种网络地址表现形式。Internet 主机使用唯一的 IP 地址标识自己。无线传感器网络接入 Internet 必须解决网络层的接入问题。为了实现异构网络的接入，可在无线传感器网络和 Internet 之间部署协议转换网关（即 WSN-Internet 网关）。WSN-Internet 网关包括 Internet 到无线传感器网络的数据包转换、无线传感器网络到 Internet 的数据包转换，以及为服务访问提供支撑的服务注册、服务提供、位置管理和服务管理几部分。无线传感器网络到 Internet 的网关结构如图 7-7 所示。

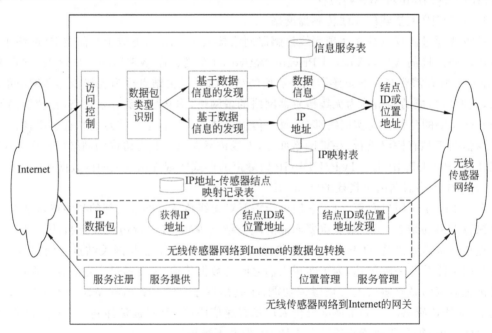

图 7-7　无线传感器网络到 Internet 的网关结构

无线传感器网络到 Internet 的网关完成的主要功能如下。

（1）将 Internet 用户的请求或者操作命令数据包转换成无线传感器网络数据包。

（2）将无线传感器网络的响应数据包转换成 Internet 数据包。

（3）对无线传感器网络服务进行管理，将服务在中心管理服务器上注册，并对用户提供环境监测服务。

为了实现 IP 地址和结点 ID 或位置之间的转换,在无线传感器网络到 Internet 的网关中建立了信息服务表、IP 映射表和 IP 地址-传感器结点映射记录表。信息服务表用于基于数据信息发现的 Internet 到无线传感器网络的数据包转换中,其将无线传感器网络提供的服务与相应的传感器结点 ID 或位置对应起来;IP 映射表用于基于 IP 地址发现的 Internet 到无线传感器网络的数据包转换中,其将 IP 地址与传感器结点 ID 或位置对应起来;IP 地址-传感器结点映射记录表记录 Internet 到无线传感器网络的数据包转换过程中对应的原始 IP 数据包和转换之后的无线传感器网络数据包,其目的就是为无线传感器网络到 Internet 的数据包转换提供地址转换服务。

1. Internet 到无线传感器网络的数据包转换

在将 Internet 数据包转换成无线传感器网络数据包的过程中,存在基于 IP 地址发现和基于数据信息发现两种地址转换类型。在基于 IP 地址发现中,无线传感器网络到 Internet 的网关根据 Internet 数据包的 IP 来检索 IP 映射表,确定目的传感器结点的 ID 或位置。在基于数据信息发现中,无线传感器网络到 Internet 的网关提取数据包的数据信息,通过检索信息服务表,确定目的传感器结点 ID 或位置。在将转换后的数据包发送给无线传感器网络之前,将原始的 Internet 数据包和转换后的数据包存储在 IP 地址-传感器结点映射记录表中,其目的是为无线传感器网络的响应数据包转换成 Internet 数据包提供地址映射。具体的转换步骤如下。

(1) 对来自 Internet 用户请求数据包中的请求令牌进行认证(具体认证方式可以用证书方式),若请求令牌非法,则丢弃此信息;若请求令牌合法,则提取数据包中的用户 IP 地址。

(2) 在请求令牌认证通过之后,提取此请求数据包中的地址转换类型,若转换类型为基于数据信息的发现,则执行步骤(3);若转换类型为基于 IP 地址的发现,则执行步骤(4)。

(3) 提取数据包的内容,根据请求数据包的内容查找信息服务库得到相应传感器结点的 ID 或位置执行步骤(5)。

(4) 根据步骤(1)中提取的用户 IP 地址查找 IP 映射库得到相应的传感器结点的 ID 或位置。

(5) 将步骤(1)中提取的用户 IP 地址和步骤(3)中得到的传感器结点 ID 或位置保存在 IP 地址-传感器结点映射记录表中,供此请求的响应消息使用。

(6) 生成无线传感器网络中的数据包。

2. 无线传感器网络到 Internet 的数据包转换

当接收到来自无线传感器网络的数据包时,无线传感器网络到 Internet 的网关基于数据包中包含 ID 或位置在 IP 地址-传感器结点映射表中查找先前转换的无线传感器网络数据包,无线传感器网络到 Internet 的网关能够发现最初的 Internet 数据包,并得到用户 IP 地址,然后创建一个新的 Internet 响应数据包。具体的转换步骤如下。

(1) 提取来自无线传感器网络的请求响应数据包中的传感器结点 ID 或位置。

(2) 根据获得的传感器结点 ID 或位置查找 IP 地址-传感器结点映射记录表获得对应的 IP 地址。

(3) 生成无线传感器网络到 Internet 的网关给用户的请求响应数据包。

(4) 从 IP 地址-传感器结点映射记录表中删除该条记录。

7.4 无线传感器网络服务提供方法

传感器网络服务提供是其能够得到广泛应用的基础,但是目前传感器网络的研究仅限于自身数据收集技术,针对 Internet 用户访问无线传感器网络服务方式的研究较少。利用网络中间件技术是本章建议采用的无线传感器网络服务提供方式。

7.4.1 服务提供体系

在 7.3.4 节所述的无线传感器网络接入 Internet 的体系结构下,利用网络中间件思想,给出了无线传感器网络服务提供方式。无线传感器网络通过无线传感器网络到 Internet 的网关接入 Internet,在 Internet 上部署管理服务器。无线传感器网络通过无线传感器网络到 Internet 的网关将其能够提供的服务在管理服务器上注册。管理服务器为用户提供无线传感器网络服务的查找、订购和使用服务。无线传感器网络服务提供方式如图 7-8 所示。

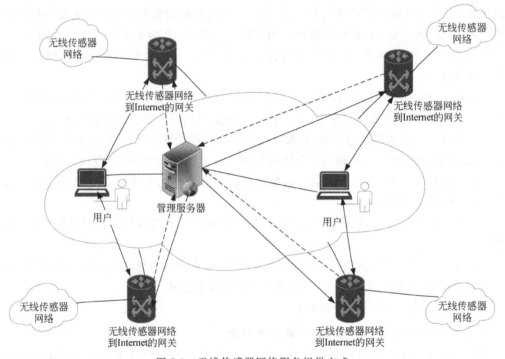

图 7-8 无线传感器网络服务提供方式

7.4.2 服务提供网络中间件

为了完成无线传感器网络的服务提供,设计如图 7-9 所示的网络中间件。在无线传感器网络到 Internet 的网关中部署 Internet 到无线传感器网络的数据包转换模块、无线传感器网络到 Internet 的数据包转换模块、服务注册模块、服务提供模块、位置管理模块、服务管理模块和访问控制模块;在管理服务器上部署安全管理支撑模块、服务查找模块、服务订购模块、服务配置模块、服务注册模块、服务接口模块和服务逻辑执行模块。

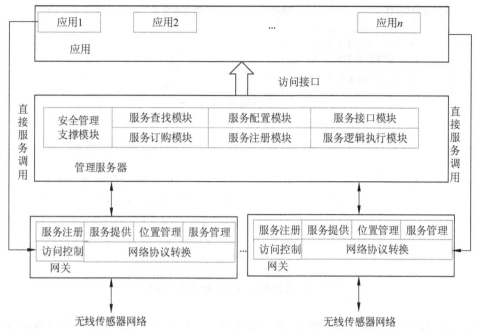

图 7-9　无线传感器网络服务提供网络中间件

7.4.3　服务提供步骤

无线传感器网络服务访问由服务注册、服务查询、服务订购和服务调用 4 个步骤组成。服务注册包括两个步骤：一是无线传感器网络将自己能够提供的服务向无线传感器网络到 Internet 的网关注册；二是无线传感器网络到 Internet 的网关将无线传感器网络提供的服务向管理服务器注册。服务查询为 Internet 用户向管理服务器查询无线传感器网络服务。服务订购为 Internet 用户订购无线传感器网络服务，订购无线传感器网络服务的用户能够得到服务访问令牌和服务访问方法。用户通过令牌认证后，服务调用通过无线传感器网络到 Internet 的网关为用户调用无线传感器网络服务，具体流程如图 7-10 所示。

无线传感器网络通过无线传感器网络到 Internet 的网关向中心管理服务器注册自己能够提供的服务。Internet 上的用户通过管理服务器查询无线传感器网络提供的服务。服务查询之后，用户订购自己需要的无线传感器网络服务。订购服务之后，得到无线传感器网络服务访问令牌的用户能够通过无线传感器网络到 Internet 的网关调用无线传感器网络服务，具体步骤如下。

1. 服务注册

（1）无线传感器网络到 Internet 的网关查询无线传感器网络能够提供的服务。

（2）无线传感器网络中的各个传感器结点收到无线传感器网络到 Internet 的网关服务查询时，将自己的 ID 或位置和能够提供的环境监测服务类型向无线传感器网络到 Internet 的网关注册。

（3）无线传感器网络到 Internet 的网关综合无线传感器网络能够提供的服务，将这些服务和提供服务的结点存储在信息服务库中，然后向 Internet 中的管理服务器注册服务（服

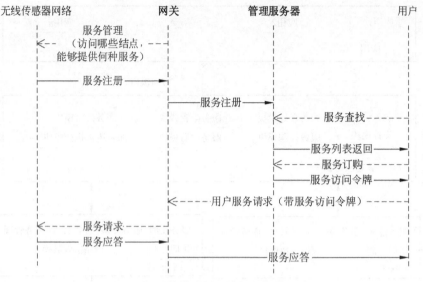

图 7-10　无线传感器网络服务提供流程

务注册信息包括服务类型、服务描述、服务订购方式、服务调用地址、服务调用绑定方式)。至此,管理服务器能够向 Internet 用户提供无线传感器网络服务查询、订购和使用服务。

2. 服务查询

(1) Internet 用户向管理服务器提出服务查询请求。

(2) 管理服务器向 Internet 用户返回查询服务列表。

3. 服务订购

(1) Internet 用户根据查询的服务向管理服务器订购所需要的服务。

(2) 订购成功(身份认证成功或者缴纳费用)后,管理服务器给用户返回调用所订购服务的访问令牌和服务调用的方式。

4. 服务调用

(1) 用户根据获得的服务访问令牌和服务调用方式,向无线传感器网络到 Internet 的网关提出服务请求。

(2) 无线传感器网络到 Internet 的网关对来自用户的消息进行 Internet 到无线传感器网络的数据包转换,并将转换得到的数据包发送给相应的传感器结点。

(3) 传感器结点将请求响应消息返回给无线传感器网络到 Internet 的网关。

(4) 无线传感器网络到 Internet 的网关将收到的传感器结点返回的请求响应消息进行无线传感器网络到 Internet 的数据包的转换,并将转换得到的数据包发送给提出服务调用请求的 Internet 用户。

7.5　多网融合网关的硬件设计

网关是无线传感器网络数据的汇聚点和转发点,所以对无线传感器网络数据的接收汇聚和已收集数据外部网络的发送是网关的核心任务。在构建网关时应该充分考虑实用性、兼容性和可扩展性的要求。

人们结合当前应用中的无线传感器网络网关的特点和实际应用的需求,设计了如下实现方案:在选取的嵌入式操作系统上运行 TCP/IP,无线射频通信模块上运行 ZigBee 协议栈。无线射频通信模块完成无线传感器网络的组网控制和数据接收,接收到的数据利用有线(以太网)或者无线方式传输到后台的数据监控中心。

通过分析现存无线传感器网络网关的基本功能,确定无线传感器网络的功能需求如下。

(1) 无线传感器网络数据汇聚。接收无线传感器网络中传感器终端结点采集的数据。

(2) 以太网数据传输功能。通过以太网将收集的传感器数据信息传输到远程监控中心。

(3) 无线数据传输功能。通过无线传输的方式将汇聚的传感器结点信息传输到监控中心。

(4) 短信息功能。以短信的形式提示定期发送无线传感器网络当前状态。

(5) 状态显示功能。网关显示当前系统所处的状态、有线发送数据状态、无线发送数据状态、接收数据状态等。

(6) 网络控制功能。网关作为无线传感器网络协调器,负责无线传感器网络的构建与维护。

(7) 命令接收功能。接收监控中心的命令,将无线传感器网络当前信息发送到远程监控中心。

(8) 信息显示功能。显示接收结点的编号和能量状态信息。

结合上述功能需求,可以初步确定系统的硬件和软件需求如下。

(1) 硬件需求。网关硬件平台应具有高性能的微控制器、存储器系统、串行通信接口、以太网接口、GPRS 通信接口、JTAG 接口、时钟系统、复位电路等。

(2) 软件需求。选用便于移植、可裁剪的嵌入式操作系统,支持 TCP/IP,应用层支持无线传感器网络数据的接收、协议转换、转发等功能。

7.5.1 多网融合网关的硬件总体结构设计

1. 网关结点设备的技术指标

(1) 无线传感器网络网关结点具备无缝接入 GSM、TD-SCDMA、Internet、无线局域网等网络的能力,并具备信息聚合、处理、选择与分发功能,具备独立寻址与编址能力。

(2) 每个无线传感器网络结点都可以通过网关结点的中转,实现与各异构网络终端的一对一或一对多的数据通信与信息交互。

(3) 网关结点的处理频率高于 16MHz,数据吞吐量大于 10Mb/s,无线数据传输速率高于 250kb/s。

(4) 网关结点同时支持无线传感器网络协议栈与主流移动通信网络协议、TCP/IP 和 IEEE 802.11 协议。

(5) 网关结点支持网内结点组网规模大于 128 个,并可以实现对网内结点的稳定、高效的监督、管理与控制,可以对网内的无线传感器结点的工作模式、频率设置、采样时间等进行控制,实现远程管理。

2. 网关设备的典型结构

无线传感器网络的特点决定了只有将它与现有的网络基础设施相融合,才能便于人们进行网络控制、管理和数据采集,进而最大限度地发挥其作用并最大化地扩展其应用。由于自身硬件资源的限制及部署环境中的网络基础设施等条件的影响,在现有的硬件及网络系统架构下,无线传感器网络及其结点无法接入 Internet 及主流的移动通信网络,这就在一定程度上限制了无线传感器网络应用的大规模开展。为解决上述无线传感器网络接入的限制问题并实现多类型网络的融合,需要研制并实现一种可接入移动通信网络、Internet 等多类型异构网络的无线传感器网络网关设备,以期在底层硬件结构上屏蔽各类型网络与无线传感器网络的协议差别,统一其业务规范与数据流,保证无线传感器网络和其他多类型网络之间的异构数据通信与交互。

网关结点设备系统结构实例如图 7-11 所示。

网关结点设备的主要模块介绍如下。

1) 多类型网络控制与接入模块

网关结点主要通过多类型网络控制与接入模块实现与 TD-SCDMA、Internet 等多类型网络的互连与互通。根据不同网络协议下的接入标准与层间结构,本模块主要包括 TD-SCDMA 编码调制技术及其空中协议接口、Internet 网络控制器及其网络接口设备、无线局域网适配装置及其调频子系统等多类型网络接入装置,并在此基础上考虑底层硬件系统二次开发需求,为其他类型网络接入装置提供相应硬件设备接口,便于网关设备的进一步开发。

2) 异构网络协议转换模块

异构网络协议转换模块是网关设备实现其接入功能的核心,重点实现无线传感器网络与 TD-SCDMA、Internet 等网络协议的对接与融合。本模块将根据各类型网络协议模型的特点和层次特性,自物理层开始,逐一开展异构网络业务区分、数据的封装与解析、数据格式转换等操作,最终实现无线传感器网络综合业务数据的上传和以 TD-CDMA、Internet 为代表的主要网络数据下行。

3) 核心控制与处理模块

多类型异构网络的网关结点的核心控制与处理模块主要实现对无线传感器网络任务的全局处理、数据融合与信息提取,还为多类型网络提供基础服务与管理功能,完成异构网络调度、网络资源管理、网络连接管理及自适应切换等功能,是整个网关结点的调度中心。无线传感器网络网关结点以 32 位嵌入式微处理系统为核心,并配置较为完善与丰富的嵌入式操作系统及支撑软件,以保证其控制与处理操作稳定、高效、正确。本模块主要包括中央主控装置、设备接口逻辑及控制系统时钟等。

4) IEEE 802.15.4 无线通信模块

无线传感器网络网关结点的无线通信模块的主要作用是从协议底层正确获取网络内各结点的多种类型的传感数据信息,交由核心控制与处理模块进行处理,并最终传送至指定的接入网络。同时,由各类型网络下行的、经过协议与格式转换后的数据流、控制流、业务流等也通过本模块发布至无线传感器网络的各个独立结点。针对网关结点无线通信模块的特殊性与重要性,拟在其硬件通信实体上全面加载基于 IEEE 802.15.4 的 ZigBee 协议,其硬件基本组成包括 ZigBee 射频、面向 2.4GHz 的高频全向天线及用于控制整个无线通信时序的通信系统时钟。

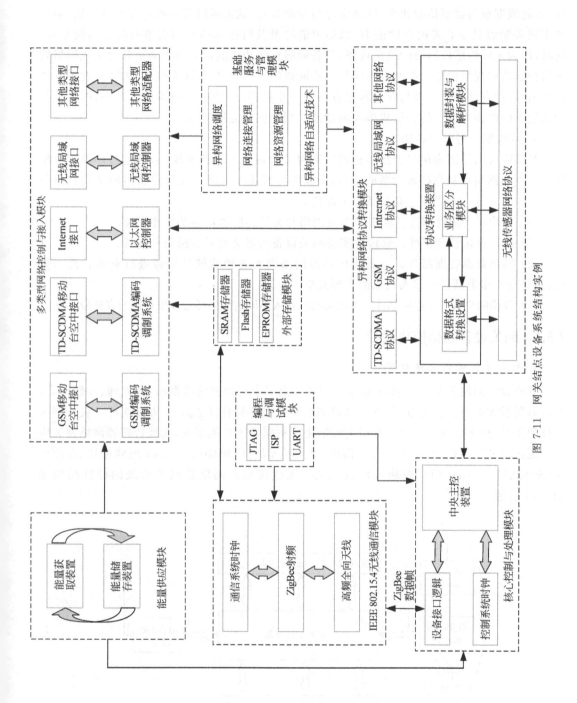

图 7-11 网关结点设备系统结构实例

第 7 章 无线传感器网络的接入技术

5）外部存储模块和能量供应模块

由于无线传感器网络与 TD-SCDMA、Internet 等网络在所承载的网络业务类型与业务量、传输数据量与数据传输速率、网络带宽与调制方式、载波频段等方面存在明显区别,必然要求网关结点具备必要的存储能力,以尽可能降低其所接入的不同类型网络之间的差异。同时,作为无线传感器网络的终端设备,具备较强存储功能的网关结点为更好地实现网络管理与控制功能提供保障。在原有无线传感器网络结点存储体系的基础上,从网关设备总体结构出发,在存储介质类型与存储容量方面进一步扩展,以满足应用需求。另外,网关设备的能量供应模块为结点的各组成模块的功能实现提供了能量支撑。

6）基础服务与管理模块

基础服务与管理模块是无线传感器网络网关设备的中心调度模块,通过与协议转换模块和多类型网络控制与接入设备的协调,完成各类型接入网络与无线传感器网络的数据与业务接入与互连。本模块主要包括以下部件。

(1) 异构网络调度部件。实现多类型网络与无线传感器网络的资源调度。

(2) 网络连接管理部件。管理并实现网关设备与多类型异构网络的连接。

(3) 网络资源管理部件。对无线传感器网络内的各种软硬件资源进行有效管理与分配,并实现与多类型异构接入网络的资源共享。

(4) 异构网络自适应连接部件。为网关结点接入不同的网络环境提供切换与自适应支持。

7.5.2 网关设备通信模块设计

1. 网关系统硬件总体框架

本节设计的网关基于 ZigBee 技术。网关结点要求有较强的数据通信、处理、存储能力,并且需要较大的通信覆盖范围,终端结点和汇聚结点需要兼容 ZigBee 协议规范。设计网关硬件架构时,应考虑进一步扩展和研究的需要。根据系统功能需求,无线传感器网络网关应该主要包含处理器模块、无线 GPRS 模块、以太网模块、电源模块、ZigBee 射频模块、存储模块(SDRAM、Flash)、调试模块等硬件模块。无线传感器网络器网关系统的硬件结构如图 7-12 所示。

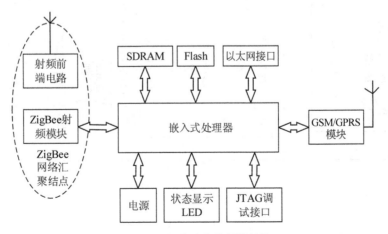

图 7-12 网关系统的硬件结构

根据实际需要,各个硬件模块的需求如下。

(1) 处理器模块。无线传感网络信息量较大,处理器应该选择功能较强的 32 位微处理器芯片,如 ARM、MIPS、DSP。

(2) 无线 GPRS 模块。该模块为网关系统提供 GPRS 无线数据传输功能,并提供发送短信息功能。

(3) 以太网模块。稳定的以太网接口可以更好地支持无线传感器网络网关和以太网之间的网络通信。

(4) 电源模块。嵌入式设备的供电对于应用极为关键,网关系统需要稳定的电源持续供电,一般 32 位系统采用 5V 或者 3.3V 电源。

(5) ZigBee 射频模块。该模块是无线传感器网络的协调器,网关针对 ZigBee 网络,所以射频模块需要遵循 ZigBee 协议。

(6) 调试模块。调试模块在系统开发过程中起着至关重要的作用,网关系统需要提供 JTAG 调试接口。

(7) 存储模块。存储模块包含同步动态随机存取存储器(SDRAM)和 Flash,SDRAM 的内部是一个存储阵列,就是用来临时存放数据的,特点是掉电数据会丢失。而 Flash 不仅具备电子可擦除可编程的性能,还可以快速读取数据,使数据不会因为断电而丢失。

2. 微处理器与系统开发平台选型

无线传感器网络网关不仅是无线传感器网络数据的汇聚点,而且担负传感器数据的处理与转发任务,对于微控制器的性能有很高的要求。传统的 8 位处理器由于处理速度慢、芯片资源少、扩展复杂等缺点不能满足要求。32 位微处理器支持更高的运算速率、更多的外部资源、更宽的数据总线和地址总线,满足网关系统对于速率和资源的使用要求。

本节设计的网关选用基于 ARM 架构的 32 位微处理器芯片。通过对硬件接口、处理速率、功耗、配套开发工具、开发熟练程度等多方面因素进行分析、比较,本网关系统最终选择亿道公司的 Xsbase270-Module 开发板作为开发平台,其核心处理器为 PXA270。Intel PXA27X 处理器系列在 Xscale 微处理器架构的基础上,提高了处理媒体的效率,优化了处理器的功耗,添加了一些针对移动终端设备的新功能。PXA270 处理器内部集成了 LCD 控制器、多媒体控制器、JTAG 调试等外围设备,为系统的快速开发提供了丰富的资源,它具有如下主要特性。

(1) 高性能、低功耗。

(2) 256KB 的专用内部高速代码和数据 SRAM。

(3) 高速基带协处理器。

(4) 支持串行外设。

(5) 支持 JTAG 调试,片内集成缓冲器,具有硬件监视特点。

(6) 实时时钟、操作系统定时器,灵活的时钟设置。

(7) 支持 LCD 控制器。

网关系统的主要工作是数据处理和传输,处理器大部分时间处于空闲状态,考虑到嵌入式设备的功耗问题,需要处理器具有一定的动态电源管理功能。PAX27X 系列处理器很好地满足了上述需求。

网关系统的软件和硬件开发工作在 EELIOD 多功能嵌入式开发平台上进行,其核心处理器是 PXA270。该处理器的主频为 520MHz,有最小系统运行所需要的硬件,包括 CPU、Flash、SDRAM 和 CPLD。主板上集成了 64MB 的 SDRAM 和 32MB 的 Flash。采用 LP3971 芯片管理电源,为微处理器 PXA270 提供多种供电电压,输入电源电压值为直流 5V。LP3971 是为低功耗设备设计的电源管理芯片,可以通过 IIC 接口访问其内部寄存器,调节工作模式、电压等参数,工作温度范围是 −40~85℃。EELIOD 开发板经过简单的扩展即可满足应用需要。

3. 汇聚结点硬件设计

1) ZigBee 射频芯片的选型

随着 ZigBee 技术的不断发展和完善,市场上已经有 TI、三星、意法半导体、华为、西门子等很多家公司的无线射频芯片提供了对 ZigBee 的支持,形成了多种不同的基于 ZigBee 的无线传感器网络数据汇聚结点解决方案,常见的有以下 3 种方案。

(1) ZigBee 芯片+MCU 方式。典型的硬件配置有 TCC242+微控制器(8 位)Microchip MRF24J40+MCU 等。

(2) 单片集成方式。典型的硬件配置有 TCC2430(内置 8051 处理器)、Freescalemc13213 等。

(3) 单片集成+外界模块方式。典型的硬件配置有 JENNIC+EEPROMEMBER+MCU 等。

ZigBee 射频芯片的选型主要考虑以下几个方面:ZigBee 射频芯片的外接电路应该尽量简单,这样可以增强系统稳定性,缩短开发周期;选择发射功率相对较高的射频芯片,可以增大数据传输距离、扩大无线传感器网络覆盖范围;射频芯片上运行的 ZigBee 协议版本应该已经稳定;模块价格适中、功耗较小。

通过对不同的解决方案和不同厂家芯片进行比较,最终采用单片集成方式,选择美国德州仪器公司的 CC2430(内置 8051 处理器)作为网关结点的 ZigBee 射频收发芯片。网关结点形成了双 CPU 架构,即 8051+PXA270。CC2430 模块中,8051 处理器主要负责 ZigBee 协议的运行处理工作,嵌入式微处理器负责 GSM/GPRS 模块、以太网模块和网关应用程序的运行控制。

2) 无线射频芯片 CC2430

CC2430 是 Chipcon 公司设计的用来实现嵌入式 ZigBee 应用的片上系统芯片,其内部结构如图 7-13 所示。

由于协议、应用软件的执行对控制器的要求,CC2430 内部集成了一个加强型工业标准的 8051MCU 内核,运行的频率为 32MHz。它还包含一个 DMA 控制器、8KB 静态 RAM、32/64 位 128KB 的 Flash。芯片内部为了支持 IEEE 802.15.4 MAC 安全所需的 AES,集成了 AES 协处理器,可以大幅减少微控制器的占用时间。中断控制器可以提供 18 个不同中断源的管理,每个中断都被赋予一个中断优先级,共有 4 个不同的级别。调试接口为两线串行接口,可以用于电路调试和外部 Flash 编程。内部含有 4 个定时器。其中,16 位 MAC 定时器为 CSMA-CA 算法和 IEEE 802.15.4 的 MAC 层提供定时,还有一个 16 位和两个 8 位定时器为片上其他应用提供定时。芯片还提供 21 个通用的 I/O 端口用于扩展。提供该芯片开发的无线通信设备数据传输速率可达 250kb/s,可以很好地支持德州仪器公司的 ZigBee 协议。

CC2430 的收发器主要基于低-中频率结构,天线接收到的射频信号需要经过低噪声放大器放大、变频为 2MHz 中频信号,中频信号经过滤波、放大转换为数字信号,再对数字信

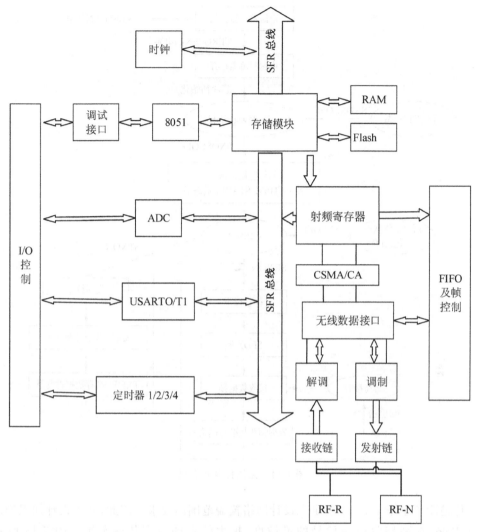

图 7-13 CC2430 的内部结构

号进行自动增益控制、信道过滤、解调以提高精确度和空间利用率。CC2430 集成的模拟通道滤波器可以使工作在 2.4GHz 波段的不同系统良好地共存。发射信号时的载波物理特性严格按照 IEEE 802.15.4 规范完成,调整过程通过数字方式进行。需要说明的是,射频的 I/O 端口是独立的,它们在物理上分享两个不同的引脚。CC2430 不需要特殊的外部 RXTX 开关,因为在芯片内部已经集成。总体来说,无线收发的核心部分是一个射频收发器,在进行无线数据收发前需要对相应的寄存器进行配置。无线控制状态机如图 7-14 所示。

CC2430 的嵌入无线控制状态机,用于切换不同的运行模式。既可以通过选通命令(如 SX0SCOFF、SRFOFF、SRXON、STXON 等),也可以通过内部事件(如接收模式下的 SFD 帧开始定界符检测)来改变运行模式。

4. 射频电路与天线的设计

CC2430 内部提供了一个相对完整的射频前端解决方案,但是它的输出功率较小(最大

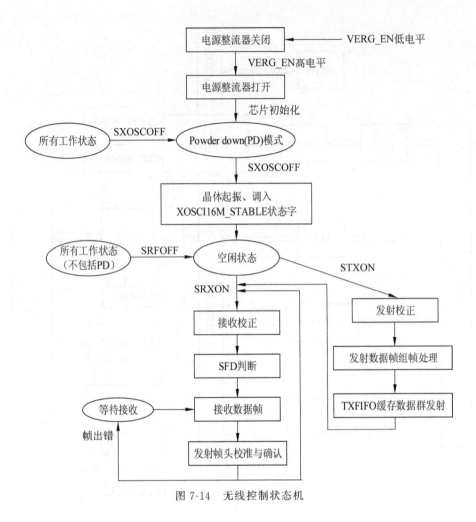

图 7-14　无线控制状态机

dBm),传输距离小于10m,不满足本设计网络覆盖范围的要求。因此,必须设计加强型的射频前端电路,提高接收射频信号的灵敏度,扩大结点的数据传输范围。图7-15所示是CC2430射频前端电路的总体结构。功率放大器选择RF5189,低噪声放大器选择MAX2641,射频开关选择PE4237。

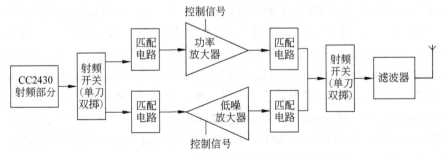

图 7-15　CC2430 射频前端电路的总体结构

CC2430可以选择多种类型的天线,近距离通信常用的天线类型有单极天线、螺旋天线和环形天线。本设计应用的是 1/4 波长单极天线，在设计上采用一根线实现。1/4 波长单级天线的长度为 $L=7125/f$，其中 f 的单位是兆赫兹(MHz)。

射频电路的设计是硬件电路设计中最复杂的部分，它对印制电路板的材质、电阻和电容的精度、电路走线的方式、天线的选择等都有极高的要求。有时，细小的差别就会对射频电路产生极大的影响。

5. 芯片接口电路设计

CC2430 采用 48 引脚封装，芯片只需配合较少的外围器件就能实现信号的收发功能。芯片有两种工作电压：内部采用 1.8V 电压，适用于电池独立供电的设备；外接数字接口采用 3.3V 电压，可以保持与芯片上 3.3V 逻辑器件接口的兼容性。CC2430 需要外接 32MHz 的晶振 XTAL1 和 32.768MHz 的晶振 XTAL2。XTAL1 为 250kb/s 速率的数据收发提供时钟参考，XTAL2 作为可选时钟源，用于 Mesh 网络时不需要采用此时钟源。

参 考 文 献

[1] 栾健,王强,何晓晖,等.无线传感器网络性能评价分析[J].机械制造与自动化,2015,3.

[2] 龙吟,吴银锋,王霄,等.无线传感器网络的网络层服务质量的评价方法研究[J].传感技术学报,2012,23(12):1766-1771.

[3] 林力伟,许力,叶秀彩.一种新型 WSN 抗摧毁评价方法及其仿真实现[J].计算机系统应用,2010,19(4):32-36.

[4] 王鑫,李彬.基于最短路径数 WSN 抗毁性评价方法[J].电子科技,2012,25(11):88-90.

[5] KARL H,WILLIG A.无线传感器网络协议与体系结构[M].邱天爽,唐洪,李婷,等译.北京:电子工业出版社,2007.

[6] 傅质馨.一类无线传感器网络监测性能评价与拓扑重构问题的研究[D].南京:南京理工大学,2010.

[7] HEO N, VARSHNEY P K. A distributed serf spreading algorithm for mobile wireless sensor networks [C]// 2003 IEEE Wireless Communications and Networking Record. Piscataway: IEEE Press, 2003: 1597-1602.

[8] 曹峰,刘丽萍,王智.能量有效的无线传感器网络部署[J].信息与控制,2006,35(2):147-153.

[9] 张强,孙雨耕,房朝晖.无线传感器网络 K 点连通可靠性的研究[J].传感技术学报,2005,18(3):430-444.

[10] 马玉秋.基于无线传感器网络的定位技术研究及实现[D].北京:北京邮电大学,2006:23-24.

[11] 彭宇,王丹.无线传感器网络定位技术综述[J].电子测量与仪器学报,2011,25(5):389-399.

[12] 李萍.无线传感器网络拓扑控制算法研究[D].重庆:重庆大学,2014.

[13] 吴成洪.无线传感器网络拓扑控制研究[D].西安:西安电子科技大学,2010.

[14] 马姗姗,钱建生,甄国清.煤矿安全监测层次型无线传感器网络拓扑结构设计[J].矿业安全与环保,2011,38(01):34-36.

[15] 陈星霖.无线传感器网络的覆盖技术研究[D].长春:吉林大学,2016.

[16] 郭彦飞.无线传感器网络覆盖漏洞修复算法研究[D].郑州:河南大学,2017.

[17] 张桂琴.保证连通的无线传感器网络覆盖优化研究[D].长春:吉林大学,2018.

[18] 梅希薇.无线传感器网络覆盖控制优化算法的研究[D].无锡:江南大学,2017.

[19] 朱丽.无线传感器网络覆盖优化关键技术研究[D].北京:北京邮电大学,2017.

[20] 王婷婷.无线传感器网络覆盖优化方法研究[D].北京:中国矿业大学,2016.

[21] 康琳.无线传感器网络覆盖控制关键技术研究[D].北京:北京邮电大学,2016.

[22] 任彦,张思东,张宏科.无线传感器网络中覆盖控制理论与算法[J].软件学报,2006,17(03):422-433.

[23] 韩蕊,张书奎,陈朋飞.基于随机游走的无线传感器网络覆盖洞修复[J].计算机应用与软件,2016,33(08):141-145.

[24] 胡明,朱晓颖,朱治橙.矿井无线传感器网络覆盖问题研究[J].工矿自动化,2011,37(11):32-34.

[25] 蒋文贤,缪海星,王田,等.无线传感器网络中移动式覆盖控制研究综述[J].小型微型计算机系统,2017,38(03):417-424.

[26] 刘光荣.无线传感器网络 MAC 协议在智能交通中的研究与应用[D].沈阳:辽宁大学,2016.

[27] 郗远浩.智能交通中的无线传感器网络 MAC 协议设计[D].沈阳:辽宁大学,2014.

[28] 张珂珂.无线传感器网络介质访问控制协议研究[D].武汉:华中科技大学,2009.

[29] 赵洪钢.无线传感器网络介质访问控制算法研究[D].西安:西北工业大学,2006.

[30] 杨国燕. 无线传感器网络介质访问控制协议关键技术研究[D]. 哈尔滨：哈尔滨工程大学, 2012.

[31] 李俊霞, 张长森. 一种基于矿井的 WSN 自适应 MAC 协议设计[J]. 河南师范大学学报(自然科学版), 2017, 45(02): 93-100.

[32] 谭松鹤, 覃琪. 无线传感器网络路由协议研究[J]. 电脑知识与技术, 2018, 14(17): 64-65.

[33] 马正华, 余田, 陈岚萍, 等. 智能家居无线传感网定向扩散协议的优化方法[J]. 常州大学学报(自然科学版), 2014, 26(01): 37-41.

[34] 李宗海, 柳少军, 王燕, 等. 一种基于负载均衡的 WSN 可靠路由协议[J]. 计算机工程, 2013, 39(10): 81-85.

[35] 张瑞敏. 一种基于地理位置分簇的无线传感器网络路由协议[D]. 南京：南京邮电大学, 2015.

[36] 李舒颜, 李腊元. 无线传感器网络 PEGASIS 协议的研究[J]. 武汉理工大学学报(信息与管理工程版), 2012, 34(04): 426-429.

[37] 崔凤云. 无线传感器网络 SPIN 路由协议的研究[D]. 成都：西南交通大学, 2009.

[38] 沈明玉, 郑立坤. WSN 中 SPIN 路由协议的改进[J]. 计算机工程, 2012, 38(05): 86-88.

[39] 蔡桢. WSN 中的一种引入双链头的 PEGASIS 协议算法的研究[D]. 武汉：华中师范大学, 2011.

[40] 龙隆. 基于 PEGASIS 的无线传感器网络路由协议的研究与改进[D]. 太原：太原理工大学, 2015.

[41] 曹中玉. 基于查询的无线传感器网络路由协议的研究[D]. 上海：华东师范大学, 2011.

[42] 王中华. 无线传感器网络分簇谣传路由协议研究[D]. 南昌：江西师范大学, 2011.

[43] 王汇彬. 无线传感器网络地理位置路由协议研究[D]. 阜新：辽宁工程技术大学, 2009.

[44] 叶蓉, 赵灵锴. 无线传感器网络路由协议 GEAR 的改进[J]. 网络安全技术与应用, 2010(12): 15-17.

[45] 李训光. 无线传感器网络中定向扩散路由协议的性能研究[D]. 武汉：武汉理工大学, 2009.

[46] 张波. 无线传感器网络中 GEAR 路由优化协议的研究[D]. 沈阳：辽宁大学, 2014.

[47] 刘宇, 赵志军. 能量感知的 GPSR 动态路由负载均衡[J]. 计算机工程与应用, 2011, 47(06): 23-25.

[48] 仲新林. 无线传感器网络中地理位置路由协议的研究[D]. 南京：南京航空航天大学, 2010.

[49] 张耀. 无线传感器网络中对于 Gear 算法的探讨与改进[D]. 乌鲁木齐：新疆大学, 2008.

[50] 阳振宇. 能量感知路由协议在无线传感器网络中的应用与研究[J]. 现代传输, 2012(2): 71-73.

[51] 周佐华. 无线传感器网络能量感知的低功耗路由算法[D]. 武汉：华中科技大学, 2007.

[52] 于森. 工业装备管控物联网核心感知技术[D]. 南京：东南大学, 2015.

[53] 陈敏. 无线传感器网络物理层和 MAC 层协议研究[D]. 南京：南京邮电大学, 2013.

[54] 刘瑞瑞. 无线传感器网络通信协议栈的研究[D]. 大连：大连理工大学, 2007.

[55] 鄢遇祥. 无线传感器网络通信协议栈的研究与实现[D]. 成都：电子科技大学, 2014.

[56] 徐世武, 王平, 黄晞, 等. 无线传感器网络中时间同步技术的综述[J]. 网络新媒体技术, 2011, 32(5): 32-38.

[57] 石季英, 李芳, 刘建华, 等. 无线传感器网络中时间同步方法的研究[J]. 计算机仿真, 2007, 24(6): 113-116.

[58] 李芳. 无线传感器网络中时间同步方法的研究[D]. 天津：天津大学, 2007.

[59] 陈莹. 基于无线传感器网络的洪泛时间同步协议研究[D]. 南京：南京邮电大学, 2012.

[60] 倪泽宇. 无线传感器网络中时间同步算法的研究[D]. 南京：南京邮电大学, 2012.

[61] 韩翠红. 无线传感器网络中时间同步技术的研究[D]. 北京：北京邮电大学, 2006.

[62] 闫玉萍. 煤矿电网输电线路故障检测的 WSN 时间同步算法研究[D]. 北京：中国矿业大学, 2016.

[63] 周海洋, 余剑. 无线传感器网络中基于 RSSI 的测距研究[J]. 电子测量技术, 2014, 37(1): 89-91.

[64] 马润泽, 余志军, 刘海涛. 一种距离无关的无线传感器网络定位算法[J]. 传感器与微系统, 2011, 30(11): 131-134.

[65] 刘文春. 距离无关的无线传感器网络定位算法研究[D]. 沈阳：沈阳航空航天大学，2016.

[66] 章磊，黄光明. 基于 RSSI 的无线传感器网络结点定位算法[J]. 计算机工程与设计，2010，31(2)：291-294.

[67] 张会新，陈德沅，彭晴晴，等. 一种改进的 TDOA 无线传感器网络结点定位算法[J]. 传感技术学报，2015(3)：412-415.

[68] 罗敏. 浅析基于 TOA/TDOA 的无线传感器网络结点定位算法[J]. 武汉工程职业技术学院学报，2009，21(2)：41-43.

[69] 安文秀，赵菊敏，李灯熬. 基于 Amorphous 的无线传感器网络定位算法研究[J]. 传感器与微系统，2013，32(2)：33-35.

[70] 刘颖. 一种无线传感器的 Amorphous 定位算法改进[J]. 制造业自动化，2011，33(1)：161-163.

[71] 彭运桃. 无线传感器网络结点定位算法的研究[D]. 长沙：长沙理工大学，2016.

[72] 熊小华，何通能，徐中胜，等. 无线传感器网络结点定位算法的研究综述[J]. 机电工程，2009，26(2)：13-17.

[73] 刘晨. 无线传感器网络数据融合技术研究[D]. 郑州：郑州大学，2018.

[74] 姚丽君，梁宏倩，赵磊. 基于神经网络的 WSN 数据融合算法[J]. 电脑知识与技术，2010，06(18)：5050-5051.

[75] 周彬彬，俞建定，袁飞，等. 基于 WSN 数据融合的室内环境监控系统设计[J]. 无线电通信技术，2018，44(4)：388-393.

[76] 李欣蔚，蒋莲艳，莫岚. 无线传感器网络容错问题探讨[J]. 科技资讯，2007(33)：89.

[77] 刘林林，毕红军，张西红. 无线传感器网络的容错研究[C]//北京地区高校研究生学术交流会通信与信息技术会议论文集. 北京：北京邮电大学出版社，2007.

[78] 高建良，卢业伟，徐勇军，等. 无线传感器网络的容错研究[C]. 哈尔滨：中国传感器网络学术会议，2007.

[79] 罗宏，宿红毅，战守义. 无线传感器网络故障诊断与容错技术研究进展[C]//武汉：华中理工大学出版社，2010.

[80] OULD-AHMED-VALL E M, RILEY G F, HECK B S. A distributed fault-tolerant algorithm for event detection using heterogeneous wireless sensor networks [C]// Proc of the 45th IEEE Conf on Decision and Control. Piscataway：IEEE Press, 2006：3634-3637.

[81] OULD-AHMED-VAIL E M, RILEY G F, HECK B S. A geometric-based approach to fault-tolerance in distributed detection using wireless sensor networks [C]// Proc of Information Processing in Sensor Networks. Piscataway：IEEE Press, 2006：1-2.

[82] 王孝俭. 无线传感器网络的数据容错研究[D]. 长沙：湖南师范大学，2016.

[83] 叶松涛. 无线传感器网络容错关键技术和算法研究[D]. 长沙：湖南大学，2011.

[84] 孙丽莉. 无线传感器网络结点能量管理技术研究[D]. 广州：华南理工大学，2009.

[85] 彭俊先. 无线传感器网络簇内结点能量管理方法研究[D]. 长沙：中南大学，2012.

[86] 张荣雨，李士宁，李志民. 精准农业应用中 WSN 能量管理研究[J]. 计算机工程与应用，2011，47(13)：241-244.

[87] 李莉，董树松，温向明. 无线传感器网络中提供 QoS 保障的关键问题[J]. 传感器世界，2006，12(12)：28-32.

[88] 文浩，林闯，任丰原，等. 无线传感器网络的 QoS 体系结构[J]. 计算机学报，2016，32(03)：432-440.

[89] 王伟勇. 无线传感器网络 QoS 保障关键技术的研究[D]. 沈阳：辽宁大学，2013.

[90] 朱敬华. 无线传感器网络 QoS 保障技术的研究[D]. 哈尔滨：哈尔滨工业大学，2009.

[91] 韩宗源. 高速铁路中无线传感器网络的 QoS 与路由研究[D]. 太原：山西大学，2015.
[92] 陈瑞，王青云. 无线传感器网络的安全性研究[J]. 微计算机信息，2008，24(10)：188-189.
[93] 廖忠智. 基于物联网的无线传感器网络安全性研究[J]. 现代计算机，2012(30)：17-20.
[94] 郑晓东，王健. 无线传感器网络安全路由技术研究[J]. 中国信息化，2018(12)：64-65.
[95] 王天生，胡筱娥. 无线传感器网络安全的关键技术[J]. 中国管理信息化，2018，21(11)：114-115.
[96] 赵效常. 无线传感器网络的安全技术[J]. 信息与电脑(理论版)，2017(15)：182-183.
[97] 朱锋. 无线传感器网络安全技术及应用实践探微[J]. 无线互联科技，2016(14)：30-31.
[98] 汪一百. 无线传感器网络安全技术[J]. 长沙医学院学报，2016，14(02)：20-22.
[99] 王曙光，公伟，王庆升，等. 无线传感器网络安全性研究综述[J]. 信息技术与信息化，2014(08)：52-54.
[100] 宋菲. 无线传感器网络的安全性分析[J]. 舰船电子工程，2009，29(11)：121-126.
[101] 雷冠军. 无线传感器网络中安全性问题的研究[J]. 价值工程，2011，30(27)：117-119.
[102] 颜赛虎. 无线传感器网络安全性技术研究[D]. 长春：吉林大学，2009.